高 等 学 校 教 材

水 泵 及 水 泵 站

西安理工大学 栾鸿儒 主编

中国水利水电出版社

内 容 提 要

本书是高等学校水利水电类专业必修课教材。主要内容包括：泵的工作原理和构造、泵的运行特性和调节、泵的汽蚀、水泵的选型配套、泵站规划和泵房设计、泵站进出水建筑物和管路工程等。本教材在对基本知识进行全面阐述的同时，还针对我国北方地区的特点，着重对应用广泛的离心泵、井用泵以及适用于高扬提水的梯级泵站、开发利用地下水的井泵站作了较详细介绍，另外对泵站泥沙问题也作了专题论述。

本教材主要供有关高等院校水利水电专业师生使用，亦可供从事水利机电排灌和给水工程的技术人员参考。

图书在版编目（CIP）数据

水泵及水泵站/栾鸿儒主编 . —北京：中国水利水电出版社，1993（2015.7 重印）
高等学校教材
ISBN 978 - 7 - 80124 - 236 - 5

Ⅰ. 水… Ⅱ. 栾… Ⅲ. ①水泵-高等学校-教材②泵站-高等学校-教材 Ⅳ. TV675

中国版本图书馆 CIP 数据核字（2007）第 122750 号

高 等 学 校 教 材
水 泵 及 水 泵 站
西安理工大学 栾鸿儒 主编
*
中国水利水电出版社
（原水利电力出版社）出版、发行
（北京市海淀区玉渊潭南路 1 号 D 座 100038）
网址：www.waterpub.com.cn
E-mail：sales@waterpub.com.cn
电话：(010) 68367658（发行部）
北京科水图书销售中心（零售）
电话：(010) 88383994、63202643、68545874
全国各地新华书店和相关出版物销售网点经售
北京市瑞斯通印务发展有限公司印刷
*
184mm×260mm 16 开本 18.5 印张 426 千字
1993 年 6 月第 1 版 2015 年 7 月第 11 次印刷
印数 29231—31230 册
ISBN 978-7-80124-236-5
（原 ISBN 7-120-01745-4/TV·628）
定价 **38.00** 元

前　　言

本书是根据水利部 1988 年 5 月召开的"高等学校水利水电类专业教学委员会会议"精神和"一九九○～一九九五年高等学校水利水电类专业本科生、研究生教材选题和编审出版规划"而编写的，供农田水利工程专业使用。

由于"水泵及水泵站"是一门综合性、适用性和地区性较强的课程，它包含的内容多，涉及的范围广；加之我国幅员辽阔，地区自然条件差异较大。为适应地区特点，避免内容臃肿庞杂，使教学内容切合实际，学以致用，本书在满足教学大纲要求的基础上，在对基本知识进行全面论述的同时；还针对我国北方地区的特点，着重对应用广泛的离心泵、井用泵，以及适应高扬程提水的梯级泵站、开发利用地下水的井泵站等作了较详细的介绍；为增强专业教材的实用性，对泵站的进出水建筑物和压力输水管路等部分充实了有关内容。此外，考虑到北方泵站取水水源含沙量大的特点，对泵站泥沙也作了专题论述。

近些年来广大农村人畜供水、改水工程，乡镇给水工程发展迅速，兴建日益增多，为扩宽专业知识面，以适应生产发展的需要，本书对城镇给水泵站泵房等内容也作了简要介绍。

本书内容除绪论外分为十章。绪论、第一章、第二章、第三章、第八章和第十章由西安理工大学栾鸿儒编写；第四章、第五章和第六章由华北水利水电学院张成时编写；第七章和第九章由西北农业大学冯家涛编写。全书由栾鸿儒主编，合肥工业大学马春生主审。

在编写过程中，有关院校和单位的同行对本书提出了许多宝贵意见和热情协助，在此一并表示感谢。

由于编者水平有限、书中难免有不妥之处，热诚希望广大读者批评、指正。

编者
1992.7

目　　录

绪　论

泵是一种能量转换机械，它将外施于它的能量再转施于液体，使液体能量增加，从而将其提升或压送到所需之处。用以提升、压送水的泵称之为水泵。为此，除水泵本身外，还必须有配套的动力设备、附属设备、管路系统和相应的建筑物等组成一个总体，这一总体工程设施称为水泵站（简称泵站）。泵和泵站类型繁多，应用广泛。在农田水利工程中，主要用于灌溉、排水以及乡镇的供水中。

一、泵和泵站的分类和用途

泵根据其作用原理可分为两大类，即动力式泵和挤压式（容积式）泵。

（一）动力式泵

这类泵是靠泵的动力作用将能量连续地施加于液体，使其动能（或流速）和压能增加，然后在泵内或泵外将部分动能再转换成压能。属于这一类的泵有以下几种。

1. 叶片式泵

叶片式泵是靠泵中叶轮高速旋转的机械能转换为液体的动能和压能。由于叶轮上有几片扭曲形弯曲叶片，故称叶片泵。根据叶轮对液体的作用力的不同可分为：

（1）离心泵：靠叶轮旋转形成的惯性离心力而工作的水泵。由于其扬程较高，流量范围广，在实际中获得广泛应用。

（2）轴流泵：靠叶轮旋转产生的轴向推力而扬水的泵。其扬水高度低（一般在 10m 以下），但出水流量大，故多用于低扬程大流量的泵站中。

（3）混流泵：叶轮旋转既产生惯性离心力又产生推力而扬水的泵，其适用范围介于离心泵和轴流泵之间。

2. 旋涡泵

旋涡泵叶轮外周两侧均布着带有凹槽的叶片，叶轮旋转并将液体甩出叶片进入固定的环形空间作螺旋运动，经一段距离又重新进入叶轮再次加压甩出，液体经多次增压而流出泵体，因而可产生很高的压力，一般可达 $100mH_2O$（1MPa），但流量小（约在 $0.36\sim17m^3/h$ 之间）。泵站中很少采用。

3. 射流泵

射流泵与上述水泵不同，它没有转动部件，是靠外加的流体（气体或液体）高速喷射与泵中液体相混合，把一部分动能传给液体，使其动能增加，并在随后的扩散段内减速加压而工作的泵。由于其结构简单，工作可靠，应用较为广泛，但其效率较低。

4. 气升泵（又称空气扬水机）

气升泵靠通入泵中的压缩空气的喷射与水相混合比重减轻而扬水的泵。它主要用于井中提水，但需要一套较复杂的空气压缩系统，所以其应用受到一定的限制。

动力式泵除旋涡泵外，其结构、工作原理和应用将在后面的有关章节中论述。

（二）挤压式泵（又称容积式泵）

挤压式泵是通过泵中工作体的运动，交替改变液体所占空间的容积，挤压液体使其压能增加的泵。从理论上讲其压力的增高是没有限制的，而实际上要受到泵的密封性和零部件强度的制约，同时容积式泵工作时，压力管路上的阀门不能关闭。根据其工作机构的形式，这类泵又可分为往复式和回转式泵两大类。

1. 往复式泵

往复式泵靠工作件的往复运动挤压液体而工作的泵。其中有：

（1）活塞和柱塞泵：加压于液体的往复运动的部件是盘状活塞或柱状活塞，前者用于高压，后者用于低压泵中。其中带有长拉杆的柱塞泵多用于抽水或抽取石油的井中，简称拉杆泵。

（2）隔膜泵：利用橡胶隔膜的拉伸和收缩施压于液体的泵。

2. 回转式泵

回转式泵是靠回转转子凸缘挤压液体而工作的泵。其中有：

（1）齿轮和凸轮泵：利用齿轮或凸轮挤压液体。

（2）螺杆泵：利用旋转螺杆的螺纹槽挤压液体。其中又分单螺杆、双螺杆、三螺杆泵等。

（3）滑片式泵：利用旋转或往复运动的刮板挤压液体的泵。

回转式泵由于流量小，多用于输送润滑油，或油压设备的加压，很少用于抽水。

泵站根据其用途不同可分为灌溉泵站、农田排水泵站、井泵站、城镇给排水泵站和工业供水泵站等。根据泵站使用的动力不同又可分为电力、机械（柴油机）、水力、风力和太阳能泵站等。

在农业和水利工程中，水泵的使用极为广泛，它安装在各类泵站和抽水装置中，除用于农田灌溉以及农田排水的泵站外，还用于解决乡镇人、畜饮水的给水泵站。在水利工程施工中，水泵用于基坑排水，施工工地供水以及输送混凝土、砂浆和泥浆等。

在城镇给、排水中，水泵和水泵站起着重要的作用。有取水泵站从水源地抽送至水厂，净化后的清水由送水泵站输送到城镇管网中去。如我国当前最大的"引滦入津"城市给水工程，引水线路长234km，年引水量达10亿余立方米，共修建4座大型泵站，分别采用可调叶片的轴流泵和高压离心泵进行提升和输送。

在火力发电厂中，有向锅炉供水的锅炉给水泵，锅炉将水加热变为蒸汽，推动汽轮机旋转并带动发电机发电。从汽轮机排出的废汽到冷凝器冷却成水，需要冷凝泵将冷凝水压入加热器进行再次循环，冷凝器用的冷却循环水由循环水泵供给，如图0

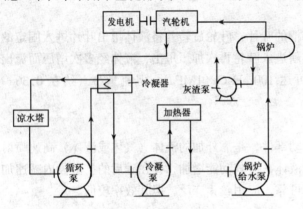

图 0-1 泵在火力发电厂中的应用示意图

2

-1 所示。此外还有输送各种润滑油、药液以及排除锅炉灰渣的特殊专用泵等。总之，泵在火电厂中应用极为广泛，而且它的工作对火电厂的安全、经济运行，起着重要作用。

在采矿工业中，矿山中竖井的井底排水，矿床地表疏干，水力采煤及水力输送都需要大量水泵，建设一系列相应的泵站以满足采矿需要。

除此，在石油的开采和输送，化工产品浆液的移运，江河的疏浚、船舶的推进、火箭的发射等各个领域中，泵及泵站无不发挥着重要作用。

二、我国泵及泵站的发展概况

我国提水机具的发展可以推溯到 5000～6000 年以前的仰韶文化时代，在西安市近郊半坡村遗址出土的尖底带耳陶罐，据考证，就是当时人们用以系绳从井中、河中提水的器具。随后又出现了戽斗和利用简单杠杆原理的桔槔和辘轳。大约在我国的隋唐时代，黄河上游沿岸就装有以水为动力的提水机械——筒车出现，灌溉岸边高地小块农田，至今在这些地区仍可看到这一古老的提水机械。

我国利用现代机械提水大约始于 20 世纪初，江苏、天津等地陆续兴建了一些小型泵站，利用煤油机带动龙骨水车和小型水泵抽水灌田和排涝。1924 年江苏常州郊区安装了一台口径为 150mm（6 英寸）的离心泵，由 20kW 的电动机带动提水，是我国电力提灌的先例。直至 1949 年，现代机械灌溉面积只有 378 万亩，占当时总灌溉面积的 1.6%。

新中国成立以来，随着工农业生产的发展，科学技术的进步，我国的泵站建设也进入了新的发展历程。目前全国已建成农业排灌泵站 50 余万座，提灌面积已达 4 亿多亩，为促进农业生产发挥了重要作用。为了解除干旱对农业生产的威胁，我国西北和黄河中上游广大黄土高原地区，早在 50 年代末期就建成了陕西渭惠渠高塬电力抽水灌溉工程（简称"渭高抽"），泵站共 22 座，安装大中型离心泵 83 台，灌溉面积 96 万亩。1960 年 7 月黄河干流上第一座现代大型泵站山西夹马口泵站建成投入运行，总抽水流量 $9.5m^3/s$，分三级扬水，累积净扬程 110m，取水的一级泵站中安装 24Sh‐10 型双吸离心泵 10 台，总灌溉面积 40 万亩。在随后的年代里，在黄河干流上又陆续兴建了百余处泵站提水工程，总灌溉面积约 900 万亩，其中装机容量超过 10000kW 或灌溉面积大于 30 万亩的大型电力提灌工程 34 处。如 1974 年建成的甘肃景泰川一期提水工程，共 11 个梯级，净扬程 445m，抽水流量 $13.16m^3/s$，安装大、中型泵 85 台，灌溉面积 30 万亩。1979 年建成的陕西东雷二级泵站，安装我国目前农业用泵功率最大（8000kW）、单泵扬程最高（225m）大型卧式离心泵两台。这些泵站提灌工程，对促进该地区农、林、牧的发展发挥了显著作用。

我国北方广大地区，地表水缺乏，因此从 60 年代起，大力开发利用地下水资源，已打机井 200 多万眼，安装各型井泵每年提取井水约 400 亿～500 亿 m^3，井灌面积约 1.7 亿亩，约占这一地区总灌溉面积的 1/3，对促进农业稳产高产、扭转"南粮北调"的局面起了重要作用。

为从根本上解决我国北方的水资源短缺问题，跨流域的"南水北调"工程已在规划和实施之中。其中东线调水工程从已建成的江苏江都枢纽泵站首期抽取长江水 $500m^3/s$ 北上，输水线路长 646km，沿线将兴建 20 余座大型泵站共 15 个梯级，提升 40 余米，把水送至黄河以南广大地区。二期工程将抽水流量加大至 $700m^3/s$，穿越黄河，将水引入冀鲁和天津等省市，输水线路总长达 1150km。在调水工程中，泵站发挥着重要作用。

随着大规模的泵站兴建，我国水泵的设计、制造和应用技术也有了长足的进步和发展。新中国成立前几乎没有一家水泵制造厂，目前全国已有数百家工厂生产各种型号规格的水泵，在数量和质量上基本上满足了我国各方面的需要，并有部分产品已进入国际市场。不仅可生产大型泵，如叶轮直径为 6m 的混流泵，4.5m 的轴流泵和进口直径为 1.4m 的离心泵，而且能生产结构复杂的各型潜水电泵，高压给水泵以及各型微型泵。

但由于泵及泵站是耗能设施，据统计其耗电量约为全国总用电量的 20％。因此如何从泵的设计、制造和应用等各个环节研究，以进一步提高其性能、效率；从泵站工程上，如何加强规划，精心设计，对现有泵站如何改善经营管理，进行技术革新、挖潜改造，以提高其经济效益，减少能耗，降低抽水成本等，是迫切需要解决的重要课题。

三、国外泵站发展概况

国外在泵站建设上也有较长的历史，早在本世纪 40 年代末 50 年代初，美国就利用其大古力水电站的廉价电力为兴建的大古力泵站提水供电。一级泵站扬程 94m，装机 12 台，总抽水流量 460m³/s，灌溉面积 625 万亩。随后在 60 年代后期又开始兴建加里福尼亚州的"北水南调"综合利用水利工程，除防洪、发电、供水、旅游外，主要用以灌溉加州滨海地区农田。该工程包括 12 座大型泵站，其中最大的爱梯门斯顿泵站装置大型立式四级离心泵 14 台，一次扬程高达 587m，单机流量 8.9m³/s，单机功率 8 万马力（约合 6.7 万 kW），总功率 84 万 kW，是当今世界上最大的泵站。苏联于 1973 年基本完工的卡尔申提灌工程，七级扬水，累计扬程 156m，灌溉面积 525 万亩。另外古比雪夫提灌、给水工程，共建 10 座泵站，累计扬程 320m。并计划兴建一系列大流量和高扬程泵站，进行跨流域、跨地区的调水工程。日本神奈川县的饭泉泵站，安装 4 台口径为 1.6m 的大型双吸离心泵，扬程 82m，总流量 24.1m³/s，装机容量 2.6 万 kW。印度约有 2800 万 ha 的提水灌溉面积，约占全国总灌溉面积的 50％，主要开采地下水，打井利用井泵提灌。由于印度能源储量有限，能源短缺，所以除采用电力、柴油提水外，还广泛利用其它能源提水，如太阳能、风能、沼气、水流动能等。此外，目前还使用着 410 万台人力、畜力提水机具。

国外在发展泵站工程中注意了以下几点：

（1）提水和蓄水相结合：很多提灌区都兴建了大型蓄水池，在非灌水期，泵站向蓄水池注水，这样既可蓄能发电，又可适当扩大灌溉面积提高设备利用率和工程经济效益。

（2）农业提灌和工业供水相结合：国外泵站提水工程大都是多目标服务的，例如兼顾工业和城镇生活供水等，这样可以工扶农，促进农业生产的发展。

（3）电力提灌与水能开发相结合：由于提灌，特别是高扬程提灌耗能巨大，因此国外大都把大型提灌工程和水电工程同时开发兴建，利用水电站的廉价电力，发展提灌，从而大幅度降低抽水成本，效益显著。

（4）注意加强水利资源统一规划，进行跨流域、跨地区的调水工程，把泵站提水工程纳入总体规划之中，充分发挥水资源的综合效益。

（5）注意多种能源的开发利用，特别是利用再生能源做为小型泵站提水动力，为节约常规能源，降低提水成本开辟了新的途径。

第一章　泵的工作原理和构造

本章系统而全面地介绍各类水泵扬水的基本原理、构造和适用范围；其中对应用广泛的离心式水泵和抽取地下水的井用水泵作了较详细的论述。

第一节　离心泵的工作原理、分类和构造

一、离心泵的工作原理

由物理学可知，作圆周运动的物体受有向心力的作用，如果向心力不足或失去向心力，物体由于惯性就会沿圆周的切线方向飞出，离转动圆心越来越远，形成所谓离心运动，离心泵就是利用这种惯性离心运动而进行扬水的。

图1-1是离心泵扬水工作原理示意图。具有弯曲叶片的叶轮安装在固定不动的蜗壳形的泵壳内，泵壳分别与出水管和吸水管相连。在开始抽水前，泵内和吸水管中先灌满水（吸水管底部的底阀是防止水倒泄入吸水池中）。当动力机通过泵轴带动叶轮高速旋转时，叶轮中的水也随着一起高速旋转，由于水的内聚力和叶片与水之间的摩擦力不足以形成维持水流旋转运动的向心力，轮中水流逐渐向叶轮外缘而去。叶轮的圆周速度随半径的增大而增大，沿叶片离心而去的水流的圆周速度越来越大，最后高速甩出进入泵壳中，再经

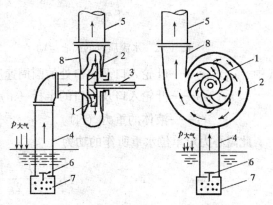

图1-1　离心泵工作原理示意图

1—叶轮；2—泵壳；3—泵轴；4—吸水管；5—出水管；
6—底阀；7—滤水网；8—扩散锥管

扩散锥管减速将大部分动能转换为压能经出水管扬至高处。在水流向外缘的同时，叶轮中心附近形成真空（小于大气压力），但吸水池水面作用着大气压力，吸水管中的水在此压差作用下，立即填补所空出的空间而进入叶轮，由于叶轮的不断旋转，水就源源不断地甩出和吸入形成连续的扬水作用。

设液体随叶轮旋转做圆周运动其角速度为 ω，则距转轴为 r、质量为 dm 的液体质点 A 所受的向心力（图1-2）

$$F_x = dm\omega^2 r \tag{1-1}$$

由于向心力不足，水质点将向圆周切线方向流去，并由距轴心 O 为 r_1 的 A 点逐渐移至 A'、A'' 点最后由距轴心为 r_2 的 A_2 点流出叶轮。如在叶轮上观察，质点好象受一指向外

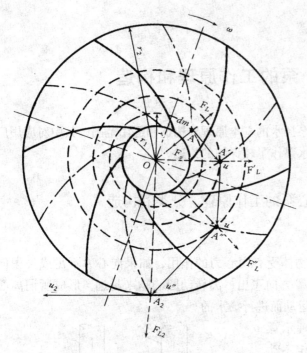

图 1-2 水流质点的离心运动

缘的拉力使质点沿径向流向周边，此想象的力称惯性离心力 F_l（简称离心力，下同），它和向心力大小相等、方向相反。

此离心力对质点所作的功为

$$dl = dm\omega^2 r dr \qquad (1-2)$$

全部液流从叶轮进口到出口所作的功为

$$l = \iint_{Mr_1}^{r_2} dm\omega^2 r dr = M\omega^2 \int_{r_1}^{r_2} r dr$$

$$= M\omega^2 \frac{1}{2}(r_2^2 - r_1^2)$$

$$= \frac{G}{2g}(u_2^2 - u_1^2) \qquad (1-3)$$

式中 u_1、u_2——叶轮入口及出口处的圆周速度（m/s）；

　　　　r_1、r_2——叶轮入口及出口的半径（m）；

　　　　G——液体的重力（N）。

此离心力对单位水重所作的功为

$$H_l = \frac{u_2^2 - u_1^2}{2g} \quad (\text{m}) \qquad (1-4)$$

由水力学知，单位液重所作的功 H_l 称之为比能或水头，在水泵中称之为扬程，也就是由于惯性离心力所能扬水的高度。

设水泵叶轮转速为 n（r/min），叶轮入口及出口直径分别为 D_1 和 D_2，则有

$$u_1 = \frac{\pi D_1 n}{60} \text{ 和 } u_2 = \frac{\pi D_2 n}{60} \quad (\text{m/s})$$

所以式（1-4）可写成

$$H_l = 0.00014(D_2^2 - D_1^2)n^2 \qquad (1-5)$$

如令 $D_1 = K_2 D_2$（K_2 为叶轮直径比例系数），则上式可改写为

$$H_l = K D_2^2 n^2 \qquad (1-6)$$

$$K = 0.00014(1 - K_2^2)$$

由上式可见，D_2 越大，n 越高，H_l 也越大，离心泵一般就是利用加大叶轮直径 D_2 和提高转速 n 而增大其扬程 H_l 的。

离心泵在启动前一定要充满水才能工作，因水的质量比空气约大 800 倍，如果启动前

泵中不灌满水，尽管叶轮高速旋转，由于空气质量轻，惯性极小，所以排出的空气有限，泵中空气压力和作用在下水面的外界大气压力相差很小，在这样小的压差下，水是无法压入泵中的。

二、离心泵的分类和构造

离心泵由于结构简单，使用维修方便，适用范围广，所以广泛用于农田灌溉、工业和生活供水以及我国北方的机井灌溉中。根据其转轴的立卧，可分为卧式离心泵和立式离心泵；根据轴上叶轮数目多少可分为单级和多级两类；根据水流进入叶轮的方式分又有单侧进水和双侧进水之别。现就各类型离心泵的结构分述于下。

（一）单吸单级卧式离心泵

所谓单吸是指水从叶轮一侧吸入的，其流量较小，一般属于小型泵。但其型号较多，而结构则大同小异。其构造特点是叶轮固定在转轴的一端，支承其重量的轴承位于轴的另一端，受力有如悬臂梁，故又称悬臂式离心泵。今以我国生产的 IS 型离心泵为例说明如下。

IS 型离心泵是我国根据国际标准设计制造的，共有 29 个品种，51 个规格，6 种口径（泵的最大进口直径为 200mm）。其适用范围是：流量 $3.6 \sim 400 \text{m}^3 / \text{h}$，扬程 $5 \sim 125 \text{m}$，泵进口直径 $50 \sim 200 \text{mm}$，配套电动机功率 $0.55 \sim 110 \text{kW}$，转速有 1450r/min 和 2900r/min 两种，其总体结构如图 1-3 所示。主要由三大部分组成，即转动部分、固定部分和防漏密封部分。

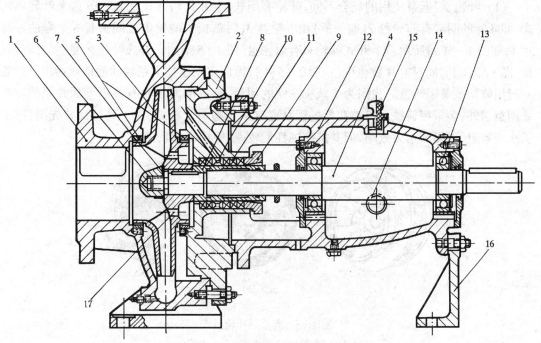

图 1-3 IS 型离心泵结构图（剖面）

1—泵体；2—泵盖；3—叶轮；4—泵轴；5—密封环；6—叶轮螺母；7—止动垫圈；8—轴套；9—填料压盖；10—填料环；11—填料；12—悬架；13—轴承；14—油标；15—油孔盖；16—支架；17—水压平衡孔

7

1. 转动部分

包括叶轮、泵轴(及其轴承)和联轴器(或皮带轮)。叶轮用键和反向螺母固定在泵轴的一端,原动机(一般为电动机)的旋转机械能通过泵轴另一端用键相联的联轴器(俗称靠背轮)带动泵轴和叶轮旋转将能量传给水。IS型泵和电动机通过加长联轴器(外罩以保护罩)直接传动,图1-4为其装置外形图。这样,当需要维修时,将加长联轴器卸下不必拆卸进、出水管路和电动机即可将除泵体外的其余部件抽出对叶轮等部件进行检修。

图1-4 IS离心泵机组外形图

1—水泵;2—保护罩(内装加长联轴器);3—电动机

(1) 叶轮:根据泵使用的场合不同,叶轮有闭式、半开式和开式之分。IS型泵叶轮属闭式,即叶轮的两侧有前轮盘2(前盖板)和后轮盘3(后盖板),两轮盘之间夹有6个弯曲形叶片1,如图1-5(a)所示。半开式叶轮只有后轮盘[图1-5(b)]。开式叶轮无完整的前后轮盘[图1-5(c)],同时叶片数也少(一般2~5片),因此多用于抽取浆粒状液体或污水。叶轮一般用铸铁或黄铜铸造。我国为了减少黄铜的用量,除抽取海水和有些小型深井泵的叶轮采用黄铜外,多采用铸铁。目前在低扬程泵也有采用塑料叶轮的,由于其壁面较光滑,减少了水力摩阻,可提高水力效率,但其抗磨蚀性能较差,使用寿命较短。

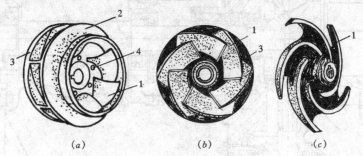

(a) (b) (c)

图1-5 离心泵叶轮型式

(a)闭式;(b)半开式;(c)开式

1—叶片;2—前轮盘;3—后轮盘;4—水压平衡孔

单吸式叶轮进口处的水压很低,经叶轮甩出的水作用在叶轮前后轮盘上其压力很大,因此在叶轮前后形成了压力差，如图 1-6 所示，即后轮盘承受的水压力比前轮盘和进口处的压力大。压力分布图中的面积 5 就是叶轮前后的压力差 P_0，其方向是沿泵轴指向进水侧，所以称此压差 P_0 为水的轴向推力，其大小可用下式计算

$$P_0 = K\gamma \frac{\pi}{4}(D_1^2 - d_0^2)H \quad (N) \tag{1-7}$$

式中　　　K——经验系数，一般为 $K=0.6\sim0.8$；

　　　　　γ——水的重度，可采用 $\gamma=9800$（N/m^3）；

　　D_1、d_0——分别为叶轮进口和泵轴直径（m）；

　　　　　H——泵的扬程（m）。

由上式可见，对一定尺寸的叶轮，P_0 与 H 成正比，扬程越大，轴向推力也越大。

另一方面，由于水在叶轮流道中改变方向（即由轴向变为径向），水对迫使其改变方向的叶轮也有一作用力，该力的轴向分力称水冲力

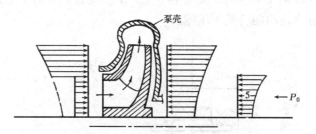

图 1-6　叶轮两侧水压分布示意图

P_w，其作用方向和轴向推力 P_0 相反。对轴向流入和径向流出的离心泵叶轮，此力可根据动量定律求出为

$$P_w = \frac{\gamma}{gA_1}Q^2 \tag{1-8}$$

式中　A_1——叶轮入口面积（m^2）；

　　　Q——通过叶轮的流量（m^3/s）。

即水冲力 P_w 和流量平方成正比，所以叶轮承受的轴向合力 P 为

$$P = P_0 - P_w \tag{1-9}$$

对单吸离心泵，一般 Q 较小，H 较大，所以 P_w 所起的抵消轴向推力的作用有限，仍有一较大的指向进水方向的轴向力作用在叶轮上，可能产生泵轴的轴向窜动或叶轮紧固螺帽松动，引起前轮盘和泵壳产生摩擦。为防止事故发生，扬程较高的单吸离心泵在后轮盘靠近轴孔处钻有 6 个小孔称压力平衡孔（图 1-3 和图 1-5），使叶轮后面的高压水经此孔流向进水侧以减小轴向推力，此法简单易行且效果较好。但开平衡孔后，由于水流前后连通，使叶轮进水条件变坏，导致水泵效率下降约 2%～5%。所以对其中扬程较低单吸离心泵由于轴向推力较小可不开平衡孔。

（2）泵轴及轴承：泵轴一般由碳素钢制造，要求有足够的强度、刚度且需端直，以免运行中由于轴的弯曲而引起叶轮摆动导致叶轮与泵壳相磨而损坏。叶轮用平键联于泵轴一端，这种键只能传递扭矩而不能固定叶轮的轴向位置，所以一般用轴套和叶轮螺母（图 1-3）来定位，另外轴套也起保护泵轴的作用，它磨损后可更换。

轴承是用以支承转动部分的重量和承受泵在运转中产生的轴向和径向力并减小泵轴转动的摩阻力。IS 型泵采用的是滚动轴承（图 1-3），轴承外径与轴承孔的配合不宜太紧和

过松，否则均会导致轴承发热。

（3）联轴器：它实质上为一法兰盘用平键联在泵轴的另一端，再和动力机轴上的联轴器（对 IS 型泵经加长联轴器）用螺栓相连，将动力机旋转的机械能传给泵轴。

2．固定部分

有泵壳和悬架两部分，现分述如下。

（1）泵壳：内装叶轮，它由泵体和泵盖（图 1-3）组成。而泵体包括进水接管、出水接管和蜗壳体，如图 1-7 所示。进水接管是一段短直管，其顶部有一导水片以便把水均匀地引入叶轮中。蜗壳的主要作用是汇集叶轮甩出的水流并借助其过水断面的不断增大以保持蜗壳中水流速度基本不变。出水接管垂直向上为逐渐扩散形，以逐渐降低流速，把部分水流动能转换为压能。

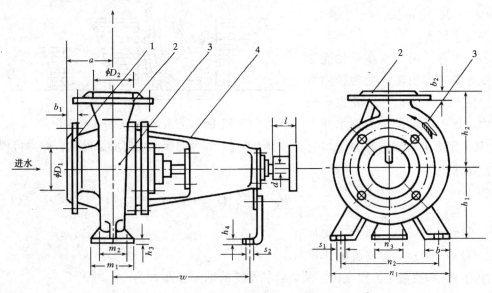

图 1-7 IS 型离心泵泵壳和悬架

1—进水接管；2—出水接管；3—蜗壳；4—悬架

泵盖用螺栓和泵体相联，其中部有膛孔，构成填料箱（涵），箱中加塞填料以防空气或水从轴和泵盖之间的缝隙进入或流出。

泵体的进、出水接管上各有一钻孔，用以安装量测泵进口和出口压力的真空表和压力表。泵壳顶部设有灌水（或抽气）孔，以便在启动前向泵中充水。泵壳底部设有放水孔，用以停泵后放空泵中积水，防止冬季结冻。

泵壳为铸铁铸造，其内部过水表面应光滑，以减小水流阻力。

（2）悬架（图 1-3）：又称托架，其一端用螺栓和泵盖相联，另一端支承在悬架支架上，泵轴贯穿其中，其前部有矩形开口，以便调整填料松紧或更换填料；后部为一密闭油箱，箱的两端为轴承支座孔，内装滚珠轴承，箱中充以机油，油面为箱深的 1/3～1/2，用以润滑轴承，箱上设有油孔盖和油位检测孔，下部有放油孔，两轴承的外端有端盖，以防机油外漏，悬架亦由铸铁铸造。

3．防漏密封部分

10

(1) 密封环（又称口环、承磨环）：它是一个金属圆环镶装在泵体上（图1-3中的5），以防叶轮甩出的高压水通过泵体和叶轮进口外缘之间的缝隙漏回到叶轮的进水侧。对口径大、扬程高的某些IS型泵，特别是对叶轮上开有平衡孔的泵，在后轮盘和泵盖之间还装有一个密封环，以减少水从叶轮后漏出泵外或由平衡孔流回叶轮进口。IS型泵的密封环是平直式的，如图1-8（a）所示，主要靠径向间隙b密封；有些单级离心泵采用端面密封方式，如图1-8（b）所示，主要靠轴向间隙a密封，其特点是漏回的水沿径向流出，改善了水泵进口处的水流状态，同时防漏环与泵体之间采用过渡配合，轴向间隙可调整，如因磨蚀造成间隙增大后，可向叶轮进口端移动以减少泄漏水量。

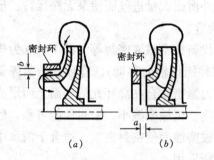

图1-8　密封环型式和间隙示意图

（a）平直式；（b）端面密封式

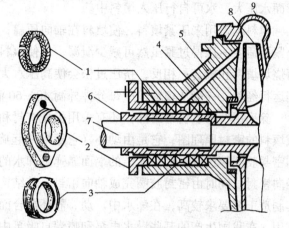

图1-9　填料箱结构示意图

1—填料；2—压盖；3—填料环；4—水封管；5—泵
盖；6—轴套；7—泵轴；8—叶轮；9—泵壳

从减小泄漏量和改善叶轮入口流态来看，密封环间隙越小越好，因间隙大泄漏量也大，并使泵进口水流条件恶化，降低了泵的容积效率和水力效率；但其间隙也不宜过小，否则不仅要提高制造和安装精度，而且可能产生机械摩擦，降低泵的机械效率，甚至会磨熔，使防漏环与叶轮咬死。密封环径向间隙的大小和环的内径大小有关，一般为0.1～0.4mm，最大不要超过0.8mm。密封环间隙泄漏流量Δq可根据下式估算：

$$\Delta q = K \pi D_l b \sqrt{2g\Delta H} \quad (\text{m}^3/\text{s}) \tag{1-10}$$

式中　K——漏失系数，对平直式密封环，$K = 0.4 \sim 0.5$；

D_l——密封环间隙的平均直径（m）；

b——径向间隙宽度（m）；

ΔH——间隙两边压头差（m），一般$\Delta H = (0.6 \sim 0.8)H$，其中$H$是泵的扬程（对高扬程泵取低限）。

由上式可知，泄漏流量和密封环间隙b大小密切有关，此间隙过大将显著降低泵的出水量，故该环磨蚀后应及时更换。

(2) 密封机构：在泵轴穿出固定的泵盖处，为防止泵内水从此处外泄（无平衡孔）或向泵内进气（有平衡孔），在泵盖轴伸出处，制成圆筒状的填料箱，内装软质填料（又称盘根）、填料环（又称水封环）和压盖，如图1-9所示。

填料多以石棉绳编成粗细不同的多种规格并用黄油浸透后再压成条状，截面成正方形，外表涂以石墨粉，具有耐磨、耐高温和略有弹性的特点。将填料截成若干段填入填料箱并用压盖压紧，以防止高压水从泵后漏出或阻止空气进入，填料层数以4～6圈为宜。

填料环是一个中间凹下外周凸起的圆形金属环（图1-9），它套装在泵轴上，并位于填料的中间。环上开有4个小孔，其中一个孔应正对水封管。泵内的高压水通过水封管压入密封环，在轴套周围形成一圈密封水环，水从环的4个小孔和周边上前后4个小槽渗入填料中，起水封、润滑和冷却泵轴的作用。但对叶轮上没有平衡孔的泵无此部件，因叶轮背面水压大，水可自行压入填料中。

填料压盖用来压紧填料，使填料在轴向压扁，径向膨胀，堵住漏水或漏气的缝隙。但松紧要适度，压得过紧虽然可减少泄漏，却使填料和轴套的摩擦力增大甚至使填料箱发热而烧坏填料和轴套；相反，挤压过松会使高压水大量外泄或大量进气而使泵无法运行。根据运行经验，一般从填料箱中每分钟外滴40～60滴为宜。

除采用石棉填料密封外，还有采用机械密封和近代新技术磁液密封等。图1-10为机械填料的密封原理图，它是由动环（它随轴一起旋转并能作轴向移动），静环、压紧弹簧和密封胶圈等组成。动环光洁的端面靠弹簧和水的压力紧密贴合在静环光洁端面上而形成径向密封，同时由密封胶圈完成轴向密封。其结构紧凑，机械摩擦小，密封性能可靠，但其制造工艺要求较高，在浑水中，动、静环贴合面易被磨蚀而使密封失效，适合于清水中应用。在我国生产的某些潜水电泵和喷灌自吸泵中有所采用。

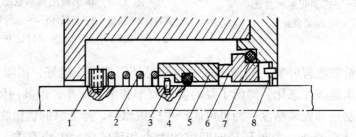

图1-10 机械密封构造和原理图

1—弹簧座；2—压紧弹簧；3—传动销；4—动环密封胶圈；5—动环；6—静环；7—静环密封胶圈；8—防转销

单吸单级卧式离心泵除IS型外，还有IB型，也是根据国际标准设计的新产品，其性能和构造与IS型类似，可由皮带间接传动。除此，还有B型（老型号为BA型）及各地设计的产品，由于检修泵时需拆卸进出水管或动力机，加之效率偏低，耗能较高，多属我国淘汰产品。但IS型泵加装了加长联轴器，使机组轴向尺寸增长，占地较多，同时机组安装的同心度要求较高。

（二）双吸单级卧式离心泵

Sh型双吸单级卧式离心泵外形如图1-11所示。其结构特点是：第一，水从叶轮的两侧进入，即有两个进水口，所以称"双吸"，然后汇合流入一个蜗壳中。叶轮实质上是由两个共用后轮盘的单吸叶轮所组成，这样在同样叶轮外径情况下流量可增大一倍，所以大中型离心泵多采用此种结构型式，同时水的轴向推力可自行平衡；第二，叶轮联同泵轴由两端的轴承支承，要求轴有较高的抗弯、抗拉强度，否则因轴挠度大，运行时易发生振动，甚至烧坏轴承和断轴事故；第三，泵壳分为上下两部分，上部称泵盖，下部称泵体，两部分用螺钉相互联结，这样，只要拧开泵盖的螺母，即可揭掉泵盖对泵内部进行检修，所以该泵型又称水平中开式；第四，水泵的进水和出水均在同一方向上且垂直于泵轴，这有利于泵和进、出水管的布置与安装。

图 1-11 Sh 型离心泵外形图

我国生产的 S 型和 SA 型也属于此型泵。Sh 型泵由于采用的轴承不同又可分为甲式和乙式两种。对轴承处的轴径等于或小于 60mm 的用滚珠轴承称甲式；轴径大于 60mm 的用巴氏合金滑动轴承称乙式。但目前我国有些厂家将乙式泵也改为滚动轴承。图 1-12 为甲式 Sh 型泵结构图。Sh 型泵共有 30 个品种 61 种规格，流量从 126～12500m³/h，扬程 9～140m。由于其适用范围广，运行平稳，安装、维修方便，所以广泛用于我国北方特别是黄河流域一带的大、中型泵站中。目前我国已能生产口径（指

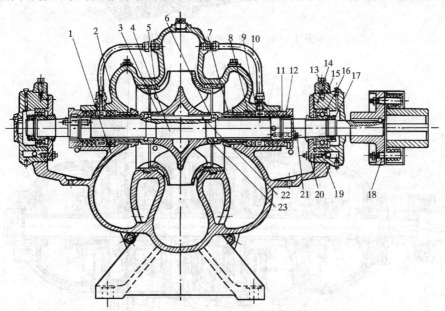

图 1-12 Sh 型甲式泵构造图（剖面图）

1—泵体；2—泵盖；3—叶轮；4—泵轴；5—密封环；6—轴套；7—填料挡套；8—填料；9—填料环；10—水封管；11—填料压盖；12—轴套螺母；13—固定螺钉；14—轴承体；15—轴承体压盖；16—滚珠轴承；17—圆螺母；18—联轴器；19—轴承挡套；20—轴承端盖；21—双头螺丝；22—键；23—纸垫

泵进水口直径）为1.4m（56英寸）、流量可达 5.8m³/s 的大型双吸离心泵。

（三）多级卧式离心泵

多级卧式离心泵结构特点是，将多个叶轮串装在一根转轴上，轴上叶轮数即代表泵的级数。如果每一级叶轮的扬程为 H_i，则 n 级泵的总扬程为 $H = \sum_1^n H_i$；如所有叶轮相同，则 $H = nH_i$。级数越多扬程越高，所以它主要用于高扬程或高压泵站中。按其泵壳联结方式不同可分为节段式（即各节泵壳可沿端面分开）和水平中开式（即泵壳分两部分，可沿轴面分开）两种。图 1-13 为我国生产的 D 型节段式多级离心泵外形图，图 1-14 为其结构图。泵壳分为进水段，中段（中段数为叶轮个数减 1）和出水段，各段用长螺栓（穿杠）连成整体。前一级叶轮经导叶（导水盘）将水引导至后一级叶轮进水侧，使水逐级增加能量，最后经出水段流出。在进、出水段端部均装有填料密封和轴承，每个叶轮前后均装有密封环。

D 型离心泵由于各级叶轮都是单侧进水，水的轴向推力很大，所以在末级叶轮的后面

图 1-13　D 型多级离心泵外形图

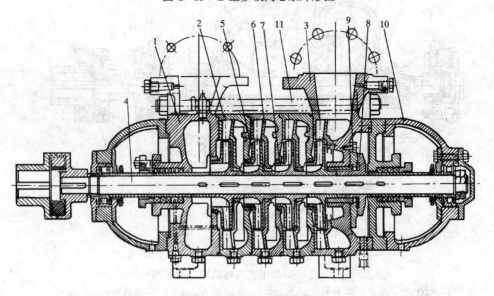

图 1-14　D 型泵结构图

1—进水段；2—中段；3—出水段；4—泵轴；5—叶轮；6—导叶；7—密封环；8—平衡盘；9—平衡环；10—轴承部件；11—长螺栓（穿杠）

14

设有平衡轴向力的平衡盘，其结构如图 1 - 15 所示，平衡盘固定在末级叶轮后面的泵轴上，高压水经缝隙 3 进入空室后，再经平衡盘和防磨环之间的间隙 5，进入减压空室，最后经水管 9 流回第一级叶轮的进水侧。由于平衡盘后的水和泵进口相通，所以盘右方的水压和泵进口处的水压基本相等，这样当平衡盘左面受轴向力时，盘自动向右移动，间隙 5 增大并放走高压水，使轴向推力自动得到平衡，防止叶轮向左移动，以保持叶轮的正常位置。D 型泵扬程可达 350m，各别品种如 D 型油田注水泵扬程高达 1660m。

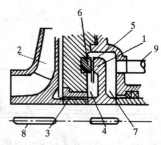

图 1 - 15 平衡盘结构及工作原理图

1—平衡盘；2—末级叶轮；3、5—缝隙；
4—空室；6—防磨环；7—减压空室；
8—键；9—连接叶轮进水侧水管

中开式多级卧式离心泵（又称蜗壳式）的泵壳分为上下两半，可沿轴水平面拆开泵壳以便检修。叶轮为对称布置，如图 1 - 16（a）所示。图

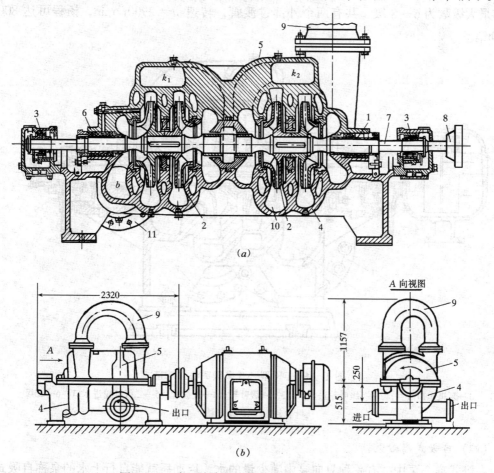

(a)

(b)

图 1 - 16 中开式多级泵构造及外形图（单位：mm）

(a) 构造图；(b) 外形图

1—轴套；2—叶轮；3—轴承；4—泵体；5—泵盖；6—填料；7—泵轴；8—联轴器；9—外部过渡管；
10—蜗壳空腔；11—进口法兰盘

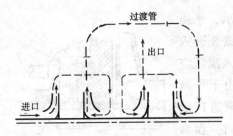

图 1-17 中开式多级泵中液体流动示意图

1-16（b）为其外形图，在轴上装有四个叶轮，其进水口呈反向布置，液体从蜗壳形进水空腔 b 进入第一级叶轮，然后由泵盖中的流道 K_1 引入第二级叶轮的进口，液体再沿外部过渡管引向最右边的第三级叶轮的进口，再由内部流道 K_2 引向第四级叶轮进口，最后由第四级叶轮的蜗壳室引至泵的出水口 [图 1-16（b）]，图 1-17 为其泵内液体流动路线示意图。叶轮这样布置的优点是，由水压引起的轴向推力可自动平衡以减小轴承承受的推力。

图 1-18 为我国生产的 10DK 型中开式多级泵（二级），扬程 220～240m，流量 0.33～0.5m³/s，安装在我国北方和黄河干支流的高扬程泵站中。黄河 2 号中开式二级泵流量高达 2.2m³/s，扬程 225m 是目前我国单机容量最大的农业用泵。中开式多级卧式离心泵当前最大级数为 6～8 级，共有两个外部过渡管，转速 $n=2900$r/min，扬程可达 800～1200m。

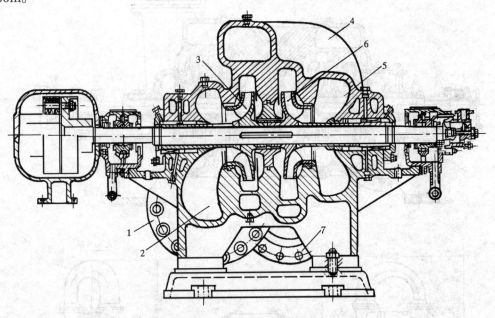

图 1-18 DK 型卧式多级离心泵构造

1—泵进水口法兰；2—一级叶轮进水口；3—一级叶轮；4—过渡管；5—二级叶轮进水口；6—二级叶轮；7—泵出水口法兰

（四）自吸式离心泵

在卧式离心泵中，有一种只向泵中灌少量的水，启动后就能自行上水的泵称自吸式离心泵，简称自吸泵。它启动容易，移动方便，在我国喷灌中应用较多。其所以能自吸是由于它的泵体部分构造和一般离心泵不同，主要表现在：①泵的进水口高于泵轴；②在泵的出水口设有较大的气水分离室；③一般都具有双层泵壳，如图 1-19 所示。这样在启动前泵中始终储存一部分水，当叶轮 1 转动时，储存的水在离心力作用下被甩到叶轮外缘，叶轮入口处形成真空，进水管中的空气从泵进口被吸入叶轮，在叶轮外缘形成气水混合体，沿蜗壳流道上升，当流至气水分离室 3 时，由于面积增大，气水混合体流速减小，空气由分离室出口溢出，水由于自重经外蜗壳流道下部回流，并基本上沿叶轮外缘切线方向进入内泵壳流道和泵内空气进行再次混合，这样反复多次，吸水管中空气逐渐被排出，从而达到自吸目的。由于脱气的水在叶轮的外缘附近和泵中空气混合，所以又称外混式自吸泵。

图 1-20 为一种外混式自吸泵结构图，在气水分离室的底部和蜗壳下部有回流孔连通，脱气后的水经过此孔回流至蜗壳中。

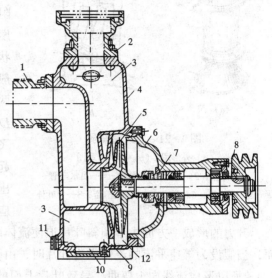

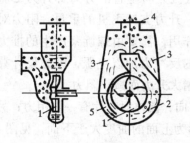

图 1-19　自吸泵自吸原理示意图

1—叶轮；2—内蜗壳流道；3—气水分离室；
4—分离室出口；5—外蜗壳外道；

图 1-20　自吸泵结构图（外混式）

1—进水接头；2—出水接头；3—气水分离室；4—泵体；
5—叶轮；6—轴承件；7—机械密封件；8—皮带轮；9—
回流孔；10—清污孔；11—放水螺塞；12—蜗壳

自吸泵由于泵体过流部分形状较复杂，水力阻力大，其效率比一般离心泵低 5%～7%。但由于省去阻力较大的吸水管上的底阀，所以其装置效率和一般小型离心泵相差不多。自吸泵的性能和泵内储水量有关，一般储水水位应在叶轮轴以上。泵的转速对自吸效果影响很大，转速越高性能越好，所以对农用自吸泵最好配带柴油机或汽油机以便调速。自吸泵在启动前应检查泵体内是否有足够的存水，否则不仅影响自吸性能，而且易烧坏轴的密封部件，在正常情况下，一般 3～5 分钟即应出水。

第二节　轴流泵和混流泵

一、轴流泵工作原理

图 1-21（a）、（b）分别为轴流泵外形和抽水原理示意图，在叶轮上安装着 4～6 个扭曲形叶片，叶轮上部装有固定不动的导轮，其上有导水叶片；下方为进水喇叭管。当叶轮旋转时，水获得能量经导水叶片流出。这种泵由于水流进叶轮和流出导叶都是沿轴向的，故称轴流泵；又因其叶轮形状像螺旋桨推进器所以又称旋桨式泵，它可安成立式、卧

17

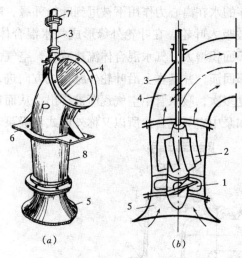

图 1-21 立式轴流泵

(a) 外形图；(b) 抽水原理图

1—叶轮；2—导叶；3—泵轴；4—出水弯管；

5—喇叭管；6—泵支座；7—联轴器；8—导叶体

式和斜式。

轴流泵工作原理和离心泵不同，它是靠倾斜的翼形叶片所产生的推力而扬水的。根据机翼理论，当翼形叶片为对称，同时其对称轴和气流 v 的方向一致时 [图 1-22 (a)]，它所受的力和气流方向相同，称之为阻力。但当其对称轴不在气流方向而成一角度 a（称冲角），见图 1-22 (b)，或叶片形状不对称时 [图 1-22 (c)]，它所受的力一般不在气流方向上而成某一夹角，它可分为两个分力。与气流方向一致的分力称阻力 D；与气流方向垂直的分力称升力 L。飞机飞行时，升力支持飞机的重量，阻力对飞行起阻碍作用，需要由螺旋桨产生的推力或喷出气体的反冲力加以克服，因此设计翼形时应尽力增大升力而减小阻力。

升力的形成一方面由于倾斜叶片迫使流体改变方向，流体对叶片有一作用力；另一方面，当假设为等速平流的流体靠近叶片时，由于叶形为上面的曲度大于下面，见图 1-22 (c)，所以形成流线向上弯曲，导致叶片上面的流线间距缩小，下面流线间距增大，因两流线间流量保持不变，则叶片上面流体流速大于下面，根据伯诺里方程式知，机翼上表面所受压力小于下表面，因此其合力指向上方。很显然，如果流体为水且静止，而叶片以匀速运动，也同样会产生向上的升力。

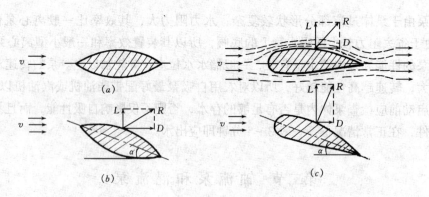

图 1-22 翼形叶片受力示意图

(a)、(b) 对称形；(c) 不对称形

因轴流泵叶片是转动的，水流在叶道中为相对运动。进入叶轮的速度 w_1 和流出叶轮的速度 w_2（相对流速）不仅数值不等，而且方向也不同，如图 1-23 (a) 所示。我们取 w_1 和 w_2 向量的平均值 w_∞ 做为叶轮中水流的方向 [图 1-23 (b)]，于是根据上述机翼

绕流理论，水流作用在叶片上的合力 R 在 w_∞ 方向的分力为阻力 D，在垂直 w_∞ 方向的分力为升力 L，根据叶栅理论可用下式表之

$$D = C_x A \rho \frac{w_\infty^2}{2} \tag{1-11}$$

$$L = C_y A \rho \frac{w_\infty^2}{2} \tag{1-12}$$

式中　C_x，C_y——分别为阻力系数和升力系数，当叶片一定时，主要和冲角有关；

　　　　A——叶片的平面投影面积；

　　　　ρ——水的密度。

根据作用力等于反作用原理，轴流泵叶片给流经其上的水一个大小相等、方向相反的作用力 R' [图 1-23 (c)]，即 $R'=R$，R' 在圆周方向的分力 R'_u 是使水在叶轮中绕轴旋转的力，而分力 R'_z 则是使水沿泵轴上升的推力。

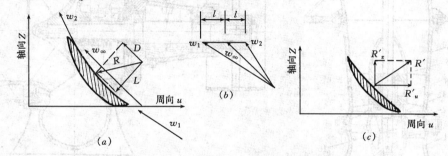

图 1-23　轴流泵叶片受力及平均相对流速
(a) 水流作用在叶片上的力；(b) 平均相对速度；(c) 叶片的推力

二、轴流泵的构造

轴流泵就叶片固定方式和调节方法可分为固定式、半调节式和全调节式。图 1-24 为半调节式立式轴流泵结构图，它由叶轮，进水喇叭管，导水叶片、出水弯管和轴密封机构等主要部件组成。导水叶片间的流道呈扩散形，使从叶轮流出的水由斜向导为轴向流入出水弯管。这样一方面消除水流旋转所产生的能量损失，同时也将水流的一部分动能转换为压能，从而提高了水泵的效率。为防止运行时泵轴的摆动，一般在轴的上、下端设置两个导（向）轴承。其材质多采用水润滑的橡胶或尼龙制成，当泵抽取混水时，为防止泥沙对轴承和轴的磨损，应由专门的清水系统进行润滑，以延长其使用寿命。叶轮上的叶片可根据所需流量和扬程大小调节其安放的角度，当需要调节时，将固定于轮毂上的叶片调节螺母松脱，转动叶片到所需倾角即可。

全调节式叶轮是通过一套油压调节机构来改变叶片的安装角，不需停机即可进行，机构较复杂，多用于大型轴流泵站中。目前我国生产的大型轴流泵叶轮直径有 1.6m、2m、2.8m、3m 和 4m。

固定式叶轮轴流泵是一种小型轴流泵（叶轮直径一般在 250mm 以下），叶片和轮毂浇铸为一整体，其结构简单，扬程低（2～5m），流量较小（100～600m³/h），适用于河、渠两岸平坦地形的小型提水灌溉和排水。

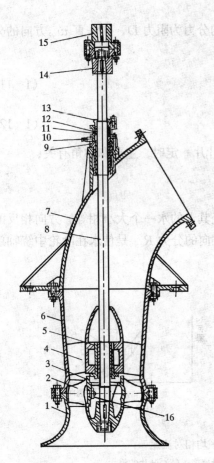

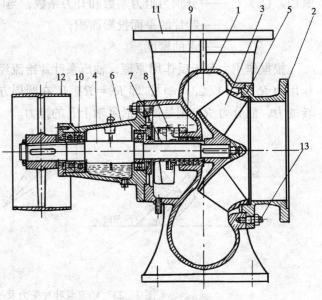

图 1-24　立式半调节型轴流泵

1—喇叭管；2—叶轮；3—轮毂；4—导
叶；5—下导轴承；6—导叶体；7—出
水管弯管；8—泵轴；9—上导轴承；10—
引水管（润滑填料、轴承）；11—填料；
12—填料箱；13—压盖；14—联轴器；
15—电动机联轴器；16—叶片调节螺母

图 1-25　卧式混流泵构造图

1—泵壳；2—泵盖；3—叶轮；4—泵轴；5—密封环；6—轴承箱
（油箱）；7—轴套；8—压盖；9—填料；10—轴承；
11—出水口；12—皮带轮；13—双头螺丝

三、混流泵构造

混流泵有卧式、立式之分。卧式混流泵从外形上看和卧式单吸单级离心泵很相似，构造上除叶轮形状外也无多大差别，如图 1-25 所示。

从水流进入和流出叶轮的方向看，它介于离心泵和轴流泵之间，水沿轴向流入叶轮，沿与轴向成某一斜度流出，所以混流泵又称斜流泵，见图 1-26 (b)。

就其工作原理来说，水流在叶轮中既受离心力的作用，又受推力的作用。

立式混流泵除叶轮和轴流泵叶轮型式不同外，其结构和立式轴流泵基本相同，如图 1-27 所示。

混流泵的特点是，构造比较简单，扬程范围小于离心泵而大于轴流泵（轴流泵的扬程很少超过 10m，混流泵扬程可达 30m），流量大于同叶轮直径的离心泵而小于轴流泵。因

此它可取代部分离心泵和轴流泵的工作范围，其适应面
较广。

目前我国生产的混流泵，最大叶轮直径已达 6m
（当前世界上最大直径），其流量为 $100m^3/s$，而最小的
微型混流泵流量只有 $0.007m^3/s$（$25m^3/h$），扬程 $H = 2m$。

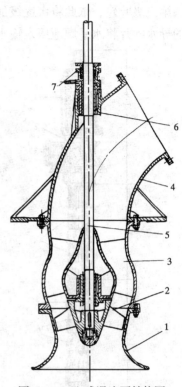

图 1-27 立式混流泵结构图
1—进水喇叭管；2—叶轮；3—导叶体；4—
出水弯管；5—泵轴；6—橡胶轴承；
7—填料箱

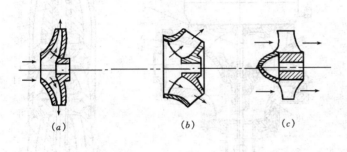

图 1-26 水流流出三种叶轮的方向示意图
（a）离心泵叶轮；（b）混流泵叶轮；（c）轴流泵叶轮

第三节 井 用 水 泵

井用水泵类型很多，本节主要介绍长轴井泵、潜水电泵、活塞拉杆泵、井用射流泵和
气升泵（空气扬水机）。

一、长轴井泵

长轴井泵就其结构特点看，属于立式多级离心泵。多个叶轮固定在泵轴的一端直通井
下。动力机通过长的传动轴带动叶轮旋转，将水扬至地面以上。主要由三大部分组成。即
泵体部分、内装传动轴的输水管部分和带机座的动力机部分，如图 1-28 所示。前两部分
在井下，后一部分在井上。

（一）泵体部分

泵体部分包括滤网、进水管和泵节等部件。泵节由一个进水节（又称下导流壳）若干
个中节（中间导流壳）和一个出水节（上导流壳）组成。泵体的内部构造如图 1-29 所
示，在每个泵节中均有若干个固定的导水叶片 10，各泵节之间装有叶轮，叶轮用锥形套
紧固在泵轴上，这样井水由滤网、进水管吸入，通过进水节 13 的导水叶片把水平顺地导
入第一级叶轮再由中节的导水叶片导入第二级叶轮，二级叶轮甩出的水经第二个中间节导

21

入第三级叶轮，依此将水逐级加压上扬，水压逐级升高，最后由末级叶轮甩出，经出水节的导水叶片将水平顺地压入输水管中。

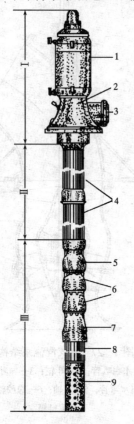

图 1-28　长轴井泵的组成

Ⅰ—电动机机座部分；Ⅱ—输水管部分；Ⅲ—泵体部分；1—电动机；2—机座；3—出水口；4—输水管；5—出水节；6—中节；7—进水节；8—进水管；9—滤网

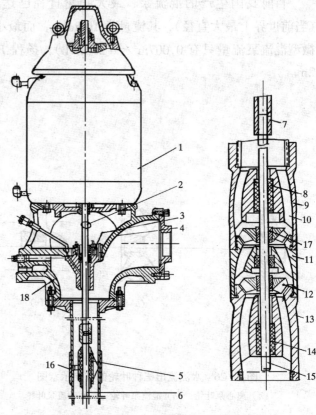

图 1-29　JD型长轴井泵构造

1—电动机；2—传动轴；3—填料箱；4—出水弯管；5—轴承支架；6—输水管；7—联轴器；8—上导轴承；9—出水节；10—导水叶片；11—中节；12—叶轮；13—进水节；14—下导轴承；15—泵轴；16—联管器；17—锥形套；18—机座

我国生产的 JC 型长轴井泵最少为二级，即只有一个进水节、一个中节和一个出水节，最多可达 24 级，共 23 个中节，节和节间用螺纹或法兰盘联结。

（二）输水管及传动轴部分（图 1-29）

输水管 6 是由上下两根短管和若干等长（2~2.5m）的钢管构成，管间用联管器 16（即有内螺纹的短套管）或法兰盘联结。传动轴是传递功率带动叶轮旋转的重要部件，一般由冷拉钢制成，由若干根等长的长轴和两根短轴组成，并用联轴器 7 相连。传动轴由轴承支架 5 及其中的橡胶轴承支承在输水管上。

（三）机座和动力机部分（图 1-29）

机座是把动力机的底座和出水弯管铸为一体的部件，机座用地脚螺丝固定于井口的混凝土基础上，出水弯管的出口端有法兰盘，以便和地面的扬水管相连。下端的法兰盘和井中的输水管相接。动力机有电动机和柴油机两种，电动机多采用空心轴立式结构，安装较为方便。

带动井下泵轴转动的传动机构位于电动机的上部，其传动原理如图1-30所示。传动轴穿越泵底座填料箱之后，又从电动机的空心轴中穿过，空心轴上部用键13和电动机主动盘5相连，主动盘上部平面上有2~4个传动销钉，插进水泵从动盘3的销钉孔中，水泵从动盘再用键12和传动轴相连。这样当电动机空心轴旋转时，即带动电动机主动盘通过销钉的传动使水泵从动盘旋转，带动传动轴和井下的叶轮旋转。

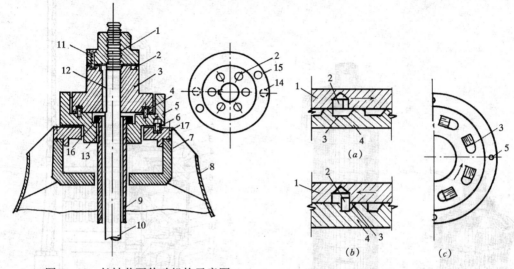

图1-30　长轴井泵传动机构示意图

1—调节螺母；2—调节孔；3—从动盘；4—传动销钉（共两个）；5—主动盘；6—止逆销钉；7—电动机上轴承箱（轴承未画出）；8—电动机外壳；9—电动机空心轴；10—传动轴；11—定位螺栓；12、13—键；14—传动销钉孔；15—顶丝孔（两个）；16—主动盘压紧螺帽；17—止逆盘

图1-31　JD型长轴开泵防倒转设备

（a）泵正转时；（b）泵倒转时；（c）止逆盘平面图

1—主动盘；2—止退销；3—坡形槽；4—止逆盘；5—螺钉

电动机上设有防止机组倒转的止逆装置，即在主动盘的底面钻有3个小孔，孔内均装有可以自由上下活动的圆柱形止逆销钉，主动盘下面有止逆盘，其顶面和止逆销钉孔对应的圆周上，开有8个坡形止逆槽，如图1-31所示。当主动盘正常旋转时，止退销钉被止逆槽的斜坡顶到销钉孔内，靠高速旋转的离心力作用不致下落［图1-31（a）］；当切断电源，水泵转速降低至一定程度时，止退销因自重而落下。当水泵反转时，止逆销钉被坡形槽坎挡住［图1-31（b）］，这样就防止了泵轴的反转。

另外，在传动轴最上端有一调节螺母（图1-30），该螺母一方面承受叶轮、传动轴和水的轴向推力全部荷载，同时可转动该螺母使整套传动轴连同叶轮一起作微量的上、下移动（一般旋拧一圈可升降2~6mm）以调节泵壳和叶轮之间的轴向间隙，避免两者相互磨损或间隙过大使漏失流量增大，亦可用以微量调节井泵流量之用。

我国生产使用的长轴井泵有JC型、JD型、J型等系列。JC型为新系列产品，将逐步取代其它老型号井泵。

二、潜水电泵

潜水电泵是将电动机和水泵合为一体的潜入水中运行的一种水泵。从外部看，其结构分三部分，即上部为水泵（一般为单吸单级或多级立式离心泵），下部为电动机，中间为进水口，如图1-32所示。对用于江河堤水的大型潜水电泵，一般为进水口和水泵在下，潜水电动机在上。电动机轴和泵轴直接相连，当防水电缆将电力通入潜入水中的电动机时，即带动水泵运转，将水由上部出水管扬至地面。

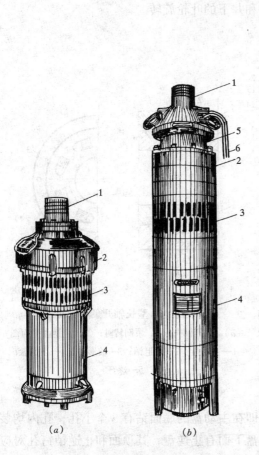

图1-32 潜水电泵外形图
（a）QY型充油式；（b）NQ型湿式
1—管接头；2—水泵体；3—进水节（外围滤网）；
4—潜水电动机；5—出水短管；6—电缆

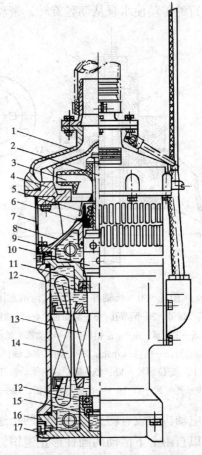

图1-33 QY型充油式潜水电泵结构图
1—泵体；2—泵轴；3—叶轮；4—泵座；5—甩水器；6—轴承座；7—滤网；8—进水节；9—扩张件；10—整体式密封盒；11—电动机上端盖；12—滚珠轴承；13—转子；14—定子；15—止推轴承；16—电动机下端盖；17—油孔

根据电动机防水特性可以将潜水电泵分为干式、湿式（充水式）和充油式三种。所谓干式潜水电泵是指电动机由于其定子用一般漆包线绕制，其内部应保持干燥状态，要求采用严格的防潮、防水密封措施。湿式潜水电泵其电动机定子由外包尼龙护套的绝缘防水导线绕制，运行时应在电动机内充满清水，因此不需要严格的密封机构。充油式潜水电泵是在电动机内充满绝缘机油，为防止机油外泄和水的侵入仍需较严格的密封机构。就当前使用情况看，以湿式和充油式潜水电泵应用较多。

24

图 1-33 为我国生产的 QY 型充油式潜水电泵结构图。水泵的泵壳由泵体和泵座组成，离心式叶轮位于其中（亦可为混流式或轴流式叶轮），水由带滤网的进水节流入，其中装有轴承座和导轴承。甩水器随轴旋转用以将杂物、泥沙等甩离转轴，防止进入导轴承和电动机轴伸处的密封构件中。

QY 型潜水电泵的密封部分主要由整体式密封盒、扩张件、橡胶封环等部件组成。

(1) 整体式密封盒：位于进水节和电动机上端盖之间的空间内，并套装在转轴上，是防止水漏入电动机的主要部件，如图 1-34 所示。密封盒的外壳由上、下两个对扣的金属壳 9 和 18 组成。当泵工作时，它并不转动，但其内部的胶木轴套和上、下两动磨块是随轴转动的。胶木轴套上端有两个榫槽，位于其上的钢轴套的两个凸齿插在其内。而钢轴套卡在连结叶轮和转轴的平键的下端。因此当叶轮转动时就带动钢套转动，从而使盒内的胶木轴套转动。动磨块的转动是靠两个金属卡圈分别把两个动磨块固定在胶木轴套上，并随胶木轴套一起转动。两个静磨块分别嵌放在密封合上下外壳端部并不转动。用弹簧使胶木轴套两面的两付动静磨块紧密贴合在一起，起止水密封作用。这种密封方式属机械密封。

(2) 扩张件（图 1-33）：在运行中，电动机内充的机油会因温升而膨胀，使油压升高，油可能从部件的连接处挤出；停机时，油冷却收缩，油压减小。这样在长期使用过程中油量会逐渐减少，影响磨块的润滑和散热，甚至使水漏入油室中。为此在油室中装有一弹性的空环形胶圈（称扩张件）承受油压的变化。当油温升高压力增大时，扩张件被压扁，油冷却后，即恢复原状。

(3) 橡胶封环（图 1-34）：在电动机各部件结合处和密封盒的静磨块上端，动磨块和胶木轴套的内部等处均装有橡胶制的圈环，防止水的漏入。

图 1-35 为 NQ 型湿式潜水电泵结构图，水泵为多级立式离心泵，叶轮用键或锥形套紧固在泵轴上。在两个叶轮之间有导流壳用以将下一级叶轮甩出的水导入上一级叶轮中。泵轴和电动机轴通过联轴器相连。电动机位于水泵下方，主要由机壳、转子、定子、上下导轴承组装件、止推轴承、推力盘和调压膜等组成。

电动机外壳采用三段结构并由铸铁铸造，上、下两段分别用双头螺栓与导轴承座连成一体。新设计的 NQ 型泵外壳采用钢壳结构，定子的硅钢片经过电泳涂漆，绕组采用聚乙烯尼龙护套耐水电磁线。转子一般为铸铝，转子轴多用不锈钢或 45 号钢镀铬制成。

上、下导轴承和轴承座呈紧配合，导轴承需采用耐磨性能和水润滑性能好的材质，目前多采用石墨浸酚醛树脂、锡铅青铜或 P_{23} 酚醛塑料等。在下导轴承的下部装有推力盘，并用键固定在电动机轴上，通过推力盘把电泵所有转动部分的重量和水形成的轴向推力传给其下的止推轴承。推力盘用 4Cr13 不锈钢表面经高频淬火或用 45 号钢表面镀铬制成。止推轴承多采用 P_{23} 酚醛塑料或聚四氟塑料制造，并紧固地装置在用铸铁铸造的轴承座上，如图 1-36 所示，二者再用两个销钉加固连成一体。轴承座下的骑马槽卡放在电动机底座（图 1-35）中的肋板上。这样，当电动机转动时，止推轴承和轴承座均不转动，只是推力盘的下表面在止推轴承的上表面上滑动。为了引水润滑和冷却止推轴承，在其上加工有 6 个呈放射状的沟槽，轴承座安放在用圆钢加工制成的球面顶丝上，球面顶丝则装置在电动机底座中部的圆孔中。当电动机转子高速旋转时，球面顶丝能保证止推轴承自由摆动，推力盘和止推轴承就可以在任何状态下都保持全部平面接触，避免偏磨，球面顶丝的位置可通过螺丝或加减垫片的方法进行调节。

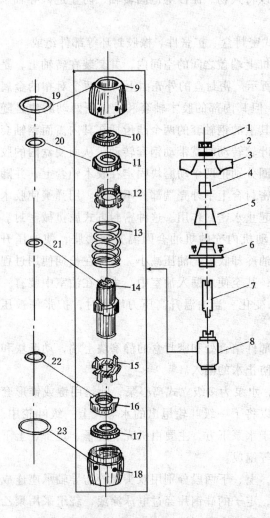

图 1-34 泵轴上的部件和密封盒内部零件图

1—叶轮压紧螺母；2—垫圈；3—叶轮；4—叶轮座垫；5—甩水器；6—导轴承；7—钢轴套；8—整体式密封盒；9、18—密封盒上、下外壳；10、17—静磨块；11、16—动磨块；12、15—金属卡环；13—压紧弹簧；14—胶木轴套；19、20、21、22、23—橡胶封环

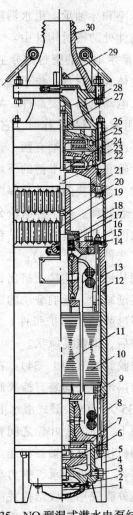

图 1-35 NQ 型湿式潜水电泵结构图

1—调压膜盖；2—调压膜；3—放水螺塞；4—底座；5—轴承座；6—止推轴承；7—推力盘；8—下导轴承组装件；9—下双头螺栓；10—定子；11—转子；12—上导轴承组装件；13—中双头螺栓；14—注水螺栓；15—油封；16—弹簧圈；17—甩沙器；18—进水节；19—滤网；20—联轴器；21—下泵座；22—泵轴；23—上泵壳；24—叶轮；25—上导流壳；26—上双头螺栓；27—泵上导轴承；28—出水节；29—逆止阀；30—管接头

在底座（图 1-35）的下部有一橡胶制的调压膜 2，夹紧在底座和调压膜盖之间，利用其弹性承受电动机中水温变化而引起的水压变化，其结构简单，但调压效果较差。目前有的 NQ 型潜水电泵已改为下置弹簧的盆式（倒扣的盆状）调压装置。

NQ 型潜水电泵密封装置（图 1-35）主要由甩沙器、骨架油封和在引线处的封圈、结线套等组成。骨架油封 15 由两个正反方向带钢环骨架的胶圈构成，内加钙基黄油或二硫化钼进行油封和润滑。运行时，如有少量泥沙进入甩沙器，则因骨架油封作用，被阻挡在电动机之外。

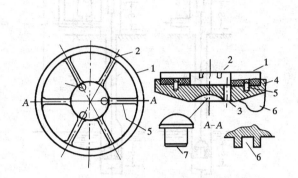

图 1-36 止推轴承结构图

1—止推轴承；2—水槽；3—过水孔；4—轴承座；

5—销钉；6—骑马槽；7—球面顶丝

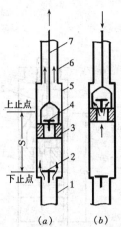

图 1-37 拉杆活塞泵工作原理图

(a) 活塞上行时；(b) 活塞下行时

1—进水管；2—进水阀；3—活塞；4—出水阀；

5—泵筒；6—出水管；7—拉杆

三、拉杆活塞泵

（一）工作原理

井用拉杆活塞泵简称拉杆泵，主要靠一根通入井下的拉杆及连于其上的活塞（或柱塞），作上、下往复运动把井水扬升上来的一种提水机械。其工作原理如图 1-37 所示。当拉杆带动活塞向上运动时，活塞下面的泵筒容积增大，压力减小，水在大气压作用下顶开进水阀进入泵筒下部，形成吸水作用，与此同时，出水阀被活塞上面的水柱压紧而关闭。当活塞上行时，上面的水就被迫随活塞一起向上运动，从泵筒流进出水管中，形成扬水作用。当活塞向下运动时［图 1-37 (b)］，活塞下面的水通过出水阀流到活塞的上面，填满活塞下行时空出的空间，并不起吸水和扬水作用。当活塞再次向上时，活塞下面又形成吸水作用，上面的水流入出水管迫使管中水面不断上升，最后流出管口。如活塞每分钟往返次数为 n，活塞上下移动距离为 S（m），泵筒断面积为 F（m²），则拉杆泵的流量为

$$Q = \frac{FSn}{60} \quad (\text{m}^3/\text{s}) \tag{1-13}$$

从上述拉杆泵的工作原理可以看出拉杆泵有以下特点。

（1）拉杆泵的出水量是间断性和不均匀的，同时当活塞上行时，由于要带动活塞上面的水柱一起向上，所以拉杆承受很大的拉力。但当下行时，在拉杆和活塞本身重量作用下，拉杆无需施加外力就会自行下落，拉杆基本不受负荷，而当活塞和泵筒间摩擦阻力较大时，拉杆可能受压弯曲，工作不够稳定。为克服上述单作用式拉杆泵的缺点可制成差动式的。如图 1-38 所示，设拉杆的直径为 d、断面面积为 f，则当活塞上行时排出泵筒的水的体积为 $(F-f)S$（m³），吸入泵筒水的体积为 FS；当下行时，排出泵筒的水体为

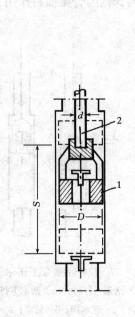

图 1-38　差动式拉杆泵示意图

1—活塞；2—拉杆

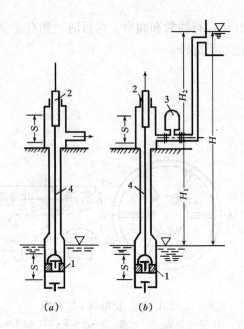

图 1-39　差动式拉杆泵装置示意图

(a) 无上扬程时；(b) 有上扬程时

1—活塞；2—柱塞；3—空气室；4—拉杆

fS，吸入的为零，所以活塞上、下一次排出水的总体积为

$$V = (F - f)S + fS = FS \quad (\text{m}^3)$$

为了供水均匀，可令 $f = \frac{1}{2}F$，这时活塞向上和向下给出的水体都是 $SF/2$，总流量仍是 FSn。但如果拉杆较长，采用这种方法平衡水量则因拉杆截面太大而使结构笨重，这时可采用如图 1-39(a) 所示的带柱塞的差动式拉杆泵，这样，当柱塞的截面积 $f = \frac{1}{2}F$ 时，则活塞上、下一次都能给出相等体积的水量，但拉杆受力仍是不均匀的，即上行时带动拉杆的原动机所作的功是 γFSH_1（γ 为水的重度），下行所作的功基本为零，所以机组运行不够稳定。

对具有上扬程的差动式拉杆泵，可根据上扬程的大小调整柱塞的截面面积使拉杆受力均衡，如图 1-39(b) 所示。

当活塞上行时，所作的功是

$$W_1 = \gamma FSH_1 + \gamma(F - f)SH_2 \tag{1-14}$$

当活塞下行时，所作的功是

$$W_2 = \gamma fSH_2 \tag{1-15}$$

为满足拉杆受力均衡，应使 $W_1 = W_2$，经简化后得

$$\frac{H_2}{H} = \frac{F}{2f} \tag{1-16}$$

从上述可见，当 $H_2/H = 0.5$ 时，即 $H_2 = H_1$，此时有 $f = F$，这时只有当活塞下行时才有流量 γFS（$= \gamma fS$）给出，上行无流量，供水是间断的。当 $H_2/H = 1$，即 $H_1 = 0$，此时 $f = 0.5F$，因 $H_1 = 0$，所以达不到从井中提水的目的。

可见，既需要满足受力均衡，又要使出水比较均匀，则扬程比和面积比变化范围应该是：$H_2/H = 0.5 \sim 1$；$f/F = 1 \sim 0.5$。

另外，根据拉杆泵出流特点，导致出水管流速在一个活塞行程过程中从 $v = 0$ 变到 v_{max}，再变为零，这样在管中易引起水的撞击和断流。为此，可装一空气室，当活塞上行时，空气室中的水先压入扬水管，由活塞压上来的水一部分充入空气室，一部分压入扬水管；当活塞下行时，空气室中的水继续流向扬水管中，而由柱塞把水补充入空气室，这样能保证管中流速基本不变，从而减小了水力损失。

(2) 活塞运动速度不能太快（一般往复次数为 $10 \sim 30$ 次/min）。因泵筒中的水随活塞一起运动，当活塞上行时，水顶开进水阀流入泵筒中，当活塞行至上止点后，如果迅速下行，这时由于水流的惯性还在继续向上流动，因此，在活塞开始下行的瞬间，形成活塞和水流的撞击。当活塞行至下止点时，迅速上提又会形成水体瞬间中断产生汽蚀，这就限制活塞运动速度不致太快。所以拉杆泵是一种低速提水机械，当采用高速原动机带动拉杆泵时，就需要一套减速机构，使设备变得笨重、复杂。

(3) 拉杆泵的扬程适应范围较大。同一台拉杆泵可用于低扬程也可用于高扬程，而与流量无关。只要拉杆泵结构有足够的强度，活塞和泵筒间有足够的密封性，原动机有足够的功率，就可以带动活塞把深井水扬上来，另外拉杆泵适合于抽取清水。

综上所述，拉杆泵具有扬程适应范围广、流量小，结构简单、运行速度低等特点，适合用于人力、畜力、风力和太阳能的小型抽水装置。

(二) 构造

拉杆泵主要由活塞、拉杆、进出水阀和泵筒（泵缸）等组成。

(1) 活塞：即拉杆泵主要部件。根据其形状不同分为盘状活塞（图 1-37）和柱状活塞，如图 1-40 所示。前者适用于浅井扬水，后者多用于深井。为使活塞和泵筒间保持密封，在活塞上装有密封环，该环可由金属、橡胶、皮革、塑料等制成，在拉杆泵中多采用橡胶或皮革。如图 1-40（b）中的碗式密封环便是由硬质耐磨橡胶或牛皮革制成的，它由支承环压装在柱塞上。因在皮碗和压套之间有缝隙，所以当活塞上行压水时，皮碗受水压使之与泵筒内壁紧贴，防止漏水，水压越大两者贴合越紧，故多用于深井提水。

除此，还可采用迷宫环式的柱塞进行密封，如图 1-40（c）所示。即在活塞外壁加工成环形沟槽，当活塞和泵筒缝隙间的水流动时，连续反复地进行收缩和扩散，消耗能量，增大阻力，以防止水流通过，达到密封目的，这种水力密封方式，活塞和泵筒之间不产生机械摩擦，所以效率较高，使用寿命长。据实验，当扬程 60m 时，漏失流量仅 5%。

(2) 拉杆：拉杆是把井上部分和井下部分连接起来并通过它传递能量的部件。在运行过程中，拉杆时上时下，作用其上的荷载也时大时小，呈周期性的变化，受力比较复杂，容易发生断杆事故。所以拉杆必需具有一定的强度、刚度，杆与杆间的连接必需可靠。拉杆分刚性和柔性两种。前者多用实心的碳素或合金钢杆连接而成；后者是采用钢丝绳索代替实心拉杆，所以它具有重量轻，节约钢材，不易折断，便于安装、拆卸等优点。它特别适用于机械摩擦小的迷宫环式密封活塞泵。为克服因钢丝绳重量轻而引起的弯曲和延缓下落等缺点，可把活塞加长或加装重舵（配重）。另外，由于钢丝强度限制，一般多用于扬程100m以下的水井提水。

（3）进、出水阀：拉杆泵采用的阀门有球型阀、锥形阀和盘形阀等。在阀的上面均有限位部件，并应有能从井底抓取阀件等至井上进行修理的设备。

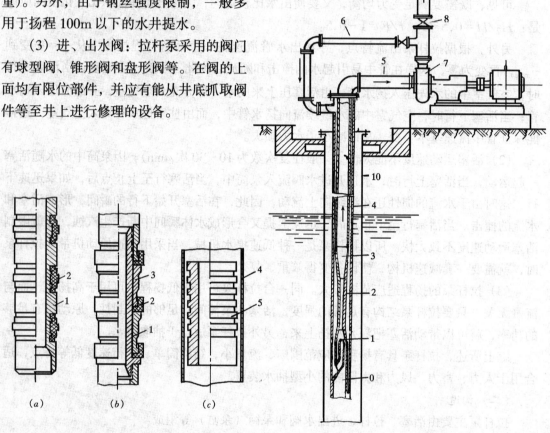

图1-40 活塞结构图
（a）胶环式柱状空心活塞；（b）胶碗式柱状空心活塞；（c）迷宫环式密封活塞
1—活塞芯管；2—胶环或胶碗；3—支承环（压套）；4—泵筒；5—活塞

图1-41 井用射流泵装置图
0—吸水室；1—喷嘴；2—混合室；3—扩散室；4—套管；5—上水管；6—支管；7—泵；8—出水管闸阀；9—出水管；10—井管

四、井用射流泵

井用射流泵是把射流器和水泵（一般为离心泵）组合成一体的抽取井水的一种扬水装置，前者置于井下，后者置于井上，如图1-41所示。射流器由喷嘴、混合室、扩散室和吸水室所组成。来自水泵的高压水通过支管和套管压入井下从喷嘴向上高速射出，与混合室中的井水相掺混，射流的动能通过混合作用传给井水使其动能增加，混合水再流入扩散室流速渐减，把大部分动能转变为压能，通过上水管再由水泵将水压出，一部分水压入出水管扬至所需高度，一部分水又从支管压入井下，再次从喷嘴射出与井水相混，这样，喷嘴连续喷射就可将井水源源不断地扬至所需高度。

利用这一工作原理，不仅可以抽取各种液体和气体，而且还可利用高速液流或气流的喷射输送粉状或粒状物质。由于这种泵结构简单，工作可靠，安装操作方便，所以被广泛应用于某些工农业生产部门。它的缺点是效率低，流量偏小，需双排管路下井，钢材用量大。在农业中，可与离心泵配合，作为抽取井水或人畜供水用。

射流泵工作特性（图 1-42），设 $Q_工$ 为工作流量（一般来自水泵的高压水流），$Q_吸$ 为吸入流量，即射流泵给出的流量，则流出扩散室的总流量 $Q_总 = Q_工 + Q_吸$。吸入流量和工作流量的比值 q 称射流泵流量比，即

$$q = Q_吸 / Q_工 \qquad (1-17)$$

当工作水流流至喷嘴前 @ 点时，其总比能（即单位水重所具有的能量）称工作水头 $H_工$，它等于

$$H_工 = \frac{v_工^2}{2g} + \frac{p_工}{\gamma} + H_a$$

式中 $\dfrac{v_工^2}{2g}$、$\dfrac{p_工}{\gamma}$——分别是工作水流在流出喷嘴前 @ 点的速度水头和水面以上的压力水头；

H_a——@ 点的淹没水深（以通过 @ 点的 $o-o$ 为基线）。

当工作水流和吸入水流混合后流至射流泵出口 ⓑ 点（即扩散室出口）时，吸入水流所获得的总水头为 $H_出$，它等于

$$H_出 = \frac{v_出^2}{2g} + \frac{p_出}{\gamma} + H_b + Z_出$$

式中 $\dfrac{v_出^2}{2g}$、$\dfrac{p_出}{\gamma}$、H_b——分别是射流泵出口 ⓑ 点的速度水头，水面以上的压力水头和淹没深度；

$Z_出$—— ⓑ 点的位置水头。

显然，工作水流通过和吸入水流混合后，流至 ⓑ 点所消耗的水头 H 为

$$H = H_工 - H_出 = \left(\frac{v_工^2 - v_出^2}{2g} \right) + \left(\frac{p_工 - p_出}{\gamma} \right) \qquad (1-18)$$

吸入水流所获水头 $H_出$ 和工作水流所耗水头 H 的比值 h 称射流泵的水头比，即

$$h = H_出 / H \qquad (1-19)$$

如果令混合室断面面积为 $F_混$，喷嘴出口断面面积为 F_0，则两者面积之比 f 称射流泵的面积比，即

$$f = F_混 / F_0 \qquad (1-20)$$

射流泵的特性一般就是用流量比 q、水头比 h 和面积比 f 表示的，它们三者之间有一定的关系，表现它们之间的关系曲线称射流泵的工作特性曲线。

根据理论分析和实验表明，当 f 一定时，流量比 q 和水头比 h 间的关系为一下降曲线，即射流泵的水头（扬程）随流量的增大而减小。图 1-43 是根据理论分析所得的不同

f 值时的 q-h 关系曲线，它和实验结果相符，从图中可见，q-h 关系近似一直线。

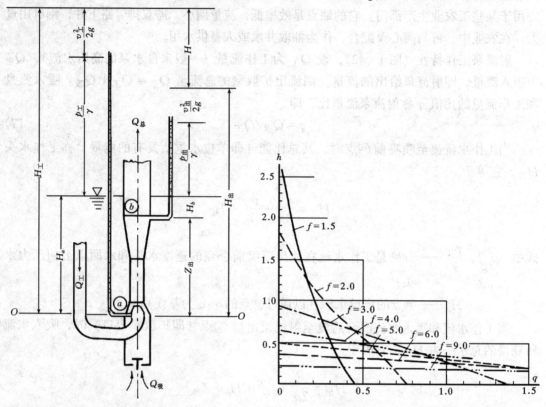

图 1-42 射流泵工作原理图   图 1-43 射流泵不同 f 值时的 q-h 关系曲线

射流泵的效率 η 为吸入水流实际所获功率 $N_{吸}$ 和工作水流所耗功率 $N_{工}$ 之比（一般以百分数表示），即

$$\eta = \frac{N_{吸}}{N_{工}} 100\% \qquad\qquad (1-21)$$

但吸入水流所获功率是

$$N_{吸} = \frac{\gamma Q_{吸} H_{出}}{1000} \quad (\text{kW}) \qquad\qquad (1-22)$$

工作水流所消耗的功率是

$$N_{工} = \frac{\gamma Q_{工} H}{1000} \quad (\text{kW}) \qquad\qquad (1-23)$$

所以，射流泵的效率可写成

$$\eta = \frac{\gamma Q_{吸} H_{出}}{\gamma Q_{工} H} 100\% = qh \times 100\% \qquad\qquad (1-24)$$

由于水流在混合室中相互掺混过程中，形成撞击、摩擦、涡流等，能量损失很大，所

以射流泵效率很低，一般只有15%～45%。

根据式（1-24）和图1-43可求出不同 f 时射流泵 q 和 η 关系如图1-44，再从图1-44求出最大效率时的 f-q、f-h 和 f-η 三条曲线，如图1-45所示。图1-43～图1-45的曲线，可作为我们设计和选用射流泵的基本尺寸。

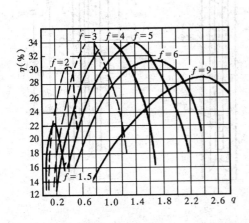

图1-44 射流泵不同 f 值时 q-η 曲线

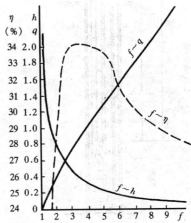

图1-45 射流泵最大效率时
f-q、f-h 及 f-η 关系曲线

五、气升泵（空气扬水机）

（一）工作原理和构造

气升泵的扬水原理是利用压缩空气通入井下水中和水相混合，形成气水混合体，因其重量减轻而上扬至井上，如图1-46所示。压缩空气从通气管通入井中扬水管的下部，此处，压缩空气从通气管下端的一些小孔射出和井水相混合形成气水混合体，因而重量减轻。为了与扬水管外的井中水柱压力相平衡，扬水管中的气水混合体必然上升，形成液气两相流，经气水分离器将水扬至井上。根据连通器的原理，扬水管内外液柱可建立下列平衡方程式

$$\gamma_m H = \gamma h_1 \text{ 或 } \gamma_m (h + h_1) = \gamma h_1$$

$$h = \left(\frac{\gamma}{\gamma_m} - 1\right)h_1 \qquad (1-25)$$

式中　γ、γ_m——分别为水的重度和气水混合液的重度（N/m³）；

　　　　h——混合液扬升的高度（m）；

　　　　h_1——通气管下端淹没在稳定动水位以下的深度（m）。

从式（1-25）可知，其扬水高度主要取决于 γ_m 和 h_1。即 γ_m 越小并淹没深度 h_1 越深，则气水混合液上升得也越高。但该液压平衡方程式是近似的，因气液混合体上升需要动能，在上升过程中有各种能量损失，所以实际扬水高比用（1-25）式算出的低。

气升泵结构简单，但它的工作原理却较为复杂。研究表明，它除了靠上述的井中水柱压力进行扬水外，还由于空气的喷射及气流上升速度较水流快而引起的"挟带作用"等因

33

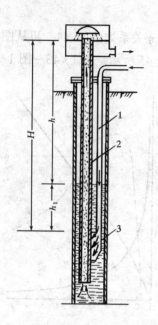

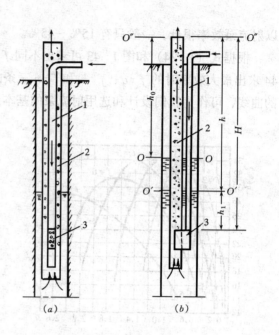

图 1‑46　气升泵工作原理
1—通气管；2—扬水管；
3—喷气管

图 1‑47　气升泵的构造
（a）同心式；（b）并列式
1—通气管；2—扬水管；3—喷气管

素带动水流上升。

　　从上述工作原理可以看出，用气升泵扬水，扬水管须有较大的淹没深度，所以需要打深井；另外还需要一套较复杂、笨重的压缩空气设备。这些耗资均较大，其次是装置效率低。由于气水混合的碰撞、摩擦、旋涡等能量损失很大，如不考虑空压机及通气管的能量损失，其效率约为 30%～50%（最高可达 60%），如计入其能量损失，它的装置效率只有20%～35%。但由于其井下设备简单且无转动部件，工作可靠，不易堵塞，所以适合抽取含有固体颗粒的水。同时它对井的不垂直度要求较低，适用于井管不直、倾斜的深井抽水，因此在实际工程中，不仅可用以提取井水，而且可做为凿井工艺的洗井，提升泥浆、矿浆、卤液以及石油开采中的气举采油，矿山井坑排水等生产部门。

　　气升泵的构造如图 1‑47 所示。它主要由通气管、扬水管和喷气管（又称混合器）组成。喷气管的作用是使压缩空气从管上一系列小孔喷出，以便与水充分混合。其装置型式有平行式和同心式。平行式［图 1‑47（b）］空气用量较少，效率较高，多用于井孔直径较大的情况。同心式［图 1‑47（a）］其喷气管为一节长 1.5m 左右的管子，周围钻有许多小孔、压缩空气从小孔中喷出与水混合。这种布置方式适用于较小直径的井孔（一般＜100mm）。

　　（二）气升泵工作参数

　　（1）空气量的确定：设 h 为净扬程，H 为喷气管到出水口的垂直距离［图 1‑47（b）］则令

$$K = \frac{H}{h} = 1 + \frac{h_1}{h} \qquad\qquad (1\text{-}26)$$

式中　K——喷气管的淹没系数。

压力为 p_2 的压缩空气从喷气管进入扬水管，因膨胀而作功，当流至扬水管出口时，气体压力降为 p_1，此时流出的空气流量为 Q_a。设气体在扬水管中上升时为等温膨胀，根据热力学理论，这时压缩空气因膨胀而在单位时间所耗之功，即功率 A 为图 1-48 所示的示功图中斜线部分。因为是等温膨胀，所以有

$$p_1 Q_a = p_2 Q_2 = pQ = C = 常数 \tag{1-27}$$

或

$$Q = C\frac{1}{p}$$

$$A = \int Q\mathrm{d}p = C\int_{p_1}^{p_2}\frac{\mathrm{d}p}{p} = C\ln\frac{p_2}{p_1}$$

从式（1-27）知：$C = p_1 Q_a$

所以

$$A = p_1 Q_a \ln\frac{p_2}{p_1} \tag{1-28}$$

式中　p_1——扬水管出口压力，即大气压力，$p_1 = 10\gamma$（Pa），$\gamma = 9800\mathrm{N/m^3}$；

Q_a——排出的空气流量，即为了输送流量 Q_w 的水，空气压缩机每秒钟应吸入的空气（大气）量；

p_2——喷气管处的压缩空气的压力，它等于 $p_2 =（H - h + 10）\gamma$，参看图 1-47（b）。

所以式（1-28）可写成：

$$A = 10\gamma Q_a \ln\frac{H - h + 10}{10}\quad\text{（W）}$$

另一方面，设气升泵给出的流量为 Q_w（m³/s），实际扬程（净扬程）为 h，则扬水所需功率为：

$$A_2 = \frac{\gamma Q_w h}{\eta}\quad\text{（W）}$$

式中　η——气升泵的效率（不包括空气压缩机和通气管的效率）。

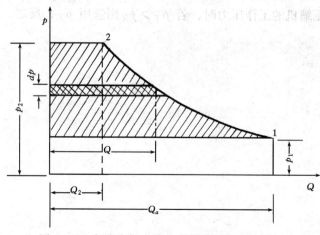

图 1-48　气泡在扬水管上升等温膨胀示功图

气体膨胀所耗之功 A 应等于扬水所需之功，即 $A = A_2$，所以可得

$$\frac{Q_w h}{\eta} = 10 Q_a \ln \frac{H - h + 10}{10}$$

将上式移项并整理之得

$$q_0 = \frac{Q_a}{Q_w} = \frac{h}{23 \eta \log \frac{h(K-1) + 10}{10}} \tag{1-29}$$

式中 $q_0 = Q_a / Q_w$ 是每扬一立方米的水所需空气量（m³)，一般称之为空气比流量。

（2）气升泵的效率 η：它受很多因素的影响，如扬水管直径、管长等，但主要决定于喷气管的淹没深度。例如在扬水高 h 相等的条件下，淹没系数 K 越大，因所需空气量越少，即空气比流量 q_0 越小，因而效率 η 随淹没系数 K 的增大而提高。表 1-1 列出了有关试验而综合的 K 和 η 值可供选用。

表 1-1   **K 与 η 值 关 系 表**

K	1.5	2.0	2.5	3.0	3.5
η	0.3	0.5	0.56	0.59	0.605

（3）扬水所需空气压力确定：气升泵在启动时压缩空气所需压力值 p_0 称启动压力。

$$p_0 = \gamma (H - h_0 + h_损) \quad \text{(Pa)} \tag{1-30}$$

式中 H——喷气管淹没深度（m)；

    h_0——静水面至扬水管出口的垂直距离（m)，见图 1-47（b)；

  $h_损$——启动时损失能量所相当的水头，一般为 2m 水柱左右。

气升泵在正常工作时，压缩空气所需压力 $p_工$ 称工作压力。

$$p_工 = \gamma (H - h + h_{工损}) \quad \text{(Pa)} \tag{1-31}$$

式中 h——动水面至扬水管出口的垂直距离（m)，见图 1-47（b)；

  $h_{工损}$——压缩空气流经混合器和通气管的能量损失相当的水柱高（m)，一般该值不应大于 5m 水柱高。

在选择空气压缩机的工作压力时，若 $p_工 > p_0$ 则选用 $p_工$；反之，采用 p_0。

第二章 叶片泵的理论和特性

叶片泵通过旋转的叶轮将机械能传给泵中的液体，使液体的能量（动能和压能）增加而压送至泵外。因此，泵的出水量大小，压扬的高低等就是其所获功能的外部表现形式。但液体所获能量来自叶轮的旋转，其转速的快慢又决定着所获功能的大小。这些能影响和反映泵工作状态及其变化的量，一般称之为泵的工作变量或称工作参数，其中包括泵的流量 Q、扬程 H、功率 N、效率 η、转速 n 和反映泵吸水性能的汽蚀余量 NPSH 等。另一方面泵的型式和尺寸对工作参数也有显著的影响，表征水泵尺寸特性的量称之为泵的几何参数，如叶轮直径 D，叶片数目 Z 和形状等。水泵的工作特性就是通过这些参数的变化规律和相互关系反映出来的。因此，研究水泵特性实质上就是研究这些参数的内在的相互关系及其变化规律，用以解决泵在设计、制造和应用中的实际问题。

本章从讲授水在叶轮中流动及其能量转换过程出发，阐述功能转换原理，进而揭示液体所获能量与泵中水流速度之间的内在联系、并推导出其数学表达式，做为探讨水泵参数间的相似特性和工作特性的理论基础。鉴于水泵参数之间关系的复杂性，目前尚难以准确地从理论上对泵的特性加以阐明，所以本章除在理论上做一定量分析外，着重对通过实验取得的表征水泵参数间关系的工作特性曲线加以研究。这些特性曲线可全面、综合、直观地表示水泵的性能，因此在实际中获得广泛应用。

第一节 液体在叶轮中的流动

液体在叶轮中的流动是一种复合运动，进入叶轮中的水一方面随叶轮旋转作圆周运动（牵连运动），另一方面沿叶轮槽道作相对运动（即相对于旋转叶轮的流动或在叶轮上观察水流质点的运动），两种流动的几何相加就形成了水流质点的绝对运动（即从不动的泵壳或地面上观察水流质点的运动），如图 2-1 所示。流线 ab 称质点的相对运动轨迹，ac 称质点的绝对运动轨迹。所以叶轮中液流的每一质点其流动的绝对速度 c 是相对速度 w 和圆周速度 u 的向量和，即

$$\vec{c} = \vec{w} + \vec{u}$$

上式关系可用几何图形，即速度四边形表示 [图 2-1 (b)]，为简便计，可绘制成速度三角形 [图 2-1 (c)]。

速度四边形适用于叶轮中任何一点，现对叶轮进、出口处的水流速度图作一分析。

叶轮入口：水从泵进水接管轴向流入后，当流至叶轮入口时，如无任何导水机构，即弯转 90° 以径向（即辐射状）绝对速度 c_1 进入叶轮，如图 2-2 所示。水一旦进入叶轮就随叶轮旋转而获得一圆周速度 u_1，其方向和进口圆周相切。两速度向量之差就是叶轮入

口处水流质点的相对速度 w_1，即

$$\vec{w_1} = \vec{c_1} - \vec{u_1}$$

也就是从叶轮上观察，水流质点是以 w_1 的大小和方向进入叶轮的（图2-2）。c_1 和 u_1 间的夹角 α_1 称入口绝对速度角（对一般离心泵 $\alpha_1 = 90°$）；w_1 和 u_1 的反方向的夹角称相对速度角 β_1。

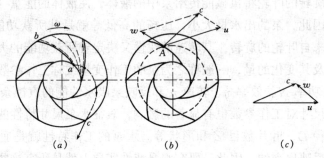

图2-1　水在叶轮中的流动

（a）水流的运动轨迹；（b）速度四边形；（c）速度三角形

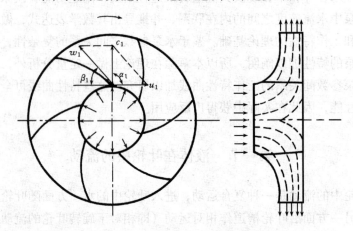

图2-2　叶轮入口处水流速度四边形的合成

为了在叶轮入口处水流平顺地流入，水流相对速度角 β_1 应和叶片的入口安放角 δ_1（即弯曲叶片的迎水面在入口处的切线和入口圆周切线间的夹角）应相等，即 $\beta_1 = \delta_1$。

当泵一定和转速一定时，δ_1 是不变的，而 β_1 却随进入泵中的流量（即流速）大小而变，所以在转速为恒定的情况下，只有一个进口流速能满足上述条件，大于或小于此流速时，两个角度不等，这样都会在水流进入叶轮时发生脱流而形成进口的涡流区，导致水力损失增大，如图2-3（a）所示。所以，当 $\beta_1 = \delta_1$ 时，称之为无冲击进口条件。

叶轮出口：当水流质点沿叶道流至叶轮出口②点时，相对速度 w_2 将沿叶片切线方向流出；叶轮出口处的圆周速度为 u_2，此两速度向量之和即为水流质点在出口处的绝对速度 c_2，如图2-3（b）所示。对地面观察者而言，水是以出口相对速度 w_2 和出口圆周速度 u_2 合成的方向和大小流出叶轮而进入蜗壳的。同理，α_2 称水流出口绝对速度角，β_2

称出口相对速度角，δ_2 称叶片出口安放角，一般要求 $\beta_2 = \delta_2$，但在实际中，由于水流的惯性往往使 $\beta_2 < \delta_2$ 而产生回流，导致水泵扬程降低。

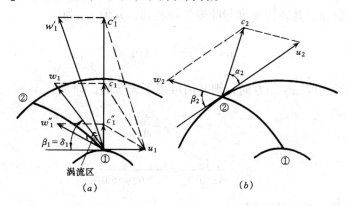

图 2-3　水流入和流出叶轮示意图
(a) 叶轮进口处；(b) 叶轮出口处

为了绘制进、出口的速度四边形，一般需要知道泵的几何参数（叶轮直径 D_1，D_2，叶片宽度 b_1，b_2，叶片厚度 t 等）和两个工作参数；泵的流量 Q 和泵的转速 n，如图 2-4 所示。

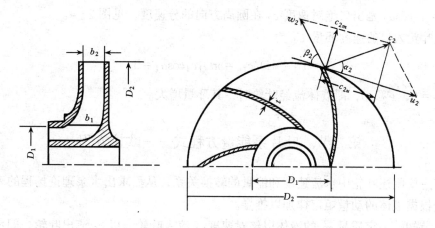

图 2-4　叶轮几何参数和工作参数

叶轮进口水流的绝对速度 c_1，当以径向流入，即 $\alpha_1 = 90°$ 时，其值可用下式确定

$$c_1 = \frac{Q}{A_1} = \frac{Q}{\pi D_1 b_1 \psi_1} \tag{2-1}$$

式中　A_1——叶轮入口处的过流面积；

ψ_1——考虑入口处叶片厚度所占面积的缩减系数（或称排挤系数），一般 $\psi_1 = 0.85$ ～0.95。

入口处的圆周速度 u_1 取决于 D_1 和 n（r/min），即

$$u_1 = \frac{\pi D_1 n}{60} \quad (\text{m/s}) \tag{2-2}$$

已知 c_1 及 u_1 的大小和方向，即可绘出入口速度四边形并求出入口相对速度 w_1 的大小和方向。

对叶轮出口断面，其圆周速度与叶轮外缘相切，其值 u_2 为

$$u_2 = \frac{\pi D_2 n}{60} \quad \text{(m/s)} \tag{2-3}$$

如果已知相对速度 w_2 的方向，则其值可用下式求出，即

$$w_2 \sin \beta_2 = \frac{Q}{A_2}$$

$$w_2 = \frac{Q}{A_2 \sin \beta_2} = \frac{Q}{\pi D_2 b_2 \psi_2 \sin \beta_2} \tag{2-4}$$

式中 A_2——叶轮出口过流面积；

ψ_2——出口的排挤系数，这里采用 $\beta_2 = \delta_2$，实际上 β_2 略小于 δ_2。

知道向量 w_2 和 u_2，即可绘出出口速度四边形，并求出向量 c_2 和 α_2。还可据此求出表示水流在流出出口时弯曲度的速度环量 Γ_2，即

$$\Gamma_2 = \pi D_2 c_2 \cos \alpha_2 = \pi D_2 c_{2u} \tag{2-5}$$

式中 $c_{2u} = c_2 \cos \alpha_2$ 是出口绝对速度 c_2 在圆周方向的分速度，见图 2-4。

同理叶轮入口的速度环量 Γ_1 为

$$\Gamma_1 = \pi D_1 c_{1u} = \pi D_1 c_1 \cos \alpha_1 = 0 \tag{2-6}$$

可见，$\Gamma_1 = 0$，$\Gamma_2 > 0$，即液体流经叶轮时，其环量增大。

第二节　叶片泵能量方程式——欧拉方程

本节主要阐述叶轮中水流速度和能量的转换关系，从而求出水泵理论扬程的表达式。

首先根据液体的动量矩定律加以推导。

从上节知，一定质量 m 的液体以绝对速度 c_1 流入叶轮，以 c_2 流出叶轮，即水流在叶轮中发生了动量的变化

$$d(mc) = m(c_2 - c_1) \tag{2-7}$$

动量对叶轮旋轴线 O-O 的转矩称动量矩。在叶轮入口和出口的动量矩（图 2-5）分别是：

入口：$mc_1 \cdot r_1 \cos \alpha_1 = mr_1 c_{1u}$（对离心泵一般 c_1 通过轴心，所以其动量矩为零）；

出口：$mc_2 \cdot r_2 \cos \alpha_2 = mr_2 c_{2u}$。

所以水从叶轮入口到出口动量矩的变化式为

$$d(mc_u r) = m(c_{2u} r_2 - c_{1u} r_1) \tag{2-8}$$

动量矩对时间的变化率等于作用在该质量上的所有外力对同一转轴的力矩之和，即

$$\frac{d\ (mc_u r)}{dt} = \Sigma M$$

或写成
$$\rho Q_t\ (c_{2u} r_2 - c_{1u} r_1) = \Sigma M \qquad (2-9)$$

式中　ρ——水的密度（kg/m^3）；

　　　Q_t——液体的体积流量，即单位时间从叶轮出口流出的液体体积（m^3/s）。

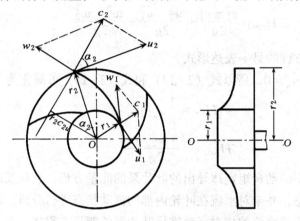

图 2-5　在叶轮进出口处的液体动量矩

作用于叶轮内液体的外力有重力、压力和叶片对水的作用力。因叶轮对其转轴是对称的，因此前两种力对转轴不产生外力矩。只有叶片作用于液体的力，设其对转轴的力矩为 M，则

$$M = \rho Q_t\ (c_{2u} r_2 - c_{1u} r_1) \qquad (2-10)$$

力矩 M 和叶轮旋转角速度 ω 的乘积是叶轮单位时间所作的功，即功率 N，所以（2-10）式可写成

$$N = \omega M = \rho Q_t\ (\omega r_2 c_{2u} - \omega r_1 c_{1u}) = \rho Q_t\ (u_2 c_{2u} - u_1 c_{1u}) \qquad (2-11)$$

今假定将叶轮的旋转机械能转换为水能的传递过程中无任何损失而全部为水所获得。并设单位液重（例如 1 牛顿）所获能量即扬程为 $H_{t\infty}$（其单位为 N·m/N 即 m），则通过叶轮的水单位时间所获能量（功率）为

$$N_t = \gamma Q_t H_{t\infty} \qquad (W) \qquad (2-12)$$

因 $N = N_t$，所以根据式（2-11）和式（2-12）得

$$H_{t\infty} = \frac{1}{g}\ (u_2 c_{2u} - u_1 c_{1u}) \qquad (2-13)$$

该式也可用速度环量表示

$$H_{t\infty} = \frac{\omega}{2\pi g}\ (\Gamma_2 - \Gamma_1) \qquad (2-14)$$

式（2-13）称叶片泵的能量方程式（或称欧拉方程），它反映了叶轮中每单位液重（1 牛顿）所获能量即理论扬程与轮中水流速度之间的关系。

根据三角余弦定理

$$w_1^2 = c_1^2 + u_1^2 - 2u_1c_1\cos\alpha_1$$

$$w_2^2 = c_2^2 + u_2^2 - 2u_2c_2\cos\alpha_2$$

代入式（2-13）中经整理后得

$$H_{t\infty} = \frac{c_2^2 - c_1^2}{2g} + \frac{u_2^2 - u_1^2}{2g} + \frac{w_1^2 - w_2^2}{2g} \tag{2-15}$$

上式是叶片泵能量方程的另一表达形式。

对离心泵，一般有 $c_{1u} = 0$，所以式（2-13）和式（2-15）可简化为

$$H_{t\infty} = \frac{1}{g}u_2c_{2u} \tag{2-16}$$

$$H_{t\infty} = \frac{c_2^2 + u_2^2 - w_2^2}{2g} \tag{2-17}$$

以上是根据物理学中的动量矩定律导出的叶片泵的能量方程，它仅反映了液体在叶轮进口和出口处的运动状态，并未对水流在叶轮内部的流动状态进行分析。现进一步根据水力学原理，即根据叶轮槽道水流的相对运动推导叶片泵的能量方程式。

假定水流流线完全沿叶片曲线流动，现研究沿流线切线方向 S，以相对速度 w 流动的微元体，其质量为 dm，截面积为 A，长度为 ds 的液体微元体上所受之力，如图 2-6 所示。此时微元体除受有重力和压力外，还由于流体作相对运动，即坐标固定在旋转的叶轮上，则必须考虑一个惯性离心力 F 作用在微元体上。

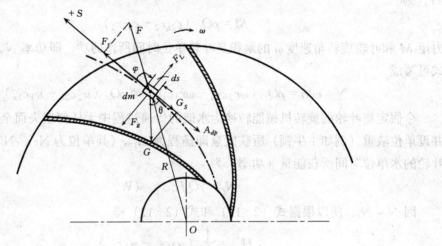

图 2-6　叶轮中微元液体所受之力

各力在 S 方向的分力分别为

重力：

$$G_s = -dmg\cos\theta$$

水压力：

$$p_s = \left[Ap - A\left(\frac{dp}{ds}dS\right)\right] = -A\frac{dp}{ds}dS$$

离心力：

$$F_s = dm\omega^2 R\cos\varphi$$

除此，还有作用于质点的科里奥利（Corioli）力 F_g 和由于叶片弯曲而产生的离心力 F_l，因其方向与 S 方向垂直在 S 方向无分力。

根据牛顿第二定律，微元体在 S 方向的运动方程为

$$- dmg\cos\theta - Adp + dm\omega^2 R\cos\varphi = dm\frac{dw}{dt} \tag{2-18}$$

上式中：
$$dm = \rho Ads \text{（}\rho\text{ 为液体的密度）}$$

$$\frac{dw}{dt} = \frac{\partial w}{\partial s}\frac{ds}{dt} + \frac{\partial w}{\partial t} = w\frac{\partial w}{\partial s} = w\frac{dw}{ds}$$

$$\left(\text{因叶道中为稳定流，则}\frac{\partial w}{\partial t} = 0\right)$$

$$\cos\theta = \frac{dZ}{ds} ; \quad \cos\varphi = \frac{dR}{ds}$$

代入（2-18）得

$$- \gamma dZ + \rho\omega^2 RdR - dp = \rho wdw$$

将各变量对液流从叶轮进口①到出口②进行积分得

$$- \gamma\int_{Z_1}^{Z_2} dZ + \rho\omega^2\int_{R_1}^{R_2} RdR - \int_{p_1}^{p_2} dp = \rho\int_{w_1}^{w_2} wdw$$

$$Z_1 + \frac{p_1}{\gamma} + \frac{w_1^2}{2g} - \frac{u_1^2}{2g} = Z_2 + \frac{p_2}{\gamma} + \frac{w_2^2}{2g} - \frac{u_2^2}{2g} \tag{2-19}$$

或写成

$$Z + \frac{p}{\gamma} + \frac{w^2}{2g} - \frac{u^2}{2g} = \text{常数} \tag{2-20}$$

式（2-19）和式（2-20）称相对运动伯诺里方程式。

又知，对叶轮入口，设每单位液重所具有的能总量（总水头）为 E_1，则

$$E_1 = \frac{c_1^2}{2g} + \frac{p_1}{\gamma} + Z_1$$

当水流至出口时，其总水头变为 E_2

$$E_2 = \frac{c_2^2}{2g} + \frac{p_2}{\gamma} + Z_2$$

因假定水为理想液体和水流流线完全沿叶道均匀流动（即想象叶轮的叶片为无穷多和无穷薄时，水在叶轮中的流动情况），所以没有任何水力损失和涡流形成。这样，水通过叶轮后所获得的总水头即理论扬程 $H_{t\infty}$ 为叶轮出口及入口水的总水头之差，即

$$H_{t\infty} = E_2 - E_1$$

或写成

$$H_{t\infty} = \frac{c_2^2 - c_1^2}{2g} + \frac{p_2 - p_1}{\gamma} + (Z_2 - Z_1) \tag{2-21}$$

由式（2-19）和式（2-21）可得

$$H_{t\infty} = \frac{c_2^2 - c_1^2}{2g} + \frac{u_2^2 - u_1^2}{2g} + \frac{w_1^2 - w_2^2}{2g} \tag{2-21'}$$

（2-21'）式与前列式（2-15）完全一致。式中右边第一项 $(c_2^2 - c_1^2)/2g$ 为水流动能增加而形成的动扬程 H_v；第二项 $(u_2^2 - u_1^2)/2g$ 由前述式（1-4）可知，它是叶轮带动水流旋转而形成的惯性离心运动所增加的压力水头 H_u，第三项 $(w_1^2 - w_2^2)/2g$ 是由于叶轮槽道过流面积由入口到出口逐渐加大，相对流速逐渐降低而换取的压力水头 H_w。我们称第一项为动扬程，第二、三两项之和称压（静）扬程。压扬程 $(H_u + H_w)$ 和理论扬程 $H_{t\infty}$ 之比值称叶片泵的反击系数 R，即

$$R = \frac{H_u + H_w}{H_{t\infty}} = \frac{\dfrac{1}{2g}\left[(u_2^2 - u_1^2) + (w_1^2 - w_2^2)\right]}{H_{t\infty}} \tag{2-22}$$

反击系数 R 越大，说明叶轮的压扬程所占比例越大。

由叶轮出口速度图（图2-4）知

$$c_{2u} = u_2 - w_2\cos\beta_2 = u_2 - \frac{c_{2m}}{\tan\beta_2} \tag{2-23}$$

将其代入表示离心泵理论扬程的式（2-16），得

$$H_{t\infty} = \frac{u_2^2}{g} - \frac{u_2 c_{2m}}{g\tan\beta_2} = \frac{u_2^2}{g} - \frac{u_2 Q_t}{gA_2\tan\beta_2} \tag{2-24}$$

如以 Q_t（或 c_{2m}）为横坐标，以 $H_{t\infty}$ 为纵坐标，则当 $\beta_2 > 90°$ 时，$H_{t\infty}$ 随 Q_t 的增加而增大，当 $\beta_2 < 90°$ 时，$H_{t\infty}$ 随 Q_t 的增大而减小，当 $\beta_2 = 90°$，即叶片出口为径向时，$H_{t\infty}$ 与 Q_t 无关而为一常数，此时，$H_{t\infty} = \dfrac{u_2^2}{g}$，如图2-7所示。

表面上看，对同一直径和转速的叶轮，似乎 $\beta_2 > 90°$ 即叶片向前弯曲时扬程最大，因前弯叶片的出口绝对流速 c_2 在圆周方向的分速度 c'_{2u} 大于后弯叶片的相应值 c_{2u}，即 $c'_{2u} > c_{2u}$，如图2-8所示，所以前弯叶片的 $H'_{t\infty}$ 大于后弯的 $H_{t\infty}$ 值。但从图2-8（b）明显看出，理论扬程 $H_{t\infty}$ 的增大主要是动扬程即出口绝对流速增大所致，压扬程所占比例较小，即前弯叶片其反击系数 R 较小。这样，当水流从叶轮中高速流出到达水管之前，必须将其所获动能的大部分转换成势能，这一转换需要在叶轮外部的泵壳和扩散管中完成，因而导致泵中水力损失的增大降低了功能传递效率，所以近代离心泵叶轮叶片均制成向后弯曲的。叶片出口安放角 δ_2 一般采用 $\delta_2 = 18° \sim 35°$，而以采用 $\delta_2 = 20° \sim 25°$ 者居多。

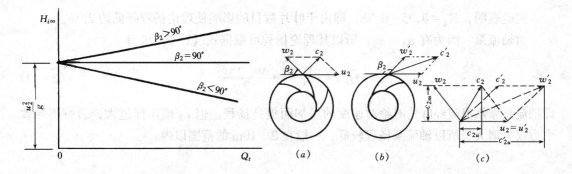

图 2-7 不同 β_2 时理论扬程与流量的关系

图 2-8 叶片前弯和后弯出口速度图的比较

（a）后弯叶片；（b）前弯叶片；（c）速度四边形对比

以上有关理论扬程的论述都是以假定叶片为无穷多，无限薄为基础的。事实上叶轮的叶片数是有限的（一般为 5～7 片），并有一定的厚度。这样，一方面由于水流的惯性，当叶轮旋转时，叶片之间的水有反方向旋转的趋势，特别在叶轮出口处表现明显，有限叶片时的水流出口相对速度角 β_2 就会小于叶片出口安放角 δ_2（或无限叶片的出口相对速度角）而产生所谓"滑移"。从出口速度四边形可见（图 2-9），β_2 小将导致 c_{2u} 的减小，从而使理论扬程 $H_{t\infty}$ 降低。另一方面，在叶轮传递能量的过程中，叶片正面（迎水面）的水压比背面的压力大，所以靠近正面的水流相对速度较小而叶片背面的相对流速较大，导致在同一半径上水流流速分布不均，在叶轮中可能引起回流，如图 2-9（a）所示。

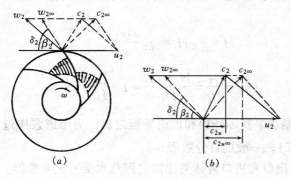

图 2-9 有限叶片时叶轮水流流态

由于以上两种原因，所以有限多叶片的理论扬程 H_t 将小于无限多叶片的理论扬程 $H_{t\infty}$，即

$$H_t < H_{t\infty}$$

或

$$H_t = u_2 c_{2u}/g = K_2 H_{t\infty} = K_2 \frac{u_2 c_{2u\infty}}{g} \tag{2-25}$$

$$K_2 = \frac{H_t}{H_{t\infty}} = \frac{c_{2u}}{c_{2u\infty}} \tag{2-26}$$

式中 c_{2u} 和 $c_{2u\infty}$ 分别是有限多叶片和无限多叶片的出口绝对速度在圆周方向的分速度。

实验表明，$K_2 = 0.75 \sim 0.78$，即由于叶片数目的影响使理论扬程降低约 25%。

对轴流泵，因为有 $u_1 = u_2$，所以其理论扬程可根据式（2-5）求得

$$H_{t\infty} = \frac{c_2^2 - c_1^2}{2g} + \frac{w_1^2 - w_2^2}{2g} \qquad (2\text{-}27)$$

即轴流泵靠水流流经叶轮时绝对速度的增加而提高扬程。但 c_2 值不能过大，否则将导致水力损失增大，所以轴流泵扬程较低，一般在 $2 \sim 10\text{m}$ 的范围以内。

第三节 泵的实际扬程、功率和效率

一、泵的实际扬程

水泵的实际扬程 H（简称水泵扬程）是指通过水泵每单位液重（如 1 牛顿）实际所获得的能量（焦耳），其单位是 [J/N] 即 [N·m/N] = [m]，因此其值大小可用几何高度"米"来表示。实际扬程比有限叶片理论扬程 H_t 小。这是因为水是实际流体，水在流过泵的过流部分如叶轮、进出水接管和泵壳等有各项水力损失，包括沿程水力损失和局部水力损失，以及撞击、涡流等损失。设单位液重通过水泵的水力损失水头为 Δh，则实际扬程为

$$H = H_t - \Delta h \qquad (2\text{-}28)$$

或写成

$$H = \eta_{水} H_t = \eta_{水} \frac{u_2 c_{2u}}{g} \qquad (2\text{-}29)$$

$$\eta_{水} = \frac{H}{H_t} = \frac{H_t - \Delta h}{H_t} = 1 - \frac{\Delta h}{H_t} \qquad (2\text{-}30)$$

$\eta_{水}$ 称水力效率，它是水泵实际扬程和理论扬程之比，为考虑泵中过流部分水力损失后的扬程折算系数（$\eta_{水} < 1$，一般用百分数表示）。

水泵扬程也可根据泵出口和进口液体总比能（即总水头）之差求得。

设在水泵出口和进口处的水流实际总水头分别为（以泵轴为基线，见图 2-10）

$$E_{出} = \frac{v_{出}^2}{2g} + \frac{p_{出}}{\gamma} + Z_{出}$$

$$E_{进} = \frac{v_{进}^2}{2g} + \frac{p_{进}}{\gamma} + Z_{进}$$

则根据能量平衡原理可写成

$$E_{进} + H = E_{出}$$

或

$$H = E_{出} - E_{进} = \frac{v_{出}^2 - v_{进}^2}{2g} + \frac{p_{出} - p_{进}}{\gamma} + (Z_{出} - Z_{进}) \qquad (2\text{-}31)$$

对泵进口为负压时 [图 2-10（b）] 上式右边第二项应为压力之和。

式（2-31）为计算水泵（实际）扬程的另一表达式。

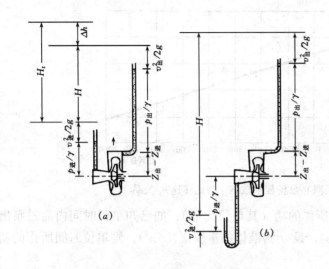

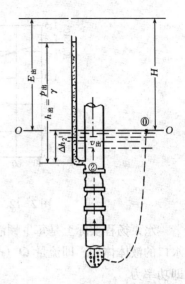

图 2-10 水泵实际扬程示意图
(a)泵进口为正压时；(b)泵进口为负压时

图 2-11 长轴井泵扬程示意图

长轴井泵（实际）扬程一般是指泵体出水口处和井中动水面之间的水头差，如图 2-11 所示。

设泵体出口处水的压力水头为 $h_出 = p_出/\gamma$，速度水头为 $v_出^2/2g$，则以井中动水面为基线，出口处总水头为

$$E_出 = h_出 + \frac{v_出^2}{2g} - \Delta h_2$$

水面上①点的总水头 $E_0 = 0$（因该处流速 v_0 较小，其速度水头 $v_0^2/2g$ 可忽略不计），所以长轴井泵的扬程为

$$H = E_出 - E_0 = h_出 - \Delta h_2 + \frac{v_出^2}{2g} \tag{2-32}$$

在实际中，水泵扬程 H 一般用实测方法求出，即测出泵进、出口处的压力 $p_进$ 和 $p_出$，再根据所测流量求出进、出口断面的平均流速 $v_进$ 和 $v_出$，代入式（2-31）或式（2-32）即可求出 H。

对一般卧式离心泵，其额定扬程（指泵效率最高时的扬程）可用下式估算：

$$H = K_H D_2^2 n^2 \quad (\text{m}) \tag{2-33}$$

式中 D_2——水泵叶轮外径（m）；

　　　　n——水泵额定转速（r/min）；

　　　　K_H——与泵比转速 n_s 有关系数，可从图 2-12 查出。

一般亦可采用下式估算：

$$H = 0.00013 D_2^2 n^2 \tag{2-34}$$

二、水泵功率

（一）有效功率 $N_效$

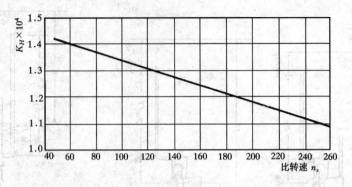

图 2-12 卧式离心泵扬程系数 K_H 与比转速 n_s 关系

水泵扬程实际上是每牛顿液重所作的功（其单位为 m），如已知单位时间内通过泵出水口的液体体积，即流量 Q（m^3/s），设 γ 为液体的重度（N/m^3），则单位时间所作的功即功率为

$$N_效 = \gamma QH \ (N \cdot m/s) = \frac{\gamma QH}{1000} \quad (kW) \qquad (2-35)$$

对常温的水，$\gamma = 9800N/m^3$

$$N_效 = 9.8QH \quad (kW) \qquad (2-36)$$

$N_效$ 称水泵的有效功率，实际上，它是水泵的输出功率。

（二）泵轴功率 $N_轴$

由动力机通过传动设备传给水泵轴上的功率称泵轴功率，也就是泵的输入功率。如果水泵轴与动力机轴直接相连，泵轴功率可认为等于动力机的输出功率。

对长轴井泵，动力机的输出功率首先传给传动轴，再通过传动轴传给下面泵体中的水泵轴。如果动力机与传动轴直连，则传动轴功率 $N_{传轴}$ 就是动力机的输出功率 $N_{动出}$。从传动轴功率减去传动轴支架中的轴承、机座中填料以及传动轴与水之间的摩擦损失功率 $\Delta N_{传轴}$ 之后，就是传给泵轴的功率。所以对长轴井泵，泵轴功率为：

$$N_轴 = N_{传轴} - \Delta N_{传轴} \qquad (2-37)$$

$\Delta N_{传轴}$ 与转速 n（r/min）的一次方和传动轴直径 d（mm）的平方乘积成正比，每 100 米轴长的损失功率可由下列经验公式估算：

$$\Delta N_{传轴} = 1.14 \times 10^{-6} nd^2 \quad (kW/100m) \qquad (2-38)$$

泵轴功率一般可用实测方法测出。

三、水泵的能量损失和效率

水泵在功率传递过程中有各种能量损失，所以有效功率 $N_效$ 总是小于泵轴功率 $N_轴$，两者的比值称水泵效率 η，一般以百分数表示，即

$$\eta = \frac{N_效}{N_轴} \times 100\% = \frac{\gamma QH}{1000 N_轴} \times 100\% \qquad (2-39)$$

不难看出，水泵效率反映了水泵对输入能源的有效利用程度，η 值越大，说明能源利

用的程度越高。它是衡量水泵工作性能好坏的重要指标之一，因此在设计和使用水泵时，均应尽量提高其效率值。近代水泵的 η 值一般为 70%～90%，有些大型泵效率可达 95%。

欲提高水泵效率就得对水泵内部的各种能量损失做一分析，其中包括流量（容积）损失、机械（摩擦）损失和水力（摩阻）损失。

（一）容积损失及容积效率

由前述知，水从叶轮出口流出的流量 Q_t 称理论流量，从水泵出水接管流出的流量 Q 称实际流量，并 $Q < Q_t$。因为一部分水从泵壳和密封环之间的缝隙、从叶轮后轮盘的平衡孔流回叶轮进口；一部分水从叶轮后的填料处渗漏至外部。这些流失的流量 Δq 称为容积损失。即

$$\Delta q = Q_t - Q \qquad (2-40)$$

从密封环漏失的流量 $\Delta q_{环}$ 除可用式（1-10）计算外，亦可用下面导出的较准确的（2-44）式计算。

叶轮前轮盘外壁和泵壳之间空腔内的液体，在叶轮带动下旋转，其角速度约为 $\omega/2$，设密封环平均半径距转轴为 R_r，则由于该部分液体旋转而引起的压力差为（图 2-13）

$$h_1 = \frac{p_2 - p_r}{\gamma} = \frac{(\omega/2)^2}{2g}(R_2^2 - R_r^2) = \frac{1}{8g}(u_2^2 - u_r^2) \qquad (2-41)$$

于是密封环内外压差 ΔH 为

$$\Delta H = H - \frac{1}{8g}(u_2^2 - u_r^2) \qquad (2-42)$$

另一方面，通过环形间隙的压头损失为沿程损失、进口损失和出口损失之和，即

$$\Delta H = \left(\lambda\frac{l}{4R} + 0.5 + 1\right)\frac{v^2}{2g} \qquad (2-43)$$

所以

$$v = \frac{\sqrt{2g\Delta H}}{\sqrt{\lambda\frac{1}{2b} + 1.5}}$$

$$\Delta q_{环} = KA\sqrt{2g\Delta H} \qquad (2-44)$$

$$K = 1\bigg/\sqrt{\lambda\frac{1}{2b} + 1.5} \qquad (2-45)$$

式中　λ、l——分别为水力摩损系数和环长；

　　　R——水力半径，对环形断面 $R = \dfrac{bs}{2s} = \dfrac{b}{2}$（$b$ 为径向缝隙宽度）；

　　　A——过流的环形面积，$A = 2\pi R_r b$。

λ 值与间隙中水流的雷诺数 Re 和表面糙度有关，在间隙中水流一般为阻力平方区，λ 与 Re 无关，可取 $\lambda = 0.04～0.06$。

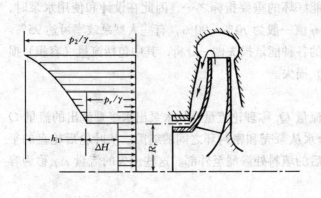
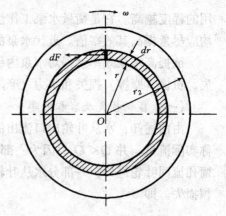

图 2‑13 防漏环处压差示意图　　　　图 2‑14 轮盘损失功率计算图

容积效率 $\eta_{\text{容}}$ 为实际流量与理论流量之比，一般以百分数表示，即

$$\eta_{\text{容}} = \frac{Q}{Q_t} \times 100\% = \frac{Q_t - \Delta q}{Q_t} \times 100\% \qquad (2\text{-}46)$$

近代离心泵的 $\eta_{\text{容}}$ 值为 90%～98%。

密封环流失的流量和其径向间隙 b 的 1.5 次方成正比，所以当该环磨损后应及时更换。水泵填料处的正常漏失量很小，但当填料太松或磨损后将大量漏水，亦应及时更换填料或压紧填料。

（二）机械损失和机械效率

机械损失包括泵轴承摩擦、填料摩擦损失以及叶轮前后轮盘旋转时和水的摩擦损失。

滚动轴承和填料箱内的磨损和泵轴转速的一次方成正比。轮盘损失是机械损失中最大的一项，主要是由于叶轮旋转时，前后轮盘外侧的水和盘壁摩擦及其附近水体的涡流而引起的。轮盘损失和叶轮外径 D_2 及出口圆周速度 u_2 有关，可用下面导出的公式计算。

设半径为 r_2 以角速度 ω 旋转的圆盘在任意半径 r 处宽为 dr 的单位面积上作用的摩擦阻力损失水头 h_v 为

$$h_v = \xi \frac{(\omega r)^2}{2g} \qquad \text{(m)} \qquad (2\text{-}47)$$

式中 ξ 为阻力系数，若以 γ（N/m³）表示液体的重度，则作用于圆盘两面环形面积 $ds = 4\pi r dr$ 上的摩擦阻力 dF 为

$$dF = \gamma h_v ds = \gamma \xi \frac{(r\omega)^2}{2g} 4\pi r dr \qquad \text{(N)} \qquad (2\text{-}48)$$

该力对旋转轴的力矩 dM 为

$$dM = r dF = \frac{2\gamma}{g} \pi \xi \omega^2 r^4 dr \qquad \text{(N·m)} \qquad (2\text{-}49)$$

将该式对圆盘总面积积分得

$$M = \int_{r=0}^{r=r_2} dM = \frac{2\gamma}{g}\pi\xi\omega^2 \frac{r_2^5}{5} \quad (\text{N}\cdot\text{m}) \tag{2-50}$$

所以由于圆盘磨损而消耗的功率 ΔN_f 为

$$\Delta N_f = \frac{M\omega}{1000} = \frac{\pi\xi\gamma}{80000 g}\omega^3 D_2^5 \quad (\text{kW}) \tag{2-51}$$

因为 $\omega = \frac{u_2}{r_2} = \frac{2u_2}{D_2}$ 并令 $K = \pi\xi / 80000$，则得

$$\Delta N_f = K \frac{\gamma}{g} u_2^3 D_2^2 \quad (\text{kW}) \tag{2-52}$$

对水 $\gamma = 9800\text{N/m}^3$；另外，$g = 9.81\text{m/s}^2$，$u_2 = \frac{\pi D_2 n}{60}$ 又根据有关试验 $K = 1.2 \times 10^{-6}$，代入（2-52）式得

$$\Delta N_f = 0.172 \times 10^{-6} n^3 D_2^5 \quad (\text{kW}) \tag{2-53}$$

上式对估算轮盘磨损功率是很方便的。

例如，对 4B54A 型离心泵，$n = 2900\text{r/min}$，$D_2 = 200\text{mm} = 0.2\text{m}$，代入上式得：

$$\Delta N_f = 1.34\text{kW}$$

已知该泵 $N_{轴} = 15.3\text{kW}$，所以轮盘损失功率占轴功率的百分数为

$$\frac{1.34}{15.3} \times 100\% = 8.8\%$$

设由于水泵机械摩擦而损耗的功率为 $\Delta N_{机损}$，则从轴功率中减去此项磨损功率后，剩余的功率叫"水功率"，以符号 $N_{水}$ 表示。可见水功率就是泵轴（或叶轮）实际所获功率，并假定它全部传给叶轮中的水，在这种情况下，泵的流量是理论流量 Q_t，泵的扬程为理论扬程 H_t（因尚未考虑泵中各项水力损失），所以泵的水功率为

$$N_{水} = \gamma Q_t H_t \tag{2-54}$$

显然，$N_{水} < N_{轴}$ 则

$$N_{水} = N_{轴} - \Delta N_{机损} \tag{2-55}$$

两者的比值用百分数表示称泵的机械效率，即

$$\eta_{机} = \frac{N_{水}}{N_{轴}} \times 100\% = \frac{\gamma Q_t H_t}{1000 N_{轴}} \times 100\% \tag{2-56}$$

从使用观点看，为减少机械磨损，水泵填料要松紧适度，还要经常检查轴承润滑情况，不可缺油，且油质要符合标准，叶轮轮盘表面应保持光洁。

（三）水力损失和水力效率

水在泵内流动时会产生各种水力损失。主要包括：①从泵入口至出口过流部分的沿程水力损失；②由流道断面和方向变化而产生的局部水力阻力；③水流在叶轮入口及出口处的撞击涡流损失。

关于沿程水力损失，在固定流道和叶轮内分别为

$$h_f = \lambda \frac{L}{R} \frac{v^2}{2g}, \quad h'_f = \lambda' \frac{L'}{R'} \frac{w^2}{2g}$$

式中　λ、λ'——摩阻系数；

　　　　L、L'——流道长度；

　　　　R、R'——流道断面的水力半径；

　　　　v——平均流速；

　　　　w——叶轮内流体的相对速度。

局部水力损失可表示为

$$h_d = \xi \frac{v^2}{2g}$$

式中 ξ 主要是叶轮、导叶、蜗壳及扩散管的扩散损失系数。

因上述两项损失均与过泵流量 Q 平方成正比，所以其总损失水头可写成

$$h_{fd} = h_f + h'_f + h_d = K_1 Q^2 \tag{2-57}$$

第③项叶轮进、出口处的撞击涡流损失分别为

$$h_{s1} = \xi_1 \frac{\Delta c_{1m}^2}{2g}, \quad h_{s2} = \xi_2 \frac{\Delta c_{2u}^2}{2g}$$

式中，$\Delta c_{1m} = c'_{1m} - c_{1m}$；$\Delta c_{2u} = c'_{2u} - c_{2u}$，如图 2-15 所示。当流量为某一特定流量 Q_s 时，液流方向和叶片方向一致而没有冲击损失，但当流量大于或小于 Q_s 时，流速大小与其方向都要随着发生变化而产生冲击损失。如图 2-15（a）所示的叶轮入口情况。设流量为 Q_s 时，入口的径向速度为 c_{1m}，如当流量减小为 Q 时，径向速度变为 c'_{1m}，显然 $c_{1m} > c'_{1m}$，而 $\Delta c_{1m} = c_{1m} - c'_{1m}$，$\Delta c_{1m}$ 越大，引起的冲击损失也越大。对叶轮出口 [图 2-15（b）]，当流量减小为 Q 时，其圆周速度分量变为 c'_{2u}，因而 $c'_{2u} - c_{2u} = \Delta c_{2u}$，就成了引起冲击的原因，$\Delta c_{2u}$ 越大，冲击损失也越大，所以叶轮进、出口处的冲击损失之和可写成

$$h_s = h_{s1} + h_{s2} = K (Q - Q_s)^2 \tag{2-58}$$

即冲击损失和变化流量 Q 及特定流量 Q_s（一般为额定流量）之差的平方成正比。

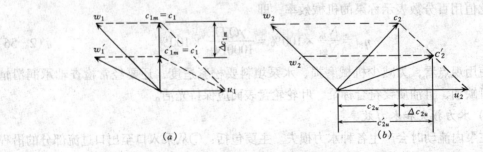

图 2-15　叶轮冲击损失示意图
（a）叶轮入口处；（b）叶轮出口处

由前知,泵的理论扬程 H_t 随流量 Q 增大而减小,呈一下降直线(图 2-7 和图 2-16)。

将 $h_{fd}=K_1Q^2$ 和 $h_s=K(Q-Q_s)^2$ 关系绘在同一坐标纸上,这样由 $Q-H_t$ 直线减去水力损失($h_{fd}+h_s$)即得水泵实际扬程 H 和流量 Q 间的关系曲线(图 2-16)。

显然,泵内水力损失 Δh($=h_{fd}+h_s$)越小,水所获得的能量即泵的实际扬程 H 越大。即

$$H=H_t-\Delta h \tag{2-59}$$

水泵扬程 H 和理论扬程 H_t 之比的百分数称泵的水力效率 $\eta_水$,其表达式为

$$\eta_水=\frac{H}{H_t}\times100\%=\frac{H_t-\Delta h}{H}\times100\% \tag{2-60}$$

$\eta_水$ 和流量 Q 的关系可利用 $\eta_水=H/H_t$ 求出(图 2-16)。此曲线大约在无冲击损失流量(即额定流量)Q_s 处出现极大值,一般说来,此处即为泵的效率最高点。近代泵的水力效率 $\eta_水=70\%\sim90\%$,而大型的 $\eta_水$ 可能超过 90%。

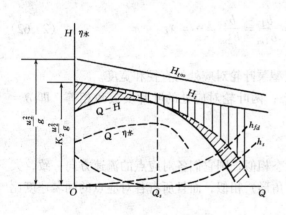

图 2-16 泵 Q-H 和 Q-$\eta_水$ 关系曲线示意图

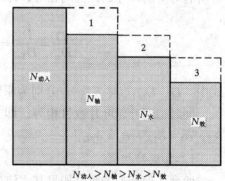

$N_{动入}>N_轴>N_水>N_效$

图 2-17 泵功率传递示意图
1—电动机损失功率;2—泵机械损失功率;
3—泵水力、容积损失功率

从使用观点看,为减小水力损失,过流部分表面应光滑;叶轮、蜗壳流道要防止淤塞、锈蚀;重要的是应尽量使泵在无冲击流量下运行,以减小冲击损失,保持泵在高效低耗情况下运行。

(四)泵的总效率 η

综上所述,泵的总效率表达式(2-39)可变成

$$\eta=\frac{N_效}{N_轴}\times100\%=\frac{\gamma QH}{1000N_轴}\times100\%=\frac{Q}{Q_t}\frac{\gamma Q_tH_t}{1000N_轴}\frac{H}{H_t}\times100\%$$

$$=\eta_容\,\eta_机\,\eta_水 \tag{2-61}$$

即水泵的总效率是容积、机械和水力效率的乘积。可见,欲提高泵的总效率必须提高各分项效率。

从泵在能量传递过程中功率平衡示意图(图 2-17)中可见,从输入动力机的功率 $N_{动入}$ 至泵的输出功率(即泵有效功率 $N_效$),由于各项功率损失而递减。

第四节 叶片泵的相似特性（相似律）

水泵相似特性是指在相似条件下，研究水泵工作参数和几何参数间所具有的特殊性质，即应用相似理论研究泵参数之间的相互关系及变化规律，用以解决水泵设计、选型、试验和应用中的各种实际问题，特别是用于解决泵模拟参数的换算问题。

一、泵的相似条件

设有一系列尺寸不同的泵，如果它们的几何形状（主要是叶轮）相似，即其尺寸按一定比例缩小或放大，则这一组泵称为一个"轮系"。同一轮系的泵，如果水流在泵中的运动状态和受力状态相似，则称为工况相似。

（一）几何相似

设同一轮系中的两台泵（例如一台为原型泵，一台为模型泵），因几何形状相似，则其所有对应的尺寸的比值均相等，即

$$\frac{D}{D_m} = \frac{D_1}{D_{1m}} = \frac{D_2}{D_{2m}} = \frac{b_1}{b_{1m}} = \frac{b_2}{b_{2m}} = \cdots = \lambda_l \qquad (2\text{-}62)$$

式中 D、D_m，b、b_m——分别为原型和模型泵叶轮对应处的直径和宽度。

同时，两叶轮叶片数目相等，即 $Z = Z_m$；两叶轮对应处的叶片安放角相等，即 $\delta = \delta_m$，$\delta_1 = \delta_{1m}$，$\delta_2 = \delta_{2m}$。

（二）运动相似

两台几何相似的泵，如果其水流运动状态相似，则它们各对应点的流速方向一致，大小成比例，即不仅对应点的速度四边形（三角形）相似，而且所有各对应点的同名速度比值均相等。

因为对叶轮进口有：$\quad \dfrac{c_1}{c_m} = \dfrac{w_1}{w_{1m}} = \dfrac{u_1}{u_{1m}} = \dfrac{nD_1}{n_mD_{1m}} = \lambda_l\dfrac{n}{n_m}$

对叶轮出口有：$\quad \dfrac{c_2}{c_{2m}} = \dfrac{w_2}{w_{2m}} = \dfrac{u_2}{u_{2m}} = \dfrac{nD_2}{n_mD_{2m}} = \lambda_1\dfrac{n}{n_m}$

对叶轮任意对应点有：$\quad \dfrac{c}{c_m} = \dfrac{w}{w_m} = \dfrac{u}{u_m} = \dfrac{nD}{n_mD_m} = \lambda_l\dfrac{n}{n_m}$

所以 $\quad \dfrac{c_1}{c_{1m}} = \dfrac{w_1}{w_{1m}} = \dfrac{u_1}{u_{1m}} = \dfrac{c_2}{c_{2m}} = \dfrac{w_2}{w_{2m}} = \dfrac{u_2}{u_{2m}} = \dfrac{c}{c_m} = \cdots = \lambda_v \qquad (2\text{-}63)$

同时 $\alpha = \alpha_m$，$\beta = \beta_m$，$\alpha_1 = \alpha_{1m}$，$\beta_1 = \beta_{1m}$，$\alpha_2 = \alpha_{2m}$…即叶片各对应点的绝对速度角 α 和相对速度角 β 分别相等，所以运动相似又称等角状态。

（三）动力相似

动力相似是指两台泵叶轮所有对应点水流所受各作用力的比值相等。由前述知，叶轮中水流质点所受外力有重力、压力和惯性离心力等，对水泵为非重力流，所以重力相似可不考虑，而质点所受压力，可从式（2-29）改写成

$$p = \gamma H = \gamma \eta_{水} \frac{u_2 c_{2u}}{g} \tag{2-64}$$

因而对原型泵和模型泵可写

$$\frac{P}{P_m} = \frac{Ap}{A_m p_m} = \frac{\eta_{水}}{\eta_{水m}} \frac{u_2 c_{2u}}{u_{2m} c_{2um}} \frac{A}{A_m} \tag{2-65}$$

对几何相似和运动相似的两台泵（假定 $\eta_{水} = \eta_{水m}$）则有

$$\frac{u_2 c_{2u}}{u_{2m} c_{2um}} = \left(\frac{u_2}{u_{2m}} \right)^2 = \left(\frac{nD}{n_m D_m} \right)^2 ; \quad \frac{A}{A_m} = \left(\frac{D}{D_m} \right)^2$$

所以

$$\frac{P}{P_m} = \left(\frac{D}{D_m} \right)^4 \left(\frac{n}{n_m} \right)^2 = \lambda_l^4 \lambda_n^2 \tag{2-66}$$

这说明，只要满足运动状态相似，就能满足压力相似。

同理可根据惯性离心力 $F_1 = m \frac{u^2}{r} = \rho V \frac{u^2}{r}$（式 V 为叶轮中液体质点的体积）可求得几何相似和运动相似两台泵的惯性离心力的比值为

$$\frac{F_l}{F_{lm}} = \left(\frac{D}{D_m} \right)^4 \left(\frac{n}{n_m} \right)^2 = \lambda_l^4 \lambda_n^2 \tag{2-67}$$

式（2-66）和式（2-67）两式说明，几何相似泵，满足了运动相似，即满足了动力相似和工况相似。

二、反映泵相似特性的基本公式

工况相似的泵，其工作参数和几何参数之间存在着一定的关系。

（一）流量间的关系式

由泵运动相似公式（2-63）知

$$\frac{w}{w_m} = \frac{u}{u_m} \quad 即 \quad \lambda_w = \lambda_u \tag{2-68}$$

因为

$$w = \frac{Q}{A} = \frac{Q}{\pi D b \psi} \qquad （式中 \psi 为排挤系数）$$

所以

$$\frac{w}{w_m} = \frac{Q}{Q_m} \frac{D_m}{D} \frac{b_m}{b} = \frac{Q}{Q_m} \left(\frac{D_m}{D} \right)^2 \tag{2-69}$$

又知

$$\frac{u}{u_m} = \frac{n}{n_m} \frac{D}{D_m} \tag{2-70}$$

将式（2-69）和式（2-70）代入式（2-68）中，经整理后可得

$$\frac{Q}{Q_m} = \frac{n}{n_m} \left(\frac{D}{D_m} \right)^3 = \lambda_n \lambda_l^3 \tag{2-71}$$

上式即为工况相似条件下泵间的流量关系式，该式也可改写成

$$\frac{Q}{nD^3} = \frac{Q_m}{n_m D_m^3} \qquad (2\text{-}72)$$

于是对工况相似的泵一般表达式可写成

$$Q'_1 = \frac{Q}{nD^3} = \text{Const}! \qquad (2\text{-}73)$$

即工况相似的泵其 Q'_1 值相等。Q'_1 称单位流量,即当 $n=1\text{r/min}$,$D=1\text{m}$ 时泵的流量,它是泵工况相似判别数之一。

(二)扬程间的关系式

由式(2-64)可得两泵扬程之比为(假定 $\eta_水 = \eta_{水m}$)

$$\frac{H}{H_m} = \frac{u_2 c_{2u}}{u_{2m} c_{2um}}$$

对几何相似和运动相似两台泵有

$$\frac{u_2 c_{2u}}{u_{2m} c_{2um}} = \left(\frac{u_2}{u_{2m}}\right)^2 = \left(\frac{nD}{n_m D_m}\right)^2$$

于是可得

$$\frac{H}{H_m} = \left(\frac{n}{n_m}\right)^2 \left(\frac{D}{D_m}\right)^2 = \lambda_n^2 \lambda_l^2 \qquad (2\text{-}74)$$

上式即为相似工况下泵之间的扬程关系式。该式也可改写成

$$\frac{H}{(nD)^2} = \frac{H_m}{(n_m D_m)^2} \qquad (2\text{-}75)$$

或

$$H'_1 = \frac{H}{(nD)^2} = \text{Const}. \qquad (2\text{-}76)$$

式中　H'_1——单位扬程,是工况相似判别数之一。

(三)功率间的关系

因为 $N \propto QH$,所以可得 $\dfrac{N}{N_m} = \dfrac{Q}{Q_m} \cdot \dfrac{H}{H_m}$,如两泵工况相似,则得

$$\frac{N}{N_m} = \left(\frac{n}{n_m}\right)^3 \left(\frac{D}{D_m}\right)^5 = \lambda_n^3 \lambda_l^2 \qquad (2\text{-}77)$$

上式即为工况相似条件下泵功率间的关系式,同理可得

$$\frac{N}{n^3 D^5} = \frac{N_m}{n_m^3 D_m^5} \qquad (2\text{-}78)$$

或

$$N'_1 = \frac{N}{n^3 D^5} = \text{Const} \qquad (2\text{-}79)$$

式中　N'_1——单位功率,是工况相似判别数之一。

（四）转矩 M 间的关系

因为 $M = \dfrac{N}{\omega} = \dfrac{N}{2\pi n /60}$，所以可得 $\dfrac{M}{M_m} = \dfrac{N}{N_m}\dfrac{n_m}{n}$

如两泵工况相似，则得转矩之比为

$$\frac{M}{M_m} = \frac{n^2}{n_m^2}\frac{D^5}{D_m^5} = \lambda_n^2\lambda_l^5 \tag{2-80}$$

或

$$\frac{M}{n^2 D^5} = \frac{M}{n_m^2 D_m^5} \tag{2-81}$$

（五）力的转换关系

因 $F \propto \dfrac{M}{D}$，所以对工况相似泵则

$$\frac{F}{F_m} = \left(\frac{n}{n_m}\right)^2\left(\frac{D}{D_m}\right)^4 = \lambda_n^2\lambda_l^4 \tag{2-82}$$

上式对泵中的水压力和轴向推力均适用，同理可得

$$\frac{F}{n^2 D^4} = \frac{F_m}{n_m^2 D_m^4} \tag{2-83}$$

（六）单泵的相似换算关系

如把式（2-71）、式（2-74）、式（2-77）和式（2-80）用于转速可变的同一台水泵，因此时 $D = D_m$，则得

$$\left.\begin{array}{l}\dfrac{Q_1}{Q_2} = \dfrac{n_1}{n_2} \quad \text{或} \quad \dfrac{n}{Q} = \text{Const.} \\[2mm] \dfrac{H_1}{H_2} = \left(\dfrac{n_1}{n_2}\right)^2 \quad \text{或} \quad \dfrac{n^2}{H} = \text{Const.} \\[2mm] \dfrac{N_1}{N_2} = \left(\dfrac{n_1}{n_2}\right)^3 \quad \text{或} \quad \dfrac{n^3}{N} = \text{Const.} \\[2mm] \dfrac{M_1}{M_2} = \left(\dfrac{n_1}{n_2}\right)^2 \quad \text{或} \quad \dfrac{n^2}{M} = \text{Const.}\end{array}\right\} \tag{2-84}$$

式（2-84）反映了同一台水泵在不同转速、当工况相似时各工作参数之间的关系，它是相似特性公式的特例，一般称之为比例律。

三、效率修正和换算

上述相似律公式均未考虑效率对换算的影响。事实上尺寸大的泵与几何相似的小型泵相比较，其容积效率 $\eta_容$、水力效率 $\eta_水$ 和机械效率 $\eta_机$ 均较高。所以当原、模型比尺超过 $3 \sim 4$ 倍时，即应考虑效率对换算值的修正。

对流量比值的影响：因 $Q = \eta_容 Q_t$，所以

$$\frac{Q}{Q_m} = \frac{n}{n_m}\left(\frac{D}{D_m}\right)^3\frac{\eta_容}{\eta_{容m}} \tag{2-85}$$

对扬程比值的影响：同理因 $H = \eta_水 H_t$，所以

$$\frac{H}{H_m} = \left(\frac{n}{n_m}\right)^2 \left(\frac{D}{D_m}\right)^2 \frac{\eta_水}{\eta_{水m}} \qquad (2-86)$$

对轴功率比值的影响：因 $N = \gamma QH/1000\eta$，所以

$$\frac{N}{N_m} = \left(\frac{D}{D_m}\right)^3 \left(\frac{n}{n_m}\right)^3 \frac{\eta_{机m}}{\eta_机} \qquad (2-87)$$

最后可得

$$\left. \begin{array}{l} Q = \dfrac{n}{n_m} \left(\dfrac{D}{D_m}\right)^3 \dfrac{\eta_容}{\eta_{容m}} Q_m \\[3mm] H = \left(\dfrac{n}{n_m}\right)^2 \left(\dfrac{D}{D_m}\right) \dfrac{\eta_水}{\eta_{水m}} H_m \\[3mm] N = \left(\dfrac{n}{n_m}\right)^3 \left(\dfrac{D}{D_m}\right)^5 \dfrac{\eta_{机m}}{\eta_机} N_m \end{array} \right\} \qquad (2-88)$$

在实际中，$\eta_容$ 和 $\eta_机$ 对泵的影响较小，而与扬程有关的 $\eta_水$ 影响较大，所以只考虑扬程的修正，并以总效率 η 代替 $\eta_水$，这时

$$\left. \begin{array}{l} \dfrac{Q}{Q_m} = \dfrac{n}{n_m} \left(\dfrac{D}{D_m}\right)^3 \\[3mm] \dfrac{H}{H_m} = \left(\dfrac{n}{n_m}\right)^2 \left(\dfrac{D}{D_m}\right)^2 \dfrac{\eta}{\eta_m} \\[3mm] \dfrac{N}{N_m} = \left(\dfrac{n}{n_m}\right)^3 \left(\dfrac{D}{D_m}\right)^5 \end{array} \right\} \qquad (2-89)$$

为了获得较可靠的换算结果，消除扬程比尺的影响，特别是对模型尺寸较小和进行水泵汽蚀模型试验时，模型泵的扬程 H_m 最好和原型泵 H 相等或大于80%即

$$H_m = （80\% \sim 100\%） H \qquad (2-90)$$

这时由相似律公式（2-89）可得（$H/H_m \approx 1$，并假定 $\eta = \eta_m$）

$$\frac{n}{n_m} = \frac{D_m}{D} \qquad (2-91)$$

$$\frac{Q}{Q_m} = \frac{N}{N_m} = \left(\frac{D}{D_m}\right)^2 \qquad (2-92)$$

由此可得 $\qquad\qquad nD = n_m D_m \qquad$ 即 $u = u_m$

因此，原型泵与模型泵对应点有相同的圆周速度。如果模型比尺为4，即 $\lambda_l = 4$，则模型泵的转速 n_m 也应为原型泵的四倍。

如果模型比尺较大，效率值相差也较大，并有 $\eta > \eta_m$，这时如果已知 η_m 值，怎样求得 η，现说明如下。

由前知，泵的水力效率可写成

$$\eta_{\text{水}} = \frac{H}{H_t} = \frac{H}{H + \Delta h} = \frac{1}{1 + \alpha} \tag{2-93}$$

式中 $\alpha = \Delta h / H$——泵相对水力损失水头，如果近似假定 $\eta_{\text{水}} = \eta$，则可改写成 $\alpha = (1 - \eta) / \eta$，这时对原型和模型泵可写：

$$\frac{\alpha}{\alpha_m} = \frac{1 - \eta}{1 - \eta_m} \frac{\eta_m}{\eta} \tag{2-94}$$

当水泵在额定工况时，泵中水力损失 Δh 主要取决于过流部分的沿程阻力，即 $\Delta h = f \frac{L}{D} \frac{v^2}{2g}$，其中水力摩阻系数 f 又与相对粗度 Δ / D 和雷诺数 Re 有关，即 $f = (\Delta / D, Re)^n$，所以对两相似工况的泵可写为

$$\frac{\alpha}{\alpha_m} = \frac{\Delta h / H}{\Delta h_m / H_m} = \frac{fLD_m v^2 H_m}{f_m L_m D v_m H} = \frac{f}{f_m} = \left(\frac{\Delta D_m Re_m}{\Delta_m D \, Re} \right)^n = \left(\frac{Re_m}{Re} \right)^n \tag{2-95}$$

又因 $Re = \frac{Dw}{\nu}$（式中 ν 为液体动粘滞系数），所以

$$\frac{\alpha}{\alpha_m} = \left(\frac{D_m w_m}{Dw} \right)^n = \left(\frac{D_m}{D} \right)^n \left(\frac{w_m}{w} \right)^n = \left(\frac{D_m}{D} \right)^n \left(\frac{H_m}{H} \right)^{n/2} \tag{2-96}$$

由式（2-94）和式（2-96）可得

$$\frac{1 - \eta}{1 - \eta_m} \frac{\eta_m}{\eta} = \left(\frac{D_m}{D} \right)^n \left(\frac{H_m}{H} \right)^{n/2} \tag{2-97}$$

如果模型试验满足 $H_m \geqslant 0.8H$，则上式可简化为

$$\frac{1 - \eta}{1 - \eta_m} \frac{\eta_m}{\eta} = \left(\frac{D_m}{D} \right)^n \tag{2-98}$$

式（2-97）和式（2-98）就是用于水泵效率换算的一般表达式，式中的指数 n 一般由试验确定，根据梅迪逊（Medici，1943 年）的研究，$n = 0.2 \sim 0.25$，据此得出水泵效率换算的近似公式为

$$\frac{1 - \eta}{1 - \eta_m} \frac{\eta_m}{\eta} = \left(\frac{D_m}{D} \right)^{0.25} \left(\frac{H_m}{H} \right)^{0.1} \tag{2-99}$$

当在等扬程条件下换算时，得

$$\frac{1 - \eta}{1 - \eta_m} \frac{\eta_m}{\eta} = \left(\frac{D_m}{D} \right)^{0.25} \tag{2-100}$$

需要指出，对水轮机由于 $\eta_{\text{水}} = \frac{H - \Delta h}{H} = 1 - \Delta h / H = 1 - \alpha$，即 $\alpha = 1 - \eta_{\text{水}}$，所以用同样方法导出效率换算公式为

$$\frac{1 - \eta}{1 - \eta_m} = \left(\frac{D_m}{D} \right)^n \left(\frac{H_m}{H} \right)^{n/2} \tag{2-101}$$

比较式（2-97）和式（2-101）可以看出，两者的区别在于泵的效率换算公式多 η_m / η 一项。如果令式（2-101）中的 $n = 0.2$，就得到通常用于水轮机效率换算的莫迪（Moody）公式

$$\frac{1-\eta}{1-\eta_m} = \left(\frac{D_m}{D}\right)^{0.2}\left(\frac{H_m}{H}\right)^{0.1} \qquad (2-102)$$

$$\frac{1-\eta}{1-\eta_m} = \left(\frac{D_m}{D}\right)^{0.2} \qquad (2-103)$$

由此可见在泵的效率换算中采用莫迪公式是欠妥的。

当效率换算时，一般是根据模型的最高效率求出相应的原型最高效率，其效率修正值为

$$\Delta\eta = \eta - \eta_m \qquad (2-104)$$

对其它工况下的原型泵效率，都是根据其对应的模型效率加上此修正值 $\Delta\eta$ 而得出。这种修正方法虽然是近似的，但目前尚无更准确的计算方法可循。

四、水泵动态过程相似特性

前述水泵在相似条件下工作参数间的关系是在各参数均不随时间而变的恒定工况下求得的，但随着水泵应用日趋广泛，大、中型机组的增多，在运行中可能出现各种动态过程需要进行模拟和研究（如事故突然停机，机组启动等），在这种情况下，水泵工作参数成为非恒定并与时间有关的变量，因此需要研究水泵动态过程的相似特性。

（一）停泵水锤相似特性

对高扬程和长管路的水泵，当事故停机闸阀突闭或无阀停机时，将产生很大的水锤冲击力，为了确定原型泵的水锤压力升降值，可根据泵的相似特性利用模型试验加以换算。

由水力学知，考虑管路摩阻的水锤运动方程和连续方程为

$$\frac{\partial H}{\partial x} + \frac{v}{g}\frac{\partial v}{\partial x} + \frac{1}{g}\frac{\partial v}{\partial t} + \frac{2fv|v|}{gD} = 0 \qquad (2-105)$$

$$\frac{\partial H}{\partial t} + v\frac{\partial H}{\partial x} + \frac{c^2}{g}\frac{\partial v}{\partial x} = 0 \qquad (2-106)$$

式中　　c——水锤波传播速度；

x、H 和 v——分别为管中某断面距规定点的距离、势头和平均流速。

为了使模型和原型相似，必需满足下列条件，即

$$\frac{\lambda_H}{\lambda_l} = \frac{\lambda_v^2}{\lambda_l} = \frac{\lambda_v}{\lambda_t} = \frac{\lambda_f\lambda_v^2}{\lambda_D} \qquad (2-107)$$

$$\frac{\lambda_H}{\lambda_t} = \frac{\lambda_v\lambda_H}{\lambda_l} = \frac{\lambda_c^2\lambda_v}{\lambda_l} \qquad (2-108)$$

式中：$\lambda_l = \frac{x}{x_m}$，$\lambda_H = \frac{H}{H_m}$，$\lambda_v = \frac{v}{v_m}\cdots$，其中反映水锤压力的势头 H 的换算公式推导如下。

根据式（2-107）和式（2-108）分别可得

$$\lambda_H = \frac{\lambda_c^2\lambda_v}{\lambda_l}\lambda_t \text{ 和 } \lambda_t = \frac{\lambda_l}{\lambda_v}$$

据此可得

$$\lambda_H = \lambda_c^2 \qquad (2-109)$$

$$\frac{H}{H_m} = \frac{c^2}{c_m^2} \qquad (2-110)$$

这说明，原、模型水锤压力比值和其水锤波传播速度 c 的平方比值相等。在泵站管路水锤模拟中，满足 $\lambda_H = \lambda_c{}^2$ 的条件较为困难，为此可将式（2-109）做下列转换。

如忽略式（2-105）和式（2-106）中的 $v\dfrac{\partial}{\partial x}$ 项（因数值很小）和不考虑摩阻，则水锤基本方程式变为

$$\left.\begin{array}{l} \dfrac{\partial H}{\partial x} + \dfrac{1}{gA}\dfrac{\partial Q}{\partial t} = 0 \\[2mm] \dfrac{\partial H}{\partial t} + \dfrac{c^2}{gA}\dfrac{\partial Q}{\partial x} = 0 \end{array}\right\} \tag{2-111}$$

式中　A——管路断面面积；

　　　Q——通过该面积的流量。

由以上两式可得

$$\lambda\lambda_Q = \lambda_H\lambda_A = \lambda_H\lambda_D^2 \tag{2-112}$$

另外，对两相似水泵而言可得

$$\lambda_Q = \lambda_H^{1/2}\lambda_{D_2}^2 \tag{2-113}$$

式中　D、D_2——分别为管路直径和水泵叶轮外径。

由式（2-112）和式（2-113）得

$$\lambda_H = (\lambda_{D_2}/\lambda_D)^4\lambda_c^2 \tag{2-114}$$

即

$$\frac{H}{H_m} = \left(\frac{D_2}{D_{2m}}\right)^4\left(\frac{D_m}{D}\right)^4\frac{c^2}{c_m^2} \tag{2-115}$$

在式（2-109）和式（2-114）中，由于一般 λ_H 值较大，所以在模型试验中应加大 λ_c 值，即减小模型管路中的水锤波传播速度 c_m 值，但由于该值为

$$c_m = \frac{1}{\sqrt{\dfrac{\gamma}{g}\left(\dfrac{1}{k} + \dfrac{D_m}{\delta E}\right)}} \tag{2-116}$$

式中　k、E——分别为水的体积弹性系数和管材的弹性模量；

　　　δ——管壁厚度。

因此可采取如下措施以降低 c_m 值。

（1）采用体积弹性系数 k 小而重度 γ 大的液体为工作液体。

（2）采用弹性模数 E 小的管材。

（3）增大管道 D 和减小 δ 或加大比值 D/δ。

（二）水泵启动相似特性

大、中型泵站在设计、运行时，往往需要预知其启动特性，但水泵启动是一个动态过程，各种参数均随时间而变。所以在模型试验时，除满足一般相似条件外，还应考虑随时间而变的动态条件相似。

（1）机组启动时间换算准则：水泵在非稳定流动情况下的能量方程式可表达为

$$\frac{p}{\gamma} + \frac{w^2 - u^2}{2g} + Z + \frac{1}{g}\int\frac{dw}{dt}dx = \text{Const.} \tag{2-117}$$

上式中最后一项就是随时间而变化的单位液重加速度力所作的功。根据模型相似特性，从上式可得

$$\lambda_w^2 = \frac{\lambda_w}{\lambda_t}\lambda_l \tag{2-118}$$

但 $w \propto nD$；$x \propto D$，将其代入式（2-118）经整理后得

$$\lambda_n \lambda_t = 1 \tag{2-119}$$

即

$$\frac{n}{n_m} = \frac{t_m}{t} \quad \text{或} \quad nt = \text{Const.} \tag{2-120}$$

式（2-120）就是水泵启动时原、模型泵瞬态转速和瞬态时间应满足的相似条件。

除此，原、模型泵的启动变化规律（如启动时的 $n-t$ 曲线）亦应相似。实际上，水泵启动时的 $n-t$ 曲线近似直线，即

$$n = f(t) = At, \quad n_m = f(t_m) = Bt_m \tag{2-121}$$

式中 A 和 B 分别为两直线的斜率。

$$\frac{t}{t_m} = \frac{B}{A} = C \tag{2-122}$$

这时，原、模型泵时间比尺相差一常数倍，它表明其启动变化规律呈相似状态。因此，只要测得模型泵达额定转速 n_m 的时间 t_m，即可用式（2-120）求出原型泵达额定转速 n 所需要的时间 t。

（2）启动转矩换算准则，由前述式（2-80）知

$$\frac{M}{M_m} = \left(\frac{h}{h_m}\right)^2 \left(\frac{D}{D_m}\right)^5 \tag{2-123}$$

或

$$\lambda_m = \lambda_n^2 \lambda_D^5 \tag{2-124}$$

这样，当测得模型泵的 M_m 及其对应和 n_m 值，利用式（2-123）即可求出原型泵的转矩 M 值。

五、相似准数——比转速 n_s 和型式数 k

我们知道，同一轮系的泵其几何形状相似，但怎样判断其叶轮水流运动相似，对不同轮系又依据什么标准进行区分比较，最简便的方法就用所谓比转速（或称比转数、比速）来判别。比转速是水泵相似条件的一个判别数，也是反映水泵（主要是叶轮）几何特性和工作特性的综合参数，现说明如下。

如果从相似特性公式（2-71）和式（2-74）中消去 D/D_m 值，经整理后可得模型泵的转速 n_m 为

$$n_m = n\sqrt{\frac{Q}{Q_m}}\sqrt[4]{\left(\frac{H_m}{H}\right)^3} \tag{2-125}$$

今设有一台属于某轮系的原型泵，在叶轮无冲击条件下，即效率最高工况下运行（一般称之为额定工况），其转速、流量和扬程分别为 n（r/min）、Q（m³/s）和 H（m）。如果我们设想不断改变其转速，并按同一比尺改变该原型泵的尺寸，致使该泵扬程 $H_s = 1m$，流量 $Q_s = 0.075 m^3/s$ 时，那么在这特定工况运行又与原型泵运动相似，此特定泵的

转速 n_s 应该是多少呢？这时只要将 $Q_s = Q_m = 0.075 \text{m}^3/\text{s}$ 和 $H_s = H_m = 1\text{m}$ 代入式（2-125）即可求出满足上述运行条件和相似条件这一特定模型泵的转速 n_s（$= n_m$），它和原型泵的工作参数 n、Q 和 H 之间的关系为

$$n_s = n_m = n\sqrt{\frac{Q}{0.075}}\sqrt[4]{\left(\frac{1}{H}\right)^3}$$

经整理后得

$$n_s = 3.65\frac{n\sqrt{Q}}{H^{3/4}} \tag{2-126}$$

每一台泵都可根据上述公式求出这一特定条件下的转速以便比较，同时它也是单位扬程即 $H = 1$（m）（此时 $Q = 0.075\text{m}^3/\text{s}$）时泵的转速，所以将该转速称比转速。除此，它还有以下特点。

（1）比转速是按原型泵尺寸缩小或放大并根据相似特性公式求出的模型泵的转速，所以同一轮系当运动相似时，根据各自对应的 Q、H 和 n 值代入式（2-126）求出的 n_s 值必然相等。反之，比转速 n_s 相等的一系列泵，一般也是属于同一轮系且运动状态相似的。因此 n_s 是判别水泵工况相似的一个准数。

又从式（2-73）和式（2-76）中，将 $H = n^2D^2H'_1$ 和 $Q = nD^3Q'_1$ 代入式（2-126）可得

$$n_s = 3.65\frac{\sqrt{Q'_1}}{(H'_1)^{3/4}} \tag{2-127}$$

因 Q'_1 和 H'_1 均为泵工况相似判数，所以 n_s 也是泵工况相似判数。

需要说明的是，因构成泵几何尺寸的因素很多，同时水泵根据其用途，其工作参数取值范围极广，特别是在从某一轮系向另一轮系转变时，会出现 n_s 相等而不属于同一轮系的情况，例如，$n_s = 300$ 时，可以设计成离心泵，也可设计成混流泵。低比速的泵 n_s 相等，但叶片可采用 6 片，也可用 7 片，其几何形状并不相似，但从水泵性能良好，叶转符合水流运动规律的优化原则设计水泵，n_s 相等的泵几何形状应该是相似的。

（2）同一轮系的泵用各自效率最高时的 Q、H、n 代入式（2-126）求出的 n_s 值是相等的；用另一轮系各自相应值代入就可求出另一彼此相等的 n_s 值，可见不同轮系其 n_s 不同，所以其形状和性能也不相同，适用条件也有所差异，这样可用 n_s 值对水泵进行分类。从式（2-126）可以看出，流量大、扬程低的泵，其比转速就高，反之比转速就低。轴流泵扬程低、流量大，所以 n_s 很大，其值在 $500 \sim 1200$ 之间。而离心泵的扬程高、流量小，n_s 就小，其值在 $40 \sim 300$ 之间。混流泵介于二者之间，n_s 值在 $300 \sim 500$ 之间，比转速低的泵扬程高、流量小，所以叶轮外径 D_2 大，叶轮流通窄，形状是扁平的，随着 n_s

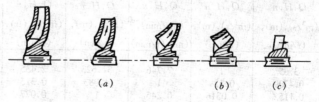

图 2-18　比转速 n_s 和叶轮形状的关系

（a）径流式（离心泵）$n_s = 40 \sim 300$；
（b）混流式泵 $n_s = 300 \sim 500$；（c）轴流式泵 $n_s = 500 \sim 1200$

的增大（即 H 降低 Q 加大），叶道的形状由狭长变为宽短，叶轮中水流方向也由径向、斜向最后变为轴向（和轴平行）如图 2-18 所示。

（3）从水泵使用观点考虑，利用 n_s 可进行初选水泵。例如当所需流量 Q、扬程 H 和转速 n 确定后，求出 n_s 值，即可定出泵型是属于离心泵、混流泵还是轴流泵；同时 n_s 的大小还可定性地告诉我们，对同一类型的泵，n_s 小，Q 就小而 H 高，n_s 大则相反，例如 3BA-6 型和 3BA-13 型离心泵，其比转速 n_s 分别是 60 和 130，前者扬程是 50m，后者扬程仅 18.8m，它们的额定转速都是 2900r/min，但都属于低比转速泵，转速高并不一定意味着比转速就高。

（4）在计算比转速时应注意：①因一台泵可在不同的流量 Q、扬程 H 和转速 n 工况下运行，所以可求出一系列 n_s 值。但 n_s 值是相应于泵效率最高的，这时必须代入泵的额定流量 Q、额定扬程 H 和额定转速，依此求出的 n_s 值作为该泵的代表值。②因 n_s 是指单个叶轮的，所以对多级泵计算 n_s 时应采用单个叶轮的扬程做为 H；对双吸式泵，它的叶轮可视为两个背对背的单个叶轮，计算 n_s 时，应采用泵流量的一半作为 Q。

（5）从比转速 n_s 的物理概念上看，n_s 的单位是 [r/min]，所以求 n_s 公式中的数值 3.65 是有单位的，因使用的单位不同，同一台泵的 n_s 值也不相同，有些国家采用下式计算

$$n_s = \frac{n\sqrt{Q}}{H^{3/4}} \tag{2-128}$$

同时其中的 n、Q 和 H 的单位有采用 [r/min]、[m³/min] 和 [m] 的，也有采用英制单位的，表 2-1 列出了国内外采用的求 n_s 的公式及常采用的单位相互换算值。

（6）型式数 k：从式（2-126）直观分析，n_s 的单位是 $\left[\frac{m}{s^2}\right]^{3/4}$，不管其单位是 [r/min] 还是 $\left[\frac{m}{s^2}\right]^{3/4}$，由于采用的计量单位不同，泵的 n_s 值也不同，这在应用上很不方便。因此，将求比转速的公式分母除以 $(g)^{3/4}$、n_s 即变为无因次值，此值称型式数并以符号 k 表示。在国际泵试验标准 [ISO2548] 和我国国际 GB7021—86《离心泵名词术语》中使用的型式数表达式为

表 2-1　　　　　　　　　　　　　　比转速 n_s 换算表

$n_s = \dfrac{3.65n\sqrt{Q}}{H^{3/4}}$				$n_s = \dfrac{n\sqrt{Q}}{H^{3/4}}$			
Q,H,n (m³/s),(m), (r/min)	Q,H,n (m³/s),(m), (r/min)	Q,H,n (m³/min), (m),(r/min)	Q,H,n (L/s),(m), (r/min)	Q,H,n (ft³/s),(ft), (r/min)	Q,H,n (ft³/min), (ft),(r/min)	Q,H,n (U.S.gal/min) (ft),(r/min)	Q,H,n (U.K.gal/min) (ft),(r/min)
1	0.274	2.12	8.66	0.667	5.168	14.16	12.89
3.65	1	7.746	31.623	2.435	18.863	51.70	47.036
0.4709	0.129	1	4.083	0.315	2.438	6.68	6.079
0.1152	0.0316	0.245	1	0.077	0.597	1.634	1.487
1.499	0.411	3.178	12.99	1	7.752	21.28	19.23
0.1935	0.053	0.410	1.675	0.129	1	2.74	2.49
0.0706	0.0193	0.150	0.611	0.047	0.365	1	0.912
0.0776	0.0213	0.165	0.672	0.052	0.401	1.096	1

$$k = \frac{\omega \sqrt{Q}}{(gH)^{3/4}} = \frac{3\pi n \sqrt{Q}}{60(gH)^{3/4}} \qquad (2 - 129)$$

式中 ω 为泵的旋转角速度,式中各计量单位和我国计算 n_s 的单位相同。为此可求出 n_s 和 k 的关系为

$$\frac{k}{n_s} = \frac{2\pi n \sqrt{Q} H^{3/4}}{60(gH)^{3/4} \times 3.65 n \sqrt{Q}} = 0.005176$$

$$k = 0.005176 n_s = \frac{1}{193.2} n_s \qquad (2 - 130)$$

第五节 叶片泵的特性曲线

由于影响泵工作参数的因素比较复杂,目前尚难以从理论上准确地求出泵工作参数间的相互关系和变化规律,所以在实际中往往用实验方法测出有关工作参数再绘出其关系曲线,用以反映它们之间的内在联系和变化规律,这种关系曲线称泵的特性曲线(或性能曲线)。根据曲线反映的参数不同和用途,有水泵基本特性曲线、通用特性曲线、相对特性曲线、综合特性曲线(型谱图)和全面特性曲线等。特性曲线可全面、直观、准确地表示泵的工作性能,所以有多方面的用途。它是经济、合理选择水泵、应用水泵和分析研究水泵运行的基本资料和依据。

一、水泵基本和相对特性曲线

水泵一般是在一定的转速下运行,在泵转速 n 不变的情况下,用试验方法分别测算出通过泵每一流量 Q 下的泵扬程 H、轴功率 N、效率 η 和汽蚀余量 NPSH(或 Δh)值,绘出 Q-H、Q-N、Q-η 和 Q-NPSH 四条曲线(该组曲线称泵的基本特性曲线),如图 2-19 所示为 IB80-65-125 型离心泵和 300JC130 长轴井泵(单级叶轮)在额定转速时的基本特性曲线,图中以 Q 为横坐标,H、N、η 和 NPSH 分别为纵坐标。每台水泵均可通过试验绘出这组曲线,一般可从泵产品样本或有关手册中查出。

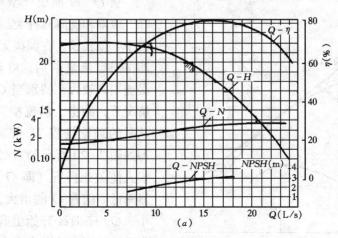

图 2-19 水泵基本特性曲线(一)

(a) IB80-65-125 型离心泵

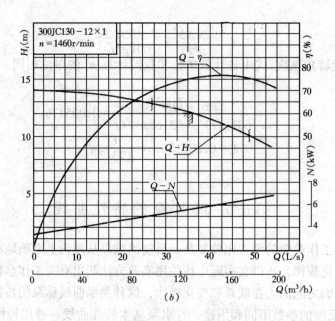

图 2-19 水泵基本特性曲线（二）

（b）300JC130 长轴井泵（单级叶轮）

对离心泵，从理论上知，Q-H 曲线为一下降的直线，由试验得到的为扬程随流量的增加而下降的一条曲线；Q-N 曲线为一条上升的曲线；Q-η 曲线为一有最高点的先上升后下降的曲线，最高效率 η_{max} 点对应的 Q、H 和 N 称之为额定值；Q-NPSH 曲线一般为随流量 Q 而上升的曲线。

从图 2-19（b）可以看出，水泵可在一定的流量和扬程范围内运行。但为了充分发挥其工作效益，节约能源，应使泵在高效区运行，为此在 Q-H 曲线上对应 Q-η 曲线的高效率区范围内，用符号"≀"标出一段区域称泵的高效运行区。高效区的选定，一般要求相对于最高效率 η_{max} 的效率降低值不超过 5%～8%。

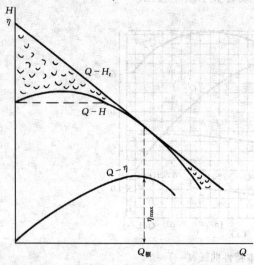

图 2-20 有驼峰的 Q-H 曲线示意图

从 Q-H 曲线外型看，有最高点的驼峰、缓降和陡降三种类型。对低比转速泵，由于叶型狭长，在偏离无冲击角的情况下，即在额定流量前后，叶轮进出口的冲击、涡流损失较大，特别当 $Q=0$ 和 Q 较小的情况下，冲击、涡流损失明显增大，所以从泵的理论扬程 H_t 和流量 Q 关系直线，即如图 2-20 所示的直线 Q-H_t 减去此项损失使关死扬程（即 $Q=0$ 时的扬程）明显降低。随着 Q 的增大，冲击损失逐渐减小，Q-H 曲线开始上升，但当 $Q > Q_{额}$，由于冲击损失及泵中水力损失的继续增大，则扬程 H 随流量 Q 的增大而减小。

对中比转速的泵，由于叶轮流道较宽、短，进、出口水力损失相对较小，所以 Q-H 曲线一般为平缓下降。随着比转速 n_s 的增大，离心泵向混流泵和轴流泵转化，叶轮叶片数减少，流道宽而短，水流自由度加大，所以流量 Q 的微小变化导致泵中水力损失的明显增大，从而使 Q-H 曲线陡降。为了便于比较不同比转速泵的 Q-H 曲线形态的变化，可将其转换为以额定流量 $Q_{额}$、额定扬程 $H_{额}$ 的百分数为横、纵坐标的相对特性曲线，如图 2-21（a）所示。可以看出 Q-H 曲线的上述三种形态。图 2-21（b）、（c）为相对功率和相对效率曲线，对 Q-N 曲线，随着 n_s 的增大，其轴功率 N 随流量增大而增大，逐渐变为平缓和下降。例如当 $n_s=282$ 时，Q-N 曲线变化平缓，但当 $n_s=402$ 时，Q-N 曲线变为陡降，在 $Q=0$ 时，空载功率 N_0 可高达额定功率的 180%，高效率区也缩小 [图 2-21（c）]。这主要是由于 n_s 大的泵，在小流量时泵中水流紊乱，随着流量的增大水流逐渐平顺，水力损失减小，所需轴功率也在减小；相对效率 η/η_{max} 曲线也随 n_s 的增大而变陡。

从使用观点看，有驼峰形的 Q-H 曲线的泵，在其驼峰范围内工作不够稳定。缓降的 Q-H 曲线的泵适用于流量调节范围较大而压力变化较小的供水系统中。陡降的 Q-H 曲线的泵适用于流量变化范围不大，压力变化较大的情况，如用于降深较大的井中提水。

泵的基本特性曲线也可用无因次参数绘制，其图形和各参数所采用的单位制无关，一

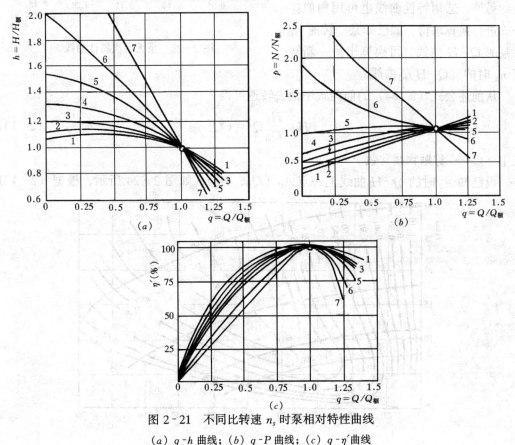

图 2-21　不同比转速 n_s 时泵相对特性曲线

（a）q-h 曲线；（b）q-P 曲线；（c）q-η' 曲线

1—$n_s=64$；2—$n_s=106$；3—$n_s=155$；4—$n_s=212$；5—$n_s=282$；6—$n_s=402$；7—$n_s=650$

般 Q-H 曲线可采用 $Q'_1\left(=\dfrac{Q}{nD^3}\right)$ 和 $H'_1\left(=\dfrac{H}{n^2D^2}\text{ 或 }\dfrac{gH}{n^2D^2}\right)$ 取代，注意：括号中前者为有因次值，后者为无因次值，另外也可采用无因次系数绘制特性曲线，即：

流量 Q 采用流量系数 $\varphi = c_{m_2}/u_2$；

扬程 H 采用扬程系数 $\psi = H/(u_2^2/g)$，或 $\psi = H/(u_2^2/2g)$；

功率 N 采用功率系数 $\lambda = N/(\gamma A_2 u_2^3/g)$。

其特性曲线如图 2-22 所示。

二、泵的通用特性曲线

上述特性曲线是针对某一固定转速绘制的，如用不同的转速分别对泵进行试验，即可得出一系列 Q-H 曲线，把这些特性曲线画在同一张坐标纸上，并在各曲线上标出其相应的效率值，用平滑曲线把各等效率点连接起来，就得到一组 Q-H 曲线和等效率曲线，称为泵的通用特性曲线，如图 2-23 所示。

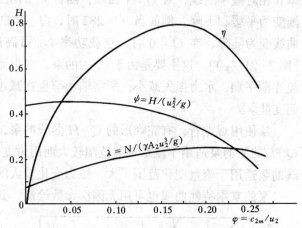

图 2-22 泵无因次特性曲线

另外，通用特性曲线也可用相似律公式进行换算求得。如已知某一转速 n_0 时泵的 Q-H 曲线，可换算出另一新转速 n_1 时的 $(Q$-$H)_{n1}$ 曲线。

从前述公式（2-84）的前两式中消去转速可得

$$H = \frac{H_0}{Q_0^2}Q^2 = CQ^2 \tag{2-131}$$

式中　C——称抛物线常数。

设已知 n_0 时的 Q-H 曲线上一点 A_0 (Q_0, H_0)，如图 2-24 所示，根据（2-131）

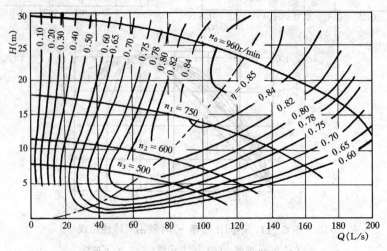

图 2-23 离心泵的通用特性曲线

式求出 C（$= H_0/Q_0^2$）值。这样每给出一 Q 值，即可求出一 H 值，因此可绘出一条过原点 O 和 A_0 点的抛物线，由于此抛物线是根据相似律公式转换而来，凡在此线上的各点均和 A_0 点为相似工况点，所以该曲线称相似工况抛物线。如欲求 n_1 时的和 A_0 点成相似工况的 A_1（Q_1，H_1）点，此时只要利用公式 $Q_1 = Q_0 \dfrac{n_1}{n_0}$ 或 $H_1 = H_0 \left(\dfrac{n_1}{n_0}\right)^2$ 即可定出 A_1 点，同时可根据 B_0 点定出 B_1 点，根据 C_0 点定出 C_1 点…，将求得的点 A_1、B_1、C_1、…联接起来，即得该泵在

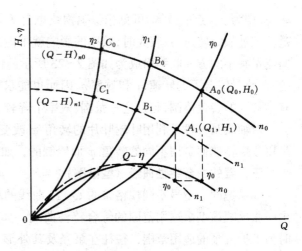

图 2-24　通用特性曲线换算方法

转速 n_1 时的 $Q-H$ 曲线（图 2-24）。由于假定相似工况点效率不变，所以 A_0 点对应的效

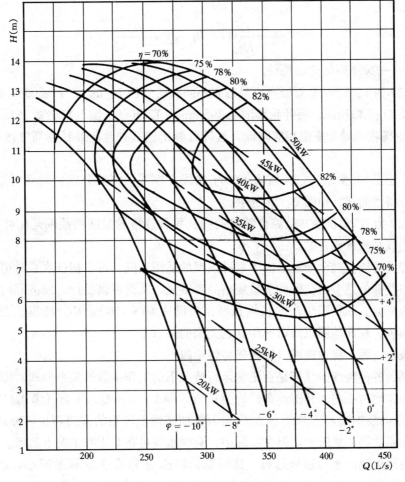

图 2-25　轴流泵的通用特性曲线

率 η_0 即为 A_1 点的效率,可见相似抛物线也是等效率曲线(图 2‑24)。实际上当转速变化范围超过额定转速 n_e 较大时,效率的影响就不能忽略,这时相似抛物线的上端及下端就要向流量减小的方向收缩而成为如图 2‑23 所示的情况。从通用特性曲线上很容易求出任何扬程、流量组合下的转速 n 和效率 η,因而也能求出其轴功率。同时也可看出,每一台泵都有高效区的转速范围,超过这一范围,效率下降较大,泵的运行就不够经济合理。

对轴流泵一般是利用叶轮叶片的转角 φ 改变泵的运行工况,所以其通用特性曲线不是用改变转速而是用不同的转角 φ 而绘制的,如图 2‑25 所示。

三、泵的综合特性曲线 (型谱图)

如果把同一型号不同规格泵的 Q‑H 曲线的高效率区绘在同一对数坐标纸上,就可得出一张反映该型泵适用范围的综合特性曲线,如图 2‑26 所示 IS 型离心泵的型谱图。有时为了扩大泵的适用范围,往往在泵壳及其外形尺寸不变的情况下,仅将其叶轮外径 D_2 适当减小以达到这一目的。实践证明,如果 D_2 减小不超过 15%～20%,不会导致泵效率的显著降低。因泵的扬程 H 与叶轮圆周速度 u_2 的平方成正比,而 $u_2 \propto nD_2$。流量的降低大致和叶轮外径 D_2 的减小成正比。所以当转速不变时,叶轮减小后的扬程 H_a 和流量 Q_a 分别为

$$H_a = \frac{D_2^2}{D_{2a}^2}H \quad \text{和} \quad Q_a = \frac{D_2}{D_{2a}Q} \tag{2‑132}$$

式中 D_{2a}——减小后的叶轮外径。

图 2‑27 为 12Sh‑9 型双吸离心泵带有不同叶轮外径 D_2 的 Q‑H 曲线 (高效区),标准叶轮直径 $D_2 = 432\text{mm}$,将叶轮车削至 395mm 为 12Sh‑9A 型,车小到 255mm 为 12Sh‑9B 型,对应扬程和轴功率也相应降低,这样可画出这三种叶轮外径的高效区的 Q‑H 曲线方框图。

同理可绘出 Sh 型泵其它规格的 Q‑H 曲线方框图,将其分别转绘到对数坐标纸上,即得到综合特性曲线,如图 2‑28 所示。

图 2‑29 为 JC 型长轴井泵综合特性曲线,每种规格的泵适用范围是用叶轮级数相应的 Q‑H 曲线高效区确定的。

综合特性曲线直观全面地指出了某种泵型的适用范围,可供初选水泵时用;同时还可看出图中那些部位是空白,哪些部位规格品种重复,从而可供设计、制造部门用作增加或优选水泵的依据。如我国生产的长轴井泵,流量从 $10～1500\text{m}^3/\text{h}$,扬程从 $20～230\text{m}$ 范围内已被填满,在此范围以外可选用其它类型的井泵。

四、泵全 (面) 特性曲线 (四象限特性曲线)

前述泵的各种特性曲线都是在正常运行情况下的工作参数的关系曲线。即泵的转动方向和水流方向均为正向,其工作参数均为正值,即 $+n$、$+Q$、$+H$ (泵出口能量大于进口)、$+N$ (向泵轴输入功率)、$+M$ (动力机加在轴上转矩的方向与正转方向相同),且绘制在坐标系的第一象限中。但在实际中,有时水泵可在非正常工况下运行。例如水泵突然失去动力而出现的水力过渡过程,这时泵的转速 n 和流量 Q 逐渐减小,继而变为零,最后形成泵的倒转倒流 (即 $-n$、$-Q$),进入水轮机工作状态,即在 Q‑n 坐标系统的

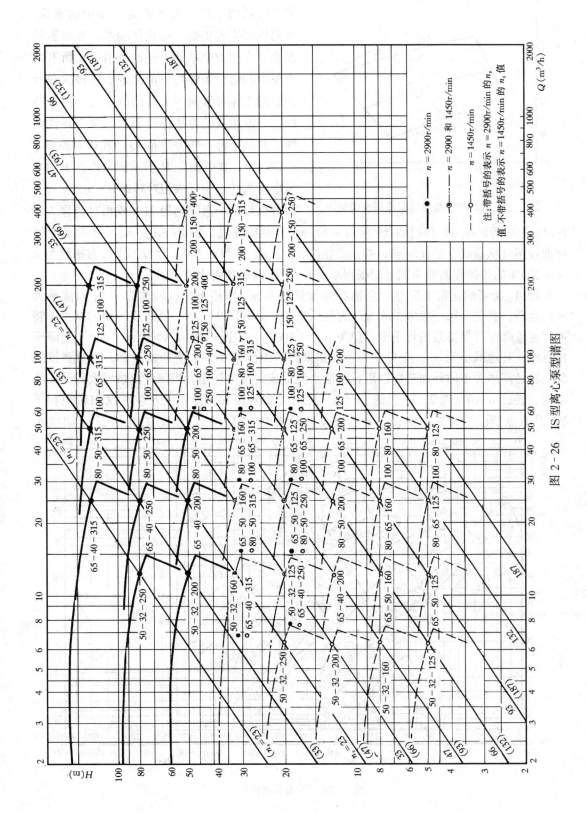

图 2-26　IS 型离心泵型谱图

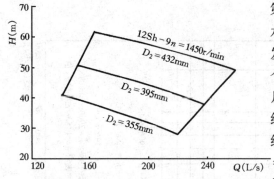

图 2‑27 12Sh‑9 型双吸泵使用范围框图

第三象限内工作。又如蓄能泵站中的水泵‑水轮机可逆式机组，可正转抽水，亦可逆转发电。在潮汐电站的可逆式机组中，所有四个象限的运行条件均可能出现。这种反映叶片泵的工作参数间的关系曲线称为全特性曲线，一般用试验方法测绘而成。泵全特性曲线，其横坐标一般为流量 Q（或相对流量 $\nu = Q/Q_R$，其中脚注 R 表示额定值，下同），纵坐标为转速 n（或相对转速 $\alpha = n/n_R$），上面分别绘出一组等扬程 H（或相对扬程 $h = H/H_R$）和等转矩 M（或相对转矩 $m = M/M_R$）两组曲线。图 2‑30 为 $n_s = 77$ 泵的全特性曲线图（从曲线上的任一点，可查出相应的 ν、α、h 和 m 值）。今以图中相对扬程为 $h = +100\%$ 的等扬程曲线为例（即扬程不变），简要说明其变化规律如下。

设 A_0 为泵的正常工况点，泵轴在外加转矩 $+m_0$ 作用下，以转速为 $+\alpha_0$ 和流量为 $+\gamma_0$ 运转，并位于第一象限的水泵工况区（图 2‑30 和图 2‑31）。随着正转矩的减小，转速和流量降低（保持泵扬程不变，仍为 $h = +100\%$），工况点由 A_0 降至 A_1、A_2…当降至 B 点时，转速减小为 α_B，流量变为零。如果转速继续减小，水便开始倒流，这时要维持泵正转必需加大正向外加转矩以阻止倒泄水流形成的反向转矩。当倒泄流量增大到某一值 ν_c 时，转速 $\alpha = 0$（图 2‑31 上的 C 点）。此时外加转矩和倒泄水流产生的反向转矩相平衡。从 B 点到 C 点为正转倒流，称之为泵制动耗能工况（简称制动工况），此后如减小

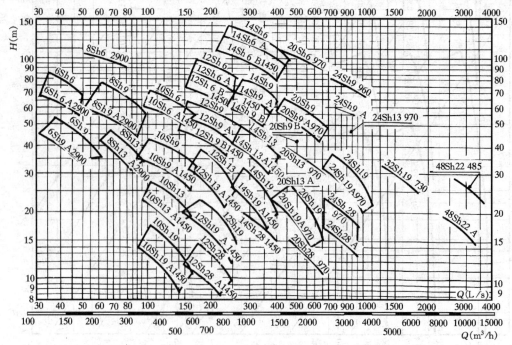

图 2‑28 Sh 型泵型谱图

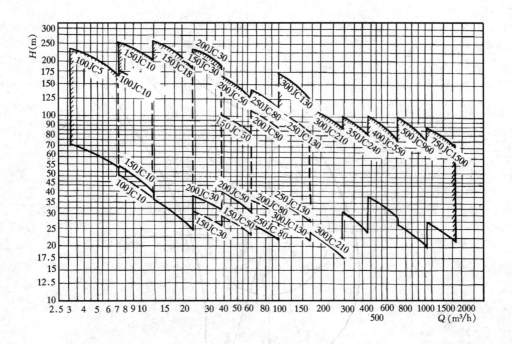

图 2 - 29　JC 型长轴井泵型谱图

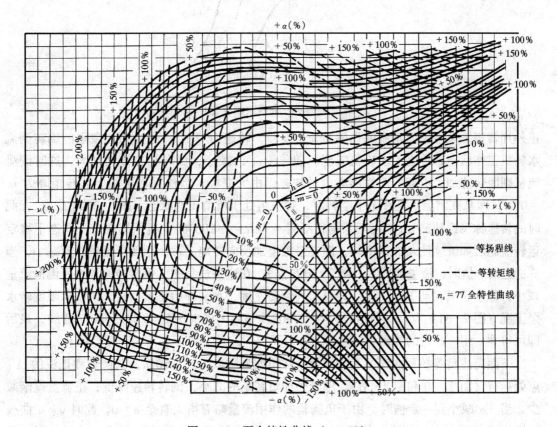

图 2 - 30　泵全特性曲线（$n_s = 77$）

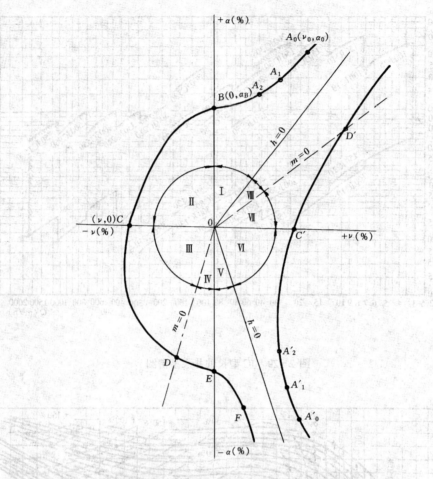

图 2 - 31　等扬程 h 曲线绘制及变化示意图

正外加转矩，泵在倒泄水流的作用下开始反转，转速为"－"，进入第三象限的倒转倒流水轮机工作状态，称之为水轮机工况。随着＋m 的减小，倒转转速逐渐加大，这时倒泄流量则因转速加大引起的惯性离心力的加强而由大变小。当作用在泵轴上的转矩降为 m ＝0 时，即泵在倒泄水流冲击下空转时，则机组处于所谓飞逸状态（图2‐31的 D 点），此时的转速称飞逸转速 $\alpha_飞$，由于泵扬程不变（为 h ＝＋100%），机组即在这一状态下稳定运行。此后如继续使泵加速倒转，即在泵轴上加反向转矩－m，则倒泄流量逐渐减小，当－α 达某一值时，流量变为零（图2‐31E 点）。在这一过程中，倒转转速加快而倒泄流量减小，称水轮机制动工况，此后如再加大倒转速度，水又开始正流而进入第四象限倒转水泵工况（图2‐31F 点）。同理可得 h ＝＋90%、h ＝＋80%…h ＝0 时的 ν ‐α 曲线，最后即可得到一组＋h 时的等扬程曲线。

下面简述负等扬程曲线的变化：设泵在第四象限以 h ＝－50%，泵倒转和正流的 A'_0 点处运行（图2‐30 和图2‐31）。随着外加负转矩的减小，倒转转速降低，正流量逐渐减少，当－α 减小到一定值时，由于负扬程的作用流量略有增大直至 α ＝0，此时 ν ‐α 曲线与横坐标交于 C' 点，即－h 对泵产生的转矩和加在轴上的负转矩相平衡。此运行区，泵

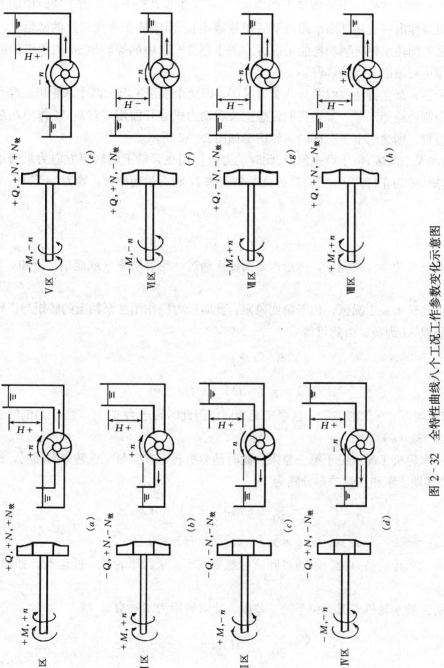

图 2-32　全特性曲线八个工况工作参数变化示意图

(a)、(e) 水泵工况；(c)、(g) 水轮机工况；(b)、(d)、(f)、(h) 制动工况

倒转、水正流，称倒转水泵制动工况。随着负转矩进一步减小，泵在 $-h$ 作用下开始正转、正流而进入第一象限反转水轮机工况，直到 $m=0$（图 2-31 的 D' 点），泵在扬程 h $=-50\%$ 的作用下而空转达到飞逸状态。此后在外加"+"转矩作用下，正转转速继续提高，泵在 $-h$ 和正转作用下，流量不断增大，$\nu-\alpha$ 曲线直线上升。由于这时所加的正转矩并没有对泵作出有效功（因水通过泵后能量减小），而消耗在水流加速的摩阻上，所以此工况称之为倒转水轮机制动耗能工况区。关于图 2-30 中的等转矩 m 曲线组的绘制及其变化规律也可做出类似的解释。

综上所述，泵全特性曲线共分八个工况区，即两个水泵工况、两个水轮机工况和相互间隔的四个制动耗能工况。如果我们设想把泵和动力机分开而用一转矩 M 作用在泵轴上以代替动力机，则这八个工况区的运转情况如图 2-32 所示。

Ⅰ区：水泵工况区，位于第一象限，此时动力机作用在泵轴上的转矩方向为泵的正转方向，所以转矩 M 为正（即"$+M$"），又因此时轴功率 N 和有效功率 $N_{效}$ 均为"+"，即

$$N=\frac{\pi}{30}\ (+M)\ (+n)\ >0$$

$$N_{效}=\gamma\ (+Q)\ (+H)\ >0$$

这说明动力机将功率（或能量）传给水泵而使水通过叶轮后功率（或能量）增加，如图 2-32 (a)。

Ⅴ区：倒转水泵工况区，位于第四象限，此时动力机作用在泵轴上的转矩与正转速方向相反，所以 M 为负，由此可得

$$N=\frac{\pi}{30}\ (-M)\ (-n)\ >0$$

$$N_{效}=\gamma\ (+Q)\ (+H)\ >0$$

即 N 和 $N_{效}$ 均为"+"值，和Ⅰ区泵工况相同，但此时转速为"$-$"，所以为倒转水泵工况，如图 2-32 (e)。

Ⅲ区：水轮机工况，位于第三象限，此时动力机转矩方向与泵正转方向相同，所以为"$+M$"，故其轴功率和有效功率分别为

$$N=\frac{\pi}{30}\ (+M)\ (-n)\ <0$$

$$N_{效}=\gamma\ (-Q)\ (+H)\ <0$$

这说明泵将功率传给动力机，水通过叶轮后能量减小，泵像水轮机一样运行，如图 2-32 (c)。

Ⅶ区：反转水轮机工况，位于第一象限，此时转矩为"$-M$"，故

$$N=\frac{\pi}{30}\ (-M)\ (+n)\ <0$$

$$N_{效}=\gamma\ (+Q)\ (-H)\ <0$$

即 N 和 $N_{效}$ 均为"$-$"，和工况区Ⅲ相同，但相对于水轮机其转动方向为反转，如图 2-32(g)。

Ⅱ、Ⅳ、Ⅵ、Ⅷ区：制动耗能工况，所谓制动耗能是指轴功率为正（$N>0$），即能量

是由动力机传给水泵，水通过泵后能量减小（$N_效<0$），也就是说加在泵轴上的功率，消耗在过泵水流的摩阻上。叶轮像制动器一样，消耗加在泵轴上的能量。

对Ⅱ区：$N=\dfrac{\pi}{30}（+M）（+n）>0$，$N_效=\gamma（-Q）（+H）<0$；

对Ⅳ区：$N=\dfrac{\pi}{30}（-M）（-n）>0$，$N_效=\gamma（-Q）（+H）<0$；

对Ⅵ区：$N=\dfrac{\pi}{30}（-M）（-n）>0$，$N_效=\gamma（+Q）（-H）<0$；

对Ⅷ区：$N=\dfrac{\pi}{30}（+M）（+n）>0$，$N_效=\gamma（+Q）（-H）<0$。

可见上述四区均属制动耗能工况，如图 2-32（b）、（d）、（f）、（h）。

全特性曲线的简化：上述全特性曲线形式比较复杂，应用不便，下面用泵的相似特性将全特性曲线中的两族等 h 和等 m 曲线转换成两条曲线。

根据泵的相似律公式（2-84）有

$$\frac{\alpha}{\nu}=\text{Const}.,\quad \frac{\alpha}{\sqrt{h}}=\text{Const}.,\quad \frac{\nu}{\sqrt{h}}=\text{Const}.,\quad \frac{m}{h}=\text{Const}.\qquad(2\text{-}133)$$

如将泵全特性曲线的四个象限每隔一定角度（例如 $\Delta\theta=5°$）进行等分，则每隔 5° 对应夹角为 θ 的分角射线上各点（图 2-33 的 OA 射线）均为

$$\tan\theta=\frac{\alpha}{\nu}=\text{Const}.\qquad(2\text{-}134)$$

即每条射线上各点的 α/ν 值相等，即均为相似工况点，所以该线上各点相应的 $\alpha/\sqrt{h}$、$\nu/\sqrt{h}$ 和 m/h 值均分别相等，θ 变为另一值时将分别变为另一组常数值。这样，给出不同的

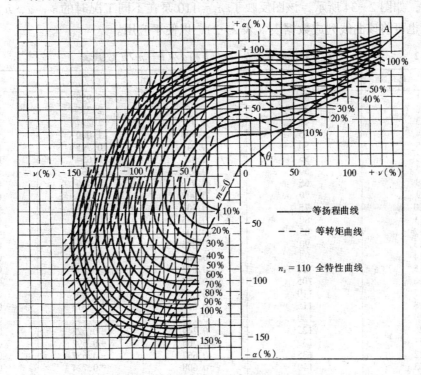

图 2-33　泵全特性曲线（$n_s=110$）

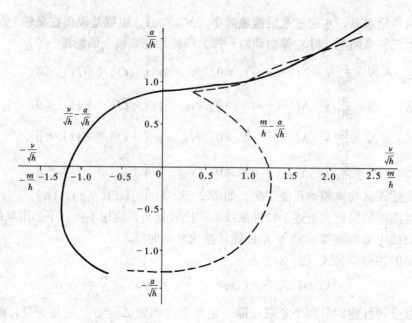

图 2‑34　泵 $\nu/\sqrt{h}-\alpha/\sqrt{h}$ 和 $m/h-\alpha/\sqrt{h}$ 曲线

（$n_s=110$）

θ 值（一般每隔 5° 从 $\theta=0$ 至 $\theta=270°$ 即可）就能求出一系列 $\alpha/\sqrt{h}$、$\nu/\sqrt{h}$ 和 m/h 值，如此 $\nu/\sqrt{h}$ 和 m/h 为横坐标，以 $\alpha/\sqrt{h}$ 为纵坐标，可分别绘出 $\nu/\sqrt{h}-\alpha/\sqrt{h}$ 和 $m/h-\alpha/\sqrt{h}$ 两条曲线，如图 2‑34 所示，该图反映了 $n_s=110$ 泵在不同工况时的 ν，α，h 和 m 之间的关系。也可将该曲线列成数据表（表 2‑2），以便于应用。

表 2‑2　　　　　　　　　　$n_s=110$ 泵 $\alpha/\sqrt{h}-\nu/\sqrt{h}$ 和 $\alpha/\sqrt{h}-m/h$ 数据表

序　号	角度 θ（°）	$\alpha/\sqrt{h}$	$\nu/\sqrt{h}$	m/h
1	30	2.214	3.953	5.625
2	35	1.662	2.375	2.773
3	40	1.071	1.277	1.114
4	45	1.000	1.000	1.000
5	50	0.947	0.795	0.797
6	55	0.933	0.654	0.708
7	60	0.932	0.538	0.647
8	65	0.916	0.426	0.574
9	70	0.907	0.331	0.499
10	75	0.906	0.242	0.464
11	80	0.905	0.162	0.425
12	85	0.904	0.076	0.403
13	90	0.896	0.000	0.388
14	95	0.887	−0.083	0.384
15	100	0.873	−0.159	0.394
16	105	0.855	−0.231	0.401
17	110	0.831	−0.301	0.432
18	115	0.806	−0.375	0.453
19	120	0.779	−0.450	0.490
20	125	0.744	−0.523	0.549
21	130	0.705	−0.592	0.605
22	135	0.657	−0.657	0.668
23	140	0.608	−0.724	0.758
24	145	0.551	−0.787	0.816
25	150	0.489	−0.847	0.907

序　号	角度 θ（°）	$a/\sqrt{h}$	$v/\sqrt{h}$	m/h
26	155	0.420	−0.902	0.983
27	160	0.346	−0.951	1.025
28	165	0.270	−1.006	1.115
29	170	0.183	−1.041	1.204
30	175	0.094	−1.083	1.235
31	180	0	−1.123	1.246
32	185	−0.100	−1.155	1.267
33	190	−0.209	−1.186	1.308
34	195	−0.325	−1.211	1.266
35	200	−0.450	−1.235	1.252
36	205	−0.575	−1.233	1.163
37	210	−0.703	−1.219	1.085
38	215	−0.831	−1.188	1.000
39	220	−0.946	−1.129	0.844
40	225	−1.053	−1.053	0.645
41	230	−1.136	−0.953	0.508
42	235	−1.197	−0.839	0.310
43	240	−1.231	−0.711	0.117
44	245	−1.251	−0.583	−0.076
45	250	−1.218	−0.444	−0.254

第三章 泵的运行特性和调节

在实际应用中，泵和动力机、传动设备、管路（包括管路附件如闸阀等）组成一个整体，称为抽水装置。如果再把进水池和出水池（或水塔）考虑在内，则形成一个抽水系统。在抽水系统中，泵的运转状态、效能发挥如何，其流量、扬程能否满足实际供水需要，怎样进行水量的调节，泵、管、池相互关系及影响如何，这些问题的解决不仅取决于泵本身的工作特性，而且也和其管路特性，进、出水池水位有关。本章主要论述在不同形式的抽水系统中，怎样确定泵的运行工作参数，管路特性和水池水位变化对泵工作状况的影响，以及泵工作状况的调节方法等。

第一节 单泵运行工作点的确定

一、水池水位不变情况

由前知，当泵转速 n 不变时，泵的流量 Q 随扬程 H 的减小而增大，呈下降曲线。Q-H 曲线上的每一点都对应泵的一个工作状态，相应有一组工作参数（Q、H、N、η、$NPSH$ 等），曲线上还有一个高效区范围。对一台已知泵并在转速一定时，其基本特性曲线是不变的，即与管路和池水位变化等外界条件无关。当池水位不变时，在抽水系统中，泵的运行工况如何，泵能否在高效区运行均与管路有着直接的关系。为此必需对管路系统作一分析。

（一）管路特性（图 3-1）

把单位重量（例如 1 牛顿）的水从下水面通过总长为 L、直径为 D 的管路输送到上水面所需要的能量，即需要扬程 $H_需$ 为

$$H_需 = \frac{p'' - p'}{\gamma} + H_净 + h_损 \tag{3-1}$$

$$h_损 = h_沿 + h_局 = f\frac{L}{D}\frac{v^2}{2g} + \Sigma\xi\frac{v^2}{2g} = \left(f\frac{L}{D} + \Sigma\xi\right)\frac{Q^2}{2gA^2} = KQ^2 \tag{3-2}$$

式中　p'、p''——分别是下水面和上水面的压力，一般为大气压 p_a 即 $p' = p'' = p_a$；

　　　$H_净$——净扬程（实际扬程），即上、下水面间的垂直高度（m）；

　　　$h_损$——通过管路液体单位液重的水力损失水头；

　　$h_沿$、$h_局$——分别为管路沿程和局部损失水头（m）；

　　　A——管路截面面积（m^2）；

　　f，$\Sigma\xi$——分别为管路摩阻系数和各种局部阻力系数之和；

　　　K——管路特性系数，对一已知管路系统为一常数。

因为　　　　　　　　　　　$K = \left(f\frac{L}{D} + \Sigma\xi\right)\frac{1}{2gA^2} \tag{3-3}$

所以公式（3-1）可写成

$$H_需 = H_净 + h_损 = H_净 + KQ^2 \qquad (3-4)$$

因假定上、下水位不变即 $H_净 = \mathrm{Const.}$，所以曲线 $Q\text{-}H_需$（图 3-1）是在纵坐标为 $H_净$ 的一条水平线叠加上对应流量 Q 时的管路损失水头 $h_损$（它与 Q 的平方成比例，为一抛物线）。显然，需要扬程 $H_需$ 随通过管中的流量 Q 的增大而增大，它是一条上升曲线，该曲线称管路特性曲线，即在 $H_净 = \mathrm{Const.}$ 的水平线上，对应加上管路阻力曲线 $Q\text{-}h_损$。

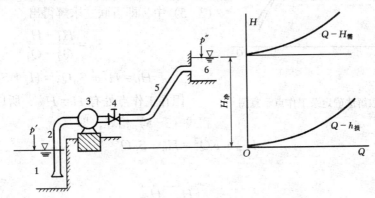

图 3-1 抽水系统及 $Q\text{-}H_需$ 曲线

1—进水池；2—进水管；3—泵；4—闸阀；5—出水管；6—出水池

（二）抽水系统中泵工作点的确定

（1）图解法：由前知，泵的 $Q\text{-}H$ 曲线为一下降曲线，对一台泵，其形状不变；管路特性曲线为一上升曲线，它说明，当 $H_净$ 不变时，通过管中的流量越大，扬水所需要的能量也越大，它和水泵无关。但在同一抽水系统中，这一所需扬程要靠水泵提供，如果把这两条曲线以同一比例画在一张坐标纸上，必然有一交点，如图 3-2 上的 A 点，这一交点称为该抽水系统的泵的工作点，与这一交点对应的 Q_A 就是在净扬程为 $H_净$ 时给出的流量。它说明，当出水量为 Q_A 时，水泵提供的扬程（能量）和扬水所需要的扬程（能量）恰好相等，抽水装置处于稳定地运行工作状态。可见泵的工作点实质上就是抽水系统供需能量的平衡点。

这种图解方法，可直观定量地得出该抽水系统泵给出的流量是多少；还可从泵的 $Q\text{-}N$、$Q\text{-}\eta$ 曲线查出此流量对应的轴功率和效率（图 3-2），核验机组是否超载，是否在泵的高效区运行，以判断所选用的水泵是否经济合理等。

（2）数解法：为了免去作图绘制曲线的麻烦，泵的工作点也可由泵的特性方程式和管路特性方程式（3-4）联立求解而得。

泵特性方程，对离心泵，在其 $Q\text{-}H$ 曲线高效运行区段内，可用抛物线近似拟合（图 3-3），即

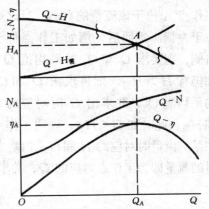

图 3-2 图解法确定泵的工作点示意图

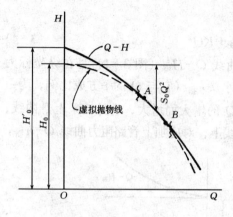

图 3-3 数解法确定泵工作点示意图

$$H = H_0 - S_0 Q^2 \qquad (3-5)$$

式中 H_0——虚拟抛物线 $Q=0$ 时的纵坐标;

S_0——相应虚拟抛物线情况下泵内能量损失系数。

而 H_0 和 S_0 值可在高效区段内任选两点 A（H_1，Q_1）和 B（H_2，Q_2），分别将其坐标值代入式（3-5）中，即可联立求解得出

$$S_0 = \frac{H_1 - H_2}{Q_2^2 - Q_1^2} \qquad (3-6)$$

$$H_0 = H_1 + S_0 Q_1^2 = H_2 + S_0 Q_2^2 \qquad (3-7)$$

因在工作点处有 $H = H_需$，所以令式（3-4）和式（3-5）相等，即

$$H_净 + KQ^2 = H_0 - S_0 Q^2 \qquad (3-8)$$

由此可得

$$Q = \sqrt{\frac{H_0 - H_净}{S_0 + K}} \qquad (3-9)$$

将 Q 代入式（3-4）或式（3-5）即可求出扬程 H。

（3）电算法：数解法虽然计算简便，但因泵的特性曲线采用抛物线拟合带有一定的近似性。电算法求解准确而迅速，特别是对多种抽水系统进行工作点的优选时，求解更为方便。现对其电算原理说明如下。

如图 3-4 所示，根据泵 Q-H 曲线高效区两端点的流量 Q_1 和 Q_2 先求出其平均值，$Q = (Q_1 + Q_2)/2$；再求出此 Q 时水泵扬程 H（方法见后）和需要扬程 $H_需$〔利用式（3-4）〕，然后进行比较，如果 $H > H_需$，说明工作点 A 位于该流量的右侧，反之则位于左侧。判明后，例如工作点位于右侧，则要求 Q 和 Q_2 的平均值 Q'，如仍有 $H > H_需$，则再求出 Q' 和 Q_2 的平均值 Q''，并求出 Q'' 时对应的 H

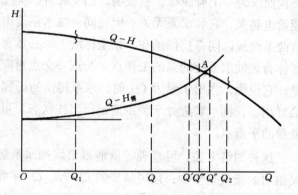

图 3-4 求解泵工作点电算法原理图

和 $H_需$，此时如 $H < H_需$，说明工作点位于 Q'' 左侧，再求出 Q'' 和 Q' 的平均值 Q'''，直至在某一流量时对应的 H 和 $H_需$ 相差小于某一规定值，例如 $|H - H_需| < 0.001\text{m}$ 为止，此时的流量即为工作点对应的 Q，并求出其对应的轴功率 N 值，从而求出此时泵的效率为

$$\eta = \frac{\gamma QH}{1000N} \times 100\%$$

但如何求出已知流量 Q 时的扬程 H 和轴功率 N，说明如下。

首先将泵的 Q-H、Q-N 两条曲线对应的 Q 横坐标根据一定的间距 ΔQ 进行等分（间距大小视要求精度而定），查出各等分点所对应的 H 和 N 值并以数组型式分别输入计算机中。如果所取等分点足够近，则可把两等分点之间的曲线段视为直线段，如图 3-5 所示。这样整个曲线 Q-H 和 Q-N 就为一些折线所取代。各直线段的方程分别为

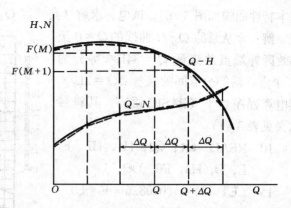

$$\left.\begin{array}{l} H = a_1 + a_2 Q \\ N = a_3 + a_4 Q \end{array}\right\} \qquad (3\text{-}10)$$

图 3-5 直线段代替曲线段示意图

式中 a_1、a_3 和 a_2、a_4——分别是直线段的截距和斜率。

设从 $Q=0$ 开始把横坐标 Q 分为 J 个等分点，设 M 为各等分点的序号（M 从 1 到 J）。每个序号 M 所对应的 H 和 N 值分别从数组形式 $X(M)$ 和 $Y(M)$ 存贮于计算机中。

根据上述，当求出 $Q\left(=\dfrac{Q_1 + Q_2}{2}\right)$ 时，要定出此 Q 值处于那一个直线段内，为此要找出对应此 Q 的直线段起点的序号 M，此 M 值可用下式求出

$$M = \frac{Q}{\Delta Q} + 1 \qquad (3\text{-}11)$$

求出 M 值后并取整数即得。例如设流量的等分间距为 $\Delta Q = 2\text{L/s}$，当 $Q = 32.2\text{L/s}$ 时，则

$$M = \frac{32.2}{2} + 1 = 17.1，\text{取整后 } M = 17$$

即此流量位于第 17 和第 18（即 $M+1$）两序号点内。而 M 和 $M+1$ 序号对应的扬程 H 和功率 N 等值可从已存入计算机中的扬程数组 $X(M)$ 和功率数组 $Y(M)$ 中取出（此例中 $M=17$ 和 $M+1=18$），再代入下式

对 M 点有：$X(M) = a_1 + a_2 Q$

对 $M+1$ 点有：$X(M+1) = a_1 + a_2 (Q + \Delta Q)$

联立以上两式求解，即可求出此直线段的 a_1 和 a_2 值（图 3-5）：

$$a_1 = X(M) \times M - X(M+1)(M-1)$$

$$a_2 = [X(M+1) - X(M)] / \Delta Q$$

求出 a_1、a_2 值后即可求出此直线段中的 Q 值所对应的 H 值，即

$$H = a_1 + a_2 Q$$

同理可求出 a_3、a_4，$N = a_3 + a_4 Q$。

【例题】 已知一抽水装置，水泵型号为 4BA-12，管路直径 $D = 0.1\text{m}$，管长 $L = 72\text{m}$，摩阻系数 $f = 0.025$，净扬程 $H_净 = 20\text{m}$，求泵的工作点，并使其位于高效区（该泵

基本特性曲线如图 3-6），试电算求解（高效区 $Q_1 = 18L/s$，$Q_2 = 33.3L/s$）。

解： 今从泵的 Q-H 曲线的 $Q = 0$ 至高效区外端点的流量 $Q = 34L/s$ 等分为 18 个点，两等分点间的流量 $\Delta Q = 2L/s$、其电算程序如下（BASIC 语言，其符号意义见表 3-1）。

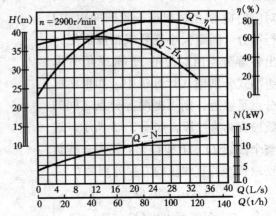

图 3-6　4BA-12 泵基本特性曲线

```
 10   READ  Q1, Q2, H1, H2, F, L, D, H3, E0, DQ, J
 15   LET  K = (0.0826 * F * L) / (1000 ↑ 2 * D ↑ 5)
 20   LET  H5 = H3 + K * Q1 * Q1
 25   IF  H5 > H1  THEN160
 30   LET  H5 = H3 + K * Q2 * Q2
 35   IF  H5 < H2  THEN160
 40   DIM  X (J), Y (J)
 45   FOR  M = 1  TO  J
 50   READ  X (M)
 55   NEXT  M
 60   FOR  M = 1  TO  J
 65   READ  Y (M)
 70   NEXT  M
 75   LET  Q = (Q1 + Q2) /2
 80   LET  M = INT (Q/DQ + 1)
 85   LET  A1 = X (M) * M - X (M+1) * (M-1)
 90   LET  A2 = (X (M+1) - X (M)) /DQ
 95   LET  H = A1 + A2 * Q
100   LET  H5 = H3 + K * Q * Q
105   IF  ABS (H5 - H) < 0.01  THEN135
110   IF  H5 > H  THEN125
115   LET  Q1 = Q
120   GOTO  75
125   LET  Q2 = Q
130   GOTO  75
135   LET  A3 = Y (M) * M - Y (M+1) * (M-1)
140   LET  A4 = (Y (M+1) - Y (M)) /DQ
145   LET  N = A3 + A4 * Q
150   LET  E1 = 9.81 * Q * H/1000 * N
```

155 PRINT   "Q="; Q; "H="; H; "N="; N; "E1="; E1

160 PRINT   "OVER HIGH EFF." (超出高效区)

165 END

170 DATA 18, 33.3, 37.7, 28, 0.025, 72, 0.1, 20, 0.78, 2, 18

175 DATA 36.5, 37, 37.4, 37.6, 38, 38.5, 38.5, 38, 37.8, 37.5, 37, 36,
      35, 33.5, 32.3, 30.3, 28, 26

180 DATA   4.4, 5, 5.6, 6.7, 7.0, 7.5, 8, 8.7, 9, 9.5, 10, 10.5, 10.8,
      11.3, 11.6, 12, 12.3, 12.5

计算结果：泵工作点处各工作参数为 $Q = 28.35 \text{L/s}$，$H = 31.95 \text{m}$，$N = 11.67 \text{kW}$；$\eta = E1 = 76.1\%$。

表 3-1   程 序 中 符 号 说 明

序号	程序中符号	文中符号	符号意义说明	序号	程序中符号	文中符号	符号意义说明
1	Q1	Q_1	泵高效区流量低限	11	J	J	流量等分点总数(此处 $J=18$)
2	Q2	Q_2	泵高效区流量高限	12	K	K	管路特性系数,参看公式(3-3)
3	H1	H_1	对应于 Q1 的扬程	13	H5	$H_需$	需要扬程
4	H2	H_2	对应于 Q2 的扬程	14	X(J)		间距为 ΔQ 的扬程数组
5	F	f	管路摩阻系数	15	Y(J)		间距为 ΔQ 的功率数组
6	L	L	管路长度	16	M		等分点的序号
7	D	D	管路直径	17	A1,A2	a_1,a_2	Q-H 曲线段的直线方程常数
8	H3	$H_净$	净扬程	18	A3,A4	a_3,a_4	Q-N 曲线段的直线方程常数
9	E₀	η_{max}	泵的最高效率值	19	N	N	水泵轴功率
10	DQ	ΔQ	流量等分间距(此处 $\Delta Q=2\text{L/s}$)	20	E1	η	水泵效率

二、井泵抽水井水位变化时工作点的确定

井在未抽水前的稳定水位称静水位，静水位至上水面间的垂直高度称静扬程 $H_静$。抽水后井中水位随抽水量的增大而下降。由井的抽水试验可知，井水位的降深 S 和井的涌水量 Q 间的关系为一下降曲线。如图 3-7 所示。由于井水位的降落，则在 Q-H 坐标系统，$H_静$ 不再是一条水平线而为一逐渐上升的曲线，即在 $H_静$ 的水平线上将 Q-S 曲线叠加即得出 Q-$H_净$ 曲线 （图 3-7），这时再将管路特性曲线对应地叠加在 Q-$H_净$ 曲线上，即得出 Q-$H_需$ 曲线。所以在任意流量 Q 时的需要扬程为

$$H_需 = (H_静 + S) + h_损 = H_净 + h_损 \qquad (3-12)$$

式中 $h_损$ 为管路损失水头。对长轴井泵，除地面上一般管路的沿程和局部损失水头外，还包括内装传动轴的泵输水管路损失水头 $h_{输损}$ 和机座出水弯管局部损失水头 $h_{座损}$，其值可根据下列经验公式计算，即：

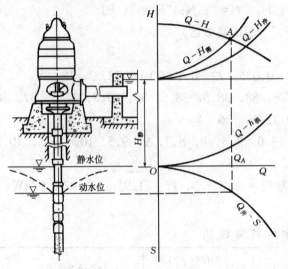

当输水管直径 $D \leqslant 100$mm 时，每 100m 管长损失为

$$h_{输损(l=100)} = 10^9 D^{-5.8} Q^2 (\text{m})$$

$$(3-13)$$

当 $D > 100$mm 时，每 100m 管长损失为

$$h_{输损(l=100)} = 63 \times 10^6 D^{-5.1} Q^2 (\text{m})$$

$$(3-14)$$

机座弯管损失水头为

$$h_{座损} = 7 \times 10^3 D^{-4.1} Q^2 \quad (\text{m})$$

$$(3-15)$$

图 3-7 井水位变动时工作点的确定

如果把井泵的 Q-H 曲线和抽水所需的 Q-$H_需$ 曲线按同一比尺绘在一张坐标纸上，则两条曲线的交点 A 就是所求得的工作点。

三、单泵向多水池供水时工作点的确定

首先研究单泵向两个高水池（或水塔）供水情况（图 3-8），如果 BC 管段较短可不考虑其损失水头。分别以 D 池和 E 池作水平线，绘出管路 CD 段和 CE 段管路特性曲线；以下水面为基线绘出泵的 Q-H 曲线。设 C 点的水头为 H_C，如 $H_C > H_D$，则泵开始向 D 池供水，流量随 H_C 的上升而沿曲线 CD 增大。当 $H_C = H_E$ 时，泵开始向 E 池供水，此时向 D 池供水量为 CD 曲线和以 E 池水面为基准的水平线的交点 F 所对应的流量 Q_F。当 $H_C > H_E$ 时则泵向两池同时供水，这时只要把 CE 曲线从 F 点开始对应叠加在 CD 曲线

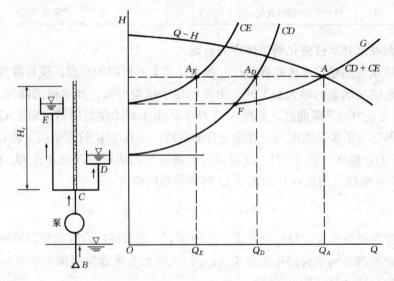

图 3-8 单泵向两池供水工作点的确定

86

上，合成的曲线 FG 和泵 $Q\text{-}H$ 曲线的交点 A 就是这一抽水系统泵的工作点。这时泵的出水量为 Q_A。从 A 点作水平线和曲线 CD、CE 分别交于 A_D、A_E，其对应的 Q_D、Q_E 即为向 D 池和 E 池的供水流量。

如果保持高水池 E 水位不变，C 点水头为 $H_D<H_C<H_E$，则水池 E 也象泵一样和水泵联合向 D 池供水。这时只要将 E 池的管路特性曲线 CE 倒画并将其对应叠加在泵的 $Q\text{-}H$ 曲线上，合成曲线和 D 池管路特性曲线 CD 的交点 A 即为所求的工作点，对应流量为 Q_A，泵和水池 E 向池 D 供给的流量分别是 $Q_泵$ 和 Q_E，如图 3-9 所示。

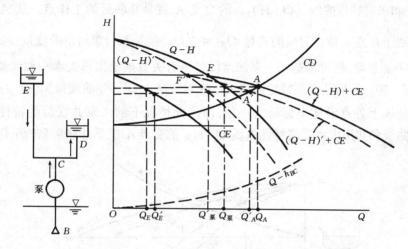

图 3-9　泵、池联合向单池供水工作点的确定

上例中，如果管路 BC 段较长，其水头损失不容忽略，可根据式 $h_{BC}=KQ^2$ 绘出其管路阻力曲线 $Q\text{-}h_{BC}$（其 h_{BC} 为管段 BC 的水头损失）。从水泵 $Q\text{-}H$ 曲线对应地减去 BC 管段的阻力曲线，则得出一条新的泵特性曲线 $(Q\text{-}H)'$，即把 BC 段的管路损失水头包括在水泵之中，好似管路的 B 点和 C 点作为泵的进水口和出水口时的该泵的特性曲线，然后再以此曲线作为泵的特性曲线，求出其相应的工作点即可，如图 3-9 虚线所示。

单泵向多池供水的求解方法可依此类推。

第二节　泵的并联和串联运行

多台泵出水汇入一条共用的出水管中称泵的并联运行。这种运行方式多用在水泵台数较多且输水管路较长的情况，以便节省管路投资和工程量。另外我国北方常以群井开采地下水，供农田灌溉或城镇工业、生活用水。一井一泵从井中吸水后汇入一根（或数根）主干管中再送入农田低压管网或沟渠中，或扬至出水池和水塔，往往是几台或十几台水泵并联运行。

泵的串联运行是指前一台（第一级）泵的出水管接在后一台（第二级）泵的进水管，依次相接，由最后一台泵（末级）将水压送至出水管路。这种装置形式多用在扬程较高而一台泵压力不足，或作为在长距离输水、输油管线上加压之用。

一、水位不变水泵的并联运行

（一）同型号泵并联时工作点的确定

先绘出并联后的水泵特性曲线（图3-10）。若为两台同型号泵，这时只要在同一扬程下将一台泵的 Q-H 曲线的横坐标（即流量）2 倍即可求出，见图3-10的 $(Q$-$H)_{1+2}$ 曲线。

绘制管路特性曲线。如果两泵进水管口至出水汇合点 C 的距离较短（与并联后的出水管长相比），可忽略其损失水头，只要根据共用的出水管有关值绘出管路特性曲线 Q-$H_需$，它和水泵特性曲线 $(Q$-$H)_{1+2}$ 的交点 A 就是并联后的工作点。从 A 引水平线交 Q-H 曲线于 B 点，该点对应的流量 $Q_B(=\frac{1}{2}Q_A)$ 就是每台泵给出的流量。如并联点前的管段较长不能忽略，则可根据任一泵的这段管路有关数据绘出损失水头和流量关系曲线 Q-h_{AC}（图3-10），然后从水泵特性曲线 Q-H 对应减去 Q-h_{AC} 曲线得到 $(Q$-$H)'$ 曲线，再把 $(Q$-$H)'$ 曲线上各点沿横坐标增大一倍，即得此情况下的水泵并联后的特性曲线 $(Q$-$H)'_{1+2}$，该曲线和共用出水管路特性曲线 Q-$H_需$ 的交点 A' 就是并联水泵的工作点。

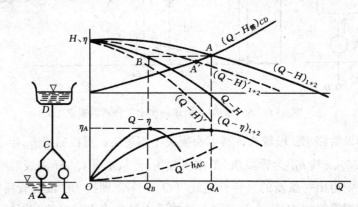

图3-10　同型号水泵并联工作

泵并联后其效率为单泵效率曲线横坐标的叠加，各泵的效率相等（图3-10）。

当多台泵并联时，每台泵的效率可能较高，但在并联系统中仅一台或两台运行，会使其工作点偏离高效区很远，图3-11为同型号四台泵并联情况，其工作点 A 对应的流量为 Q_A，每台泵的流量为 Q_1（$=Q_A/4$），泵效率为 η_{max}。如仅一台泵运行则其工作点为 A'，此时对应的流量 Q'_1 虽然大于 Q_1，但对应效率 η'_1 远低于 η_{max}。同时其轴功率 N'_1 大大高于并联时的单泵轴功率 N_1。这样不仅运行不经济，而且动力机有超载和水泵发生汽蚀的可能，应尽量避免。

（二）不同型号泵并联时工作点的确定

如图3-12所示，设泵Ⅰ和泵Ⅱ的特性曲线分别为 $(Q$-$H)_Ⅰ$ 和 $(Q$-$H)_Ⅱ$，并联后的泵特性曲线 $(Q$-$H)_{Ⅰ+Ⅱ}$ 是从 F 点开始把泵Ⅱ的 $(Q$-$H)_Ⅱ$ 曲线沿横坐标对应地加在泵Ⅰ的 $(Q$-$H)$ 曲线上，它和共用管路特性曲线 Q-$H_需$ 的交点 A 即为所求的工作点，各泵给出的流量分别为 $Q_Ⅰ$ 和 $Q_Ⅱ$。

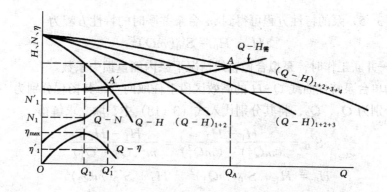

图 3-11 多台泵并联时单泵运行工况分析图

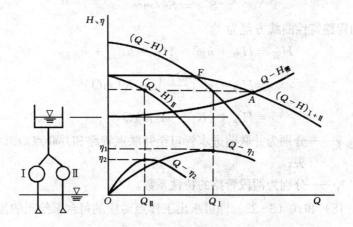

图 3-12 不同型号水泵并联工况分析

不同型号泵并联运行时，并联泵组的平均效率 $\eta_{平均}$ 可根据并联泵的总功率等于各台泵功率之和求得，即：

$$\frac{\gamma H \sum\limits_{m} Q_i}{1000 \eta_{平均}} = \sum\limits_{m} \frac{\gamma Q_i H}{1000 \eta_i}$$

所以

$$\eta_{平均} = \frac{\sum\limits_{m} Q_i}{\sum\limits_{m} Q_i / \eta_i} \tag{3-16}$$

式中　m——并联运行泵的台数；

　　　i——各台泵的序号 $i = 1, 2, 3, \cdots$。

并联泵投入运行时，应先启动高扬程的泵，当在某一流量情况下其扬程等于或小于低扬程泵时再起动低扬程泵，否则将无法并联工作。

（三）并联工作点的数解法

设有 m 台同型号水泵并联，则同一扬程 H 下的总流量为

$$Q_{总} = mQ \tag{3-17}$$

式中　Q——为同一扬程下一台泵的流量。

由前式（3-5）泵的特性方程可得到 m 台泵并联时的特性方程为

$$H = H_0 - S'_0(mQ)^2 \qquad (3-18)$$

式中　S'_0——并联工作时，泵拟合抛物线情况下泵内能量损失系数。

在并联的单台泵特性曲线 Q-H 的高效区段上任取两点，其扬程分别为 H_1、H_2 和其相应的流量分别为 Q_1、Q_2，将其分别代入式（3-18）中，联立求解得

$$S'_0 = \frac{H_1 - H_2}{(mQ_2^2) - (mQ_1^2)} = \frac{H_1 - H_2}{m^2(Q_2^2 - Q_1^2)} \qquad (3-19)$$

$$H_0 = H_1 + S'_0(mQ_1)^2 = H_2 + S'_0(mQ_2)^2 \qquad (3-20)$$

又由式（3-19）和式（3-6）对比中可得

$$S'_0 = S_0/m^2 \qquad (3-21)$$

并联工作的管路特性曲线方程为

$$H_需 = H_净 + h_损 = H_净 + h_{吸损} + h_{压损}$$

$$= H_净 + K_1\left(\frac{Q_总}{m}\right)^2 + K(mQ)^2$$

$$= H_净 + (K_1 + m^2 K)Q^2 \qquad (3-22)$$

式中　$h_{吸损}$、$h_{压损}$——分别为并联前进水管口至并联点管路和并联点后出水管路损失水头；

　　　　K_1、K——分别为两段管路的特性系数。

联立式（3-18）和式（3-22）即可求出工作点对应的每台泵给出的流量 Q、扬程 H 和总流量 mQ。

如有两台不同型号泵 a 和 b 并联工作，则并联后泵的特性方程为

$$H = H_0 - S'_0 Q_总^2 \qquad (3-23)$$

式中　$Q_总$——两台泵流量之和。

在两泵特性曲线高效区内取两个扬程 H_1 和 H_2，当 H_1 时两泵的流量分别为 Q'_1 和 Q''_1，在 H_2 时为 Q'_2 和 Q''_2，将其分别代入式（3-23）中联立求解可得

$$S'_0 = \frac{H_1 - H_2}{(Q'_2 + Q''_2)^2 - (Q'_1 + Q''_1)^2} \qquad (3-24)$$

$$H_0 = H_1 + S'_0(Q'_1 + Q''_1)^2 = H_2 + S'_0(Q'_2 + Q''_2)^2 \qquad (3-25)$$

管路特性方程为

$$H_需 = H_净 + KQ_总^2 \qquad (3-26)$$

对工作点有 $H = H_需$，所以从式（3-23）和式（3-26）即可求出 $Q_总$ 及相应的扬程 H。此时每台泵的流量可按下式求出。

对 a 泵：

$$H = H_{0a} - S_a Q_a$$

对 b 泵：

$$H = H_{0b} - S_b Q_b$$

同时

$$Q_总 = Q_a + Q_b$$

式中 H_{0a}，H_{0b}，S_a，S_b 均可利用两泵高效区内两点已知扬程、流量值分别求出，$Q_总$ 为已知，所以利用上列方程即可求出 Q_a 和 Q_b。

可用类似方法确定 m 台不同型号泵并联时的工作点，兹不赘述。

二、进水池水位不同时并联泵工作点的确定

如图 3‑13 所示，两台同型号泵从不同进水池水面吸水的并联情况，其工作点确定方法如下。

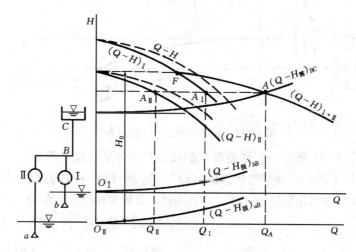

图 3‑13　并联泵从不同水位吸水时工况分析图

先以不同的进水池水位为基线，分别绘出两泵的 Q‑H 曲线。从该曲线分别减去各自的从进水管口至汇合点 B 的管路损失水头 $(Q\text{-}h_损)_{aB}$ 和 $(Q\text{-}h_损)_{bB}$ 得到 $(Q\text{-}H)_I$ 和 $(Q\text{-}H)_{II}$ 曲线。以 II 泵 $Q=0$ 处的水头 H_0 为纵坐标画一水平线与 I 泵 $(Q\text{-}H)_I$ 曲线交于 F 点，从该点将 $(Q\text{-}H)_{II}$ 曲线叠加在 $(Q\text{-}H)_I$ 曲线上，得 $(Q\text{-}H)_{I+II}$ 曲线，然后绘出共用管段 BC 的管路特性曲线 $(Q\text{-}H_需)_{BC}$，它和 $(Q\text{-}H)_{I+II}$ 曲线的交点 A，即为其工作点。从 A 点作水平线和曲线 $(Q\text{-}H)_I$ 及曲线 $(Q\text{-}H)_{II}$ 分别交于 A_I 和 A_{II} 两点，其对应的流量 Q_I、Q_{II} 即为两泵给出的流量。

两不同型号泵并联工作点的确定与此法类似。

图 3‑14 为两台同型号井泵从不同地下水面抽取井水的并联情况，其工作点的确定方法与上述类似。所不同的是井中水位将随抽水量而变，所以图解时，应从各泵的 Q‑H 曲线分别减去水位降曲线 $(Q\text{-}S)_I$ 和 $(Q\text{-}S)_{II}$，再分别减去各自进水管口至汇合点 B 的管路损失得出 $(Q\text{-}H)_I$ 和 $(Q\text{-}H)_{II}$ 然后再按上述方法求得两井泵给出的流量分别为 Q_I 和 Q_{II}。

三、水泵的串联运行

如有两台同型号泵串联，则串联后泵的特性曲线是一台泵 Q‑H 曲线在同一流量时的纵坐标相加即得，它和管路特性曲线 Q‑$H_需$ 的交点 A 即为串联后的工作点，此时给出的

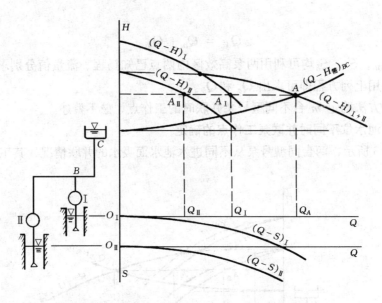

图 3‐14　井泵并联运行工况分析图

流量为 Q_A，如图 3‐15 所示。串联后泵组的效率和单台泵的效率相等。

如两台泵型号不同，则分别绘出泵的 $(Q-H)_I$ 和 $(Q-H)_{II}$ 曲线，在同一流量下将其纵坐标对应叠加，即得串联后的 $(Q-H)_{I+II}$ 曲线。其效率曲线分别为 $Q-\eta_I$ 和 $Q-\eta_{II}$。串联后泵组的平均效率 $\eta_{平均}$ 可由下法求出

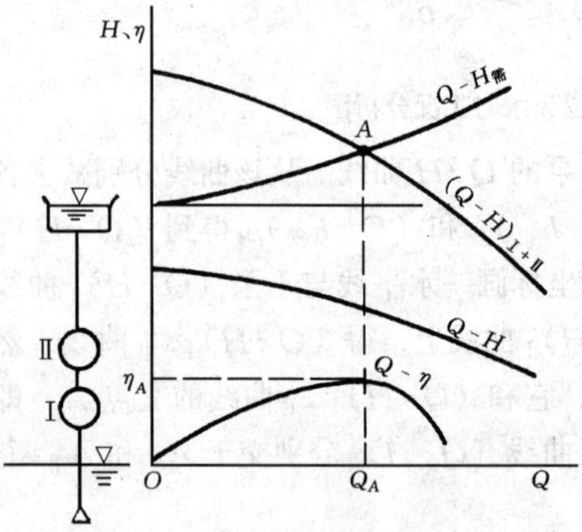

$$\frac{\gamma Q(H_I + H_{II})}{1000\eta_{平均}} = \frac{\gamma Q H_I}{1000\eta_I} + \frac{\gamma Q H_{II}}{1000\eta_{II}}$$

所以　　$$\eta_{平均} = \frac{H_I + H_{II}}{\dfrac{H_I}{\eta_I} + \dfrac{H_{II}}{\eta_{II}}} \qquad (3-27)$$

在实际应用中应注意，因为泵壳及其部件是按一定受压强度而设计的，如果串联台数过多，后级泵的材质强度可能不足而会导致部件的损坏。所以采用串联装置型式必需进行泵的强度验算。另外采用不同型号泵串联时，由于各泵通过的流量相同，所以各泵的额定流量应相近。

图 3‐15　泵串联时工况分析图

第三节　泵的不稳定运行

泵的不稳定运行是指因一些偶然因素，如水位、流量、转速等微量变化或因振动等而发生工作点的漂移，导致泵的流量忽大忽小的一种波动现象。它对泵的运行是极为不利的。

不稳定工况多发生在泵的 Q-H 曲线有驼峰的流量上升段或轴流泵 Q-H 曲线马鞍形区段。对于一般陡降、缓降型 Q-H 曲线，一般不会出现这种异常情况。如图 3-16，A 为其工作点，当流量微量增大时，$H_需 > H$，即泵提供的扬程小于需要的，则泵中水流流速（即流量）必然减小而恢复到原来的工作点 A；如流量减小，这时 $H > H_需$，水流必然加速，使流量 Q 增大，即恢复到原来的工作点，所以 A 点是稳的。

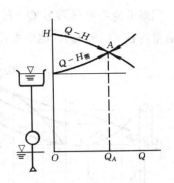

图 3-16 稳定运行工作点示意图

图 3-17 为有上升段和马鞍形 Q-H 曲线。如果工作点为 A_0，则该点是不稳定的，因流量 Q 的微量增大，工作点就移至 A_1；流量微量减小，工作点移至 A_2 而使泵停止出水 [图 3-17 (a)]，或流量从 Q_A 降为 Q_{A2} [图 3-17 (b)]。

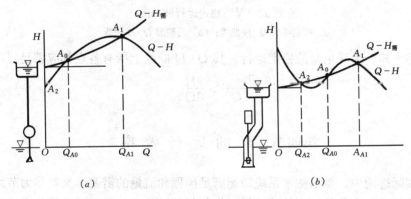

图 3-17 不稳定运行工作点示意图
(a) 有驼峰的 Q-H 曲线；(b) 马鞍形 Q-H 曲线

从上述分析，泵工况点是否稳定的判别式为

$$当 \frac{\partial H_需}{\partial Q} > \frac{\partial H}{\partial Q} \text{ 时,} \quad 稳定$$

$$当 \frac{\partial H_需}{\partial Q} < \frac{\partial H}{\partial Q} \text{ 时,} \quad 不稳定$$

对图 3-18 所示的装置系统，如所需流量 Q_1 的工作点位于 Q-H 曲线上升段的 A_1 点，则当流量微量增加时，随着流量的增大池中水位向上移动，直至工作点转移到 A_2 点。这时水位如再稍许上升，则流量迅速减小至零，并由于水池水位形成的水头 $H_净$ 大于泵 $Q=0$ 时的扬程 H_0，即 $H_净 > H_0$，所以池中水将倒流向水泵，瞬态工作点由坐标系的第一象限转移到第二象限的 A_3 点，即以上水面为基线的倒流管路特性曲线 R 和泵正转倒流的 $-Q$-H 曲线的交点 A_3，随后池中水位下降，倒泄流量减小，工作点沿 Q-H 曲线右移至 A_0 点（即 $Q=0$）。此时如水位稍许下降，则泵的工作点从 A_0 移至 A_4 点，由于有 $Q_{A4} > Q_{A1}$ 水位上升，工作点又移向 A_2 点，如此循环，流量将往返振荡于 $-Q_{A3}$ 至 Q_{A4} 之间，水池水位则在 ∇B 至 ∇H 范围内上下波动而形成不稳定的工作状态。

同理可说明带马鞍形 Q-H 曲线的轴流泵不稳定运行工况。如图 3-18（b）所示，其流量将在 Q_3 至 Q_4，池中水位在 ∇B 至 ∇H 之间波动。

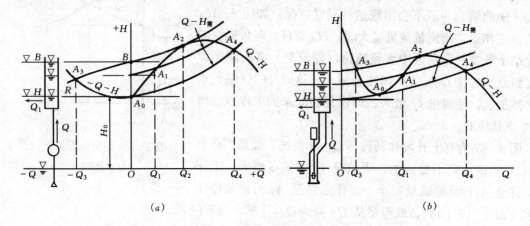

图 3-18　泵不稳定运行波动图

(a) 有驼峰的 Q-H 曲线；(b) 马鞍形 Q-H 曲线

由上所述可知，为满足泵的稳定运行，其 Q-H 曲线上所有各点都应满足以下条件：

$$\frac{\partial H_需}{\partial Q} > \frac{\partial H}{\partial Q} \tag{3-28}$$

第四节　泵 的 运 行 效 率

在泵的实际选用中，要求抽水系统即能满足扬程和流量的需要，又要尽力节约能源达到经济运行的目的。为此首先应使泵运行工作点落在高效区。但如果其管路系统配置不当水力阻力较大，则其效能仍得不到充分发挥和导致能源的浪费。衡量管路配置是否经济合理可用所谓管路效率 $\eta_管$ 予以判断。

（一）管路效率 $\eta_管$

管路效率指抽水装置的输出功率 $N_出$ 和泵有效功率 $N_效$ 之比的百分数，即

$$\eta_管 = \frac{N_出}{N_效} \times 100\% = \frac{\gamma(Q - \Delta q)H_净}{\gamma QH} \times 100\% \tag{3-29}$$

式中　Δq——管路漏损流量，一般可忽略不计。

管路漏损流量忽略不计时，则

$$\eta_管 = \frac{H_净}{H} \times 100\% = \left(\frac{H - h_损}{H}\right)100\% = \left(1 - \frac{h_损}{H}\right)100\% \tag{3-30}$$

当 $H_净$ 不变时，管路效率 $\eta_管$ 随管路损失水头 $h_损$ 的减小而增大。如图 3-19 所示，不同管路配置情况的管路特性曲线 Q-$H_需$（分别用曲线 R_0、R_1、R_2、…代替）与某泵特性曲线 Q-H 得到的一系列工作点。可以看出，水力损失水头 $h_损$ 越小的管路系统，其管路效率越高。当 $h_损 \to 0$，即管路特性曲线为 R_0 时，$\eta_管 = 100\%$，效率最高，随着管路特性曲线的变陡，$h_损$ 增大，管路效率逐渐减小。当曲线为 R_n 时，$\eta_管 = \frac{H_净}{H_0} \times 100\%$（式

中 H_0 为 $Q=0$ 时泵的扬程）其值最小。所以在泵选配输水管路时，应尽可能地提高其管路效率。

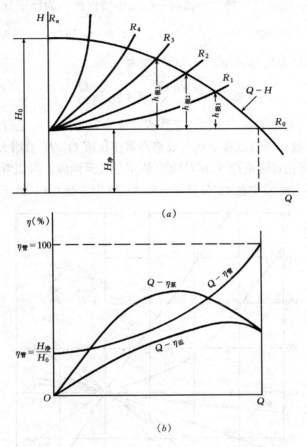

图 3-19　管路效率和运行效率
(a) 不同管路系统泵工作点的变化；(b) $\eta_泵$，$\eta_管$，$\eta_运$ 与流量的关系曲线

（二）运行效率 $\eta_运$

运行效率是抽水装置的输出功率和泵轴功率之比的百分数，即

$$\eta_运 = \frac{N_出}{N_轴} \times 100\% = \frac{N_出}{N_效} \eta_泵 \times 100\% = \eta_管 \eta_泵 \tag{3-31}$$

即 $\eta_运$ 是水泵效率 $\eta_泵$ 和管路效率 $\eta_管$ 的乘积。它综合反映了泵及其管路系统对输入功率的有效利用率。由前知泵的效率曲线为一有最高点的下弯曲线，而管路效率由式（3-30）知，它随管路损失水头 $h_损$ 或泵的扬程 H 的增大（即流量 Q 的减小）而降低，在 Q-H 坐标系中为一上弯的双曲线型 [图 3-19 (b)]。为运行经济，显然应使 $\eta_泵$ 和 $\eta_管$ 的乘积为最大，即其运行效率为最大。

运行效率的表达式（3-31）可改写成

$$\eta_运 = \eta_管 \eta_泵 = \frac{H_净}{H} \frac{\gamma QH}{1000N} = \frac{\gamma QH_净}{1000N}$$

式中 N 为泵的轴功率，如令 $\gamma H_净/1000 = K$，则

$$\eta_{运} = K\frac{Q}{N} \tag{3-32}$$

即当 $H_净$ 一定时，$\eta_{运}$ 随流量的增大和轴功率的减小而提高。为便于分析将上式用相对值表示，即令 $Q' = \dfrac{Q}{Q_R} \times 100\%$，$N' = \dfrac{N}{N_R} \times 100\%$（式中 Q_R 和 N_R 分别为泵额定工况即泵效率最高点的流量和轴功率）。这样式（3-32）变为

$$\eta_{运} = K\frac{Q_R}{N_R}\frac{Q'}{N'} = (\eta_{运})_R\frac{Q'}{N'} \tag{3-33}$$

显然上式中的 $(\eta_{运})_R$ 是在 $H_净$ 一定时，工作点位于泵额定点时的运行效率值，对一台已知泵来说该值为一常数。所以欲提高运行效率必需使比值 Q'/N' 值增大。图 3-20 示出了不同比转速 n_s 时水泵相对流量 Q' 和相对轴功率 N' 的关系曲线。可以看出，在水泵额定点（100%）点以右，所有曲线均在45°分界线（图3-20中虚线 $0A$）的下方，在其以左的均

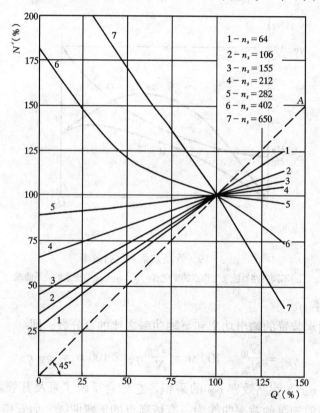

图 3-20 泵相对流量 Q' 和相对轴功率 N' 关系曲线

位于该线的上方。这说明，当泵工作点位于额定点以右时，流量增大的百分数大于功率增加的百分数，特别是对高比转速泵，当 Q' 增大时，N' 反而减小，因此这时有：

$$Q'/N' > 1 \text{ 和 } \eta_{运} > (\eta_{运})_R$$

即位于额定点以右的工作点对应的运行效率大于额定点所对应的运行效率，n_s 越大，运行效率提高越显著。例如，当 $n_s = 282$ 时，由图 3-20 上查得，对应 $Q' = 125\%$ 时，$N = 96\%$，所以其比值 $Q'/N' = 1.25/0.96 = 1.3$，即其运行效率比额定点运行效率提高30%。

相反，当工作点位于额定点以左时，随着 Q' 的减小，各条曲线各对应点均有 $N' >$ Q'，所以

$$Q'/N' < 1; \eta_运 < (\eta_运)_R$$

即其运行效率小于额定的，Q' 越小，$\eta_运$ 降低越甚，因此应尽力避免水泵工作点偏离额定点以左过远。

如果泵在额定点以左或额定点运行且运行效率偏低，可设法减少管路水力损失使管路特性曲线变缓将工作点右移以提高管路效率。采取适当增大管径，缩短管长，取消底阀，减小局部阻力等措施以提高其运行效率，这对比转速 n_s 较高的水泵效果尤为显著。

第五节　水泵运行工作点的调节

泵在实际运用中，为满足用水要求和经济运行的目的，往往需要改变流量、扬程而使其工作点发生变化。采用变更泵的 Q-H 曲线和管路特性曲线的方法改变工作点的位置的措施，称为泵的工作点调节，简称泵的调节。调节方法较多，现就常用的几种分述如下。

一、节流调节

当出水管路上装有闸阀时，可通过改变其开度以调节泵的工作点。现将节流调节原理说明如下。当闸阀部分开启时，会引起附加的损失水头 h_V，其表达式为

$$h_V = \xi \frac{v^2}{2g} = \frac{\xi}{2gA^2} Q^2 = K_V Q^2 \tag{3-34}$$

式中　ξ——闸阀某一开度时阻力系数；

v、Q、A——分别为过阀流速、流量和过流面积；

K_V——闸阀特性系数，$K_V = \xi/2gA^2$。

上式中 ξ、A 均随闸阀的开度 φ 而变，当开度 φ 一定时，K_V 为一定值；当 φ 为另一开度时，K_V 变为另一定值。这样给出不同的流量 Q，根据式（3-34）就可绘出一组不同开度的闸阀阻力特性曲线，如图 3-21 所示。可以看出，随着 φ 的减小曲线也变得越来越陡。如果把关阀而引起的此项局部阻力也计入整个管路损失水头中，则管路特性曲线也随闸阀开度的减小而变陡。水泵工作点将从 A_0 逐渐向左移动，这样即可达到流量调节的目的。

设闸阀全开 φ_0 时的水泵工作点为 A_0，如图 3-22 所示。此时管路损失水头为 $(h_损)_0$ $= K_0 Q_0^2$（无关阀附加损失水头），当闸阀关至某一开度 φ 时，水泵工作点为 A，流量为 Q，总损失水头为 $h_损 = KQ^2$，其中原有管路损失水头为 $K_0 Q^2$，而由于关阀引起的附加损失水头为

$$h_V = (K - K_0)Q^2 \tag{3-35}$$

此项附加损失大小可用闸阀效率 η_V 表示，即

$$\eta_V = \frac{H_V}{H} \times 100\% = \frac{H - h_V}{H} \times 100\% \tag{3-36}$$

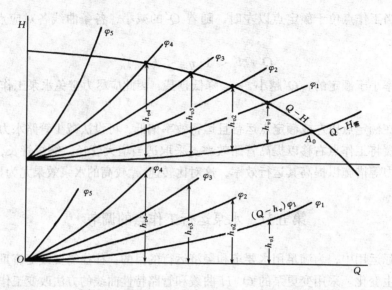

图 3‑21 闸阀阻力特性曲线和节流调节原理图

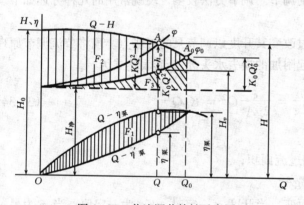

图 3‑22 节流调节特性示意图

如果此时水泵效率为 $\eta_泵$，则由此附加损失使 Q 处的水泵效率相当于由 $\eta_泵$ 降为 $\eta'_泵$，即

$$\eta'_泵 = \eta_泵 \eta_V = \frac{H_V}{H} \eta_泵$$

$$(3\text{-}37)$$

图 3‑22 所示面积 F_1 即为泵在不同工作点时由于闸阀节流而使水泵效率下降的部分。面积 F_2 反映了由于闸阀从全开到全闭整个过程的功率损失。如假定泵的 Q‑H 曲线近似顶点为 $H = H_0$、$Q = 0$ 的抛物线，则曲线方程式可写成 $H = H_0 - BQ^2$（其中 B 为抛物线常数，对一定的特性曲线其值不变），于是面积 F_2 可用下式求出

$$F_2 = \int_0^{Q_0} [H - (H_净 + K_0 Q^2)]dQ$$

$$= \int_0^{Q_0} [(H_0 - BQ^2) - (H_净 + K_0 Q^2)]dQ$$

$$= \int_0^{Q_0} (H_0 - H_净)dQ - \int_0^{Q_0} (B + K_0)Q^2 dQ$$

$$= (H_0 - H_净)Q_0 - \frac{1}{3}(B + K_0)Q_0^3$$

$$(3\text{-}38)$$

面积 F_3 反映了管路磨损功率，其值为

$$F_3 = \int_0^{Q_0} K_0 Q^2 dQ = \frac{1}{3} K_0 Q_0^3 \qquad (3\text{-}39)$$

通常面积 F_2 比 F_3 大得多，所以由闸阀调节所损耗的功率也较管路损耗功率大得多。对闸阀某一开度，由于节流而损耗的功率为

$$\Delta N_V = \frac{\gamma Q h_V}{1000} \quad (\text{kW}) \qquad (3\text{-}40)$$

这是一种无谓的能源损耗。同时由于闸阀调节使总水头增大，降低了管路效率，致使水泵运行效率 $\eta_{运}$（$= \eta_{泵}\, \eta_{管}$）下降。但这种调节方法简单易行，特别对水泵工作点偏离额定点以右较远时，运行中可能使动力机超载，这时可用闸阀调节使工作点左移。另外，当采用井泵时，如井的涌水量小于水泵流量时，井动水位和出水量会不断下降，这时用闸阀控制减少水泵出水量，可使其与水井涌水量平衡，避免抽降过大使吸水口露出水面，造成被迫停机。所以在井泵出水管上装闸阀可作为临时调节水泵流量用。

二、分流调节

利用出水管上的支管分出部分流量以调节泵的工作点。如图 3-23 所示，在出水管 C 点装一支管 CD，上安有闸阀 V 用以调节支管通过的流量。设闸阀 V 全开时其阻力特性曲线为 $(Q\text{-}h_{损})_{CD}$，CE 段管路特性曲线为 $(Q\text{-}H_{需})_{CE}$，以上水面为基线作水平线交 $(Q\text{-}h_{损})_{CD}$ 曲线于 F 点，从 F 点开始将曲线 $(Q\text{-}H_{需})_{CE}$ 对应叠加在 $(Q\text{-}h_{损})_{CD}$ 曲线上得 $(Q\text{-}H_{需})_{CD+CE}$ 曲线。它和泵 $Q\text{-}H$ 曲线的交点 A_0 即为所求的工作点。从该点作水平线分别和 $(Q\text{-}H_{需})_{CE}$ 和 $(Q\text{-}h_{损})_{CD}$ 曲线相交，交点所对应的流量 Q_0 和 q_0 即为泵实际供给 E 池的流量和由支管分流的流量，如 Q_0 偏小或对应的效率 η_0 偏低，可采用调节支管上闸阀开度的方法将工作点左移。如图 3-23 中曲线 R（虚线）为支管上闸阀开度减小后所得的管路阻力特性曲线。从 F_1 点开始，将管段 CE 的管路特性曲线叠加在曲线 R 上，得组合曲线 R_1（虚线）。从而将工作点由 A_0 移至 A_1，向 E 池供水流量为 Q_1，支管分流为 q_1。如此调节，直至支管上闸阀全闭、分支管流量为零，工作点移至 A_E 点为止，这时输向 E 池的流量达最大值 Q_E。

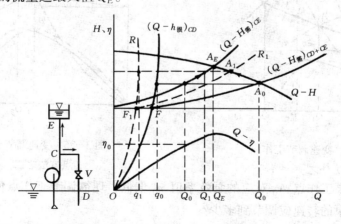

图 3-23 分流调节原理图

这种流量调节方法虽然损耗部分流量，但原管路系统运行稳定，且调节范围较广，在梯级泵站级间水量调配中有所应用。另外，并联泵一台失电后倒泄流量也可用此法求得。

三、变速调节

利用改变水泵转速的方法达到改变泵工作点的目的称变速调节。水泵是根据一定转速设计的，一般不应轻易改变，但有时从运行经济方面考虑，可在一定范围内予以增减。转速改变后，泵的其它工作参数都随之相应改变。在相似工况下，它们的变化量是按前述的比例律公式（2-84）来计算。

现对变速调节原理和方法分三种情况加以说明。

(1) 如果已知泵额定转速 n_0 时的 Q-H 曲线及其对应的工作点 A_0 处的流量 Q_0 偏大，效率 η_0 偏低，需将流量 Q_0 减为 Q_1，现采用变速调节，水泵转速应降至多少。

如图3-24所示，首先在 Q-$H_需$ 曲线上找出对应 Q_1 的 A_1 点，并设满足这一流量的转速为 n_1。然后再根据 A_1 求出与其相对应的在原 Q-H 曲线上的相似工况点 A'_0，最后再利用 A_1 和 A'_0 点对应的流量或扬程根据比例律公式求出 n_1 来。为此先要找出 A'_0 点，因假设 A'_0 点和 A_1 点为相似工况，所以两点应在同一条相似抛物线上，即同时满足式(2-131)。为此可根据 A_1 点对应的已知值 Q_1 和 H_1 求出相似抛物线常数 C ($/H_1 = Q_1^2$)，再根据式 (2-131) 即 $H = CQ^2$ 绘出相似抛物线，该线与原 Q-H 曲线的交点即为 A'_0，其相应的流量和扬程分别为 Q'_0 和 H'_0。然后在 A_1 和 A'_0 两点利用比例律公式 $Q_1/Q'_0 = n_1/n_0$ 或 $H_1/H'_0 = n_1^2/n_0^2$ 即可求出 A_1 点相对应的 n_1 来。而转速为 n_1 的 Q-H 曲线，也可根据原 Q-H 曲线上各点对应值再利用比例律公式点绘出来（图3-24虚线 n_1 所示）。水泵的效率也由原 $\eta_泵$ 增至 $\eta'_泵$。

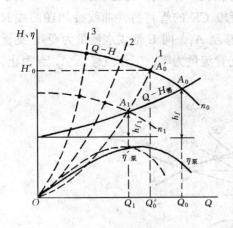

图3-24　变速调节工作
点方法之一

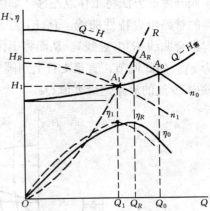

图3-25　变速调节工作
点方法之二

(2) 如果水泵工作点 A_0 对应的泵效率值 η_0 偏低，现欲调节工作点使其在水泵最优工况下运行，问泵的转速应调节到多少？

如图3-25所示，设水泵在原转速 n_0 时额定点为 A_R，其流量、扬程分别为 Q_R、H_R。通过 A_R 作相似抛物线 OR，该线和 Q-$H_需$ 的交点 A_1，对应的流量和扬程为 Q_1 和

H_1。这样根据 A_R 和 A_1 两点的流量或扬程及转速 n_0，利用比例律公式即可求出对应于 A_1 点的转速 n_1 值。A_1 点就是转速为 n_1 时泵的最优工作点，其流量为 Q_1，水泵效率为最高（图 3-25 中的 η_1），而抛物线 OR 称之为最优相似工况抛物线。

（3）对抽取地下水的井泵，如果井泵原静扬程为 $H_{静}$，对应的工作点为 A_0，此时泵效率 η_0 为最高，现井泵静扬程降为 $H'_{静}$，欲使井泵仍在高效率工况下运行，求井泵的流量 Q_1、扬程 H_1 和转速 n_1。这一问题仍可用图解法求得，如图 3-26 所示。先绘出通过 A_0 点的相似抛物线 R，该线和以 $H'_{静}$ 为基线的 $Q-H_{需}$ 曲线交于 A_1 点，该点对应的 Q_1 和 H_1 即为所求。然后根据比例律公式求出对应 A_1 点的转速 n_1。

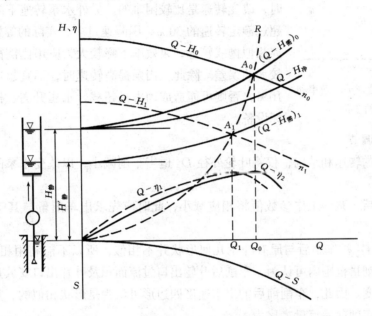

图 3-26　井泵静扬程改变时工作点的确定

除此也可用数解法求出 A_1 点的有关值。对以 $H'_{静}$ 为基线的管路特性曲线方程式为

$$H_{需} = H'_{静} + (K_S + K_f)Q^2 \tag{3-41}$$

式中　K_S——井水位降深曲线 $Q-S$ 的特性系数，此处设该曲线为抛物线，即井水位降深 $S = K_S Q^2$；

　　K_f——管路阻力方程特性系数，此时管路损失水头 $h_{损} = K_f Q^2$。

通过 A_1 点的相似抛物线方程式为 $H = CQ^2$，其中 C 值可根据 A_0 点的已知 Q_0 和 H_0 值求出，即 $C = H_0/Q_0^2$。对 A_1 点有 $H_{需} = H$，所以可得

$$H'_{静} + (K_S + K_f)Q^2 = CQ^2 \tag{3-42}$$

$$Q = \sqrt{\frac{H_{静}}{C - K_S - K_f}} \tag{3-43}$$

$$H = \frac{H'_{静}}{1 - \frac{(K_S + K_f)}{C}} \tag{3-44}$$

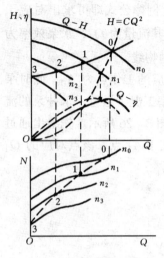

图 3-27 变速调节时效率和功率的变化

由于 C、K_S、K_f 和 $H'_{静}$ 均为已知值，所以代入其中即可求出对应于 A_1 点的 Q 和 H 值。然后再利用比例律公式求出其转速 n_1。

由于转速降低，流量减小，对应的功率也降低。如图 3-27 所示，工作点由 A_0 降至 A_1 点，对应的功率也由 N_0 降至 N_1。因此可考虑更换成较小功率的动力机。对柴油机可降速运行，以免大机小用而降低动力机的效率。

需要指出，当泵的动力机为一般电动机且与泵直接相连时，改变转速是比较困难的。另外水泵转速下降幅度也不宜超过额定转速的 30%，因降速过多，实际的等效率曲线已偏离相似抛线较远，泵效率下降较大，应用比例律公式将引起较大的误差。除此，当泵提高转速时，不宜超过额定转速的 10%，否则可能造成动力机超载，水压升高、机组振动，损坏设备。

四、变径调节

不改变泵的转速和结构，仅将叶轮外径 D_2 适当车削减小，以改变水泵的工作点，称为变径调节。

叶轮车小后，泵的工作参数值将相应减小，此时应先求出车削量与其工作参数间的关系。

叶轮外径 D_2 被车小后与原有叶轮几何形状并不相似，所以不能利用相似特性公式。但在一定的车削量范围内可认为，车削后叶轮出口过流面积及叶片出口安放角和原叶轮者相同，效率不变。因此，车削前后的出水速度四边形可认为是形状相似的，如图 2-28 所示。据此，在车削前后流量之比为

$$\frac{Q}{Q_a} = \frac{A_2 c_{2r}}{A_{2a} c_{2ra}} = \frac{c_{2r}}{c_{2ra}} = \frac{u_2}{u_{2a}} = \frac{D_2 n}{D_{2a} n} = \frac{D_2}{D_{2a}} \qquad (3-45)$$

式中脚标 a 的参数为车削后叶轮的相应值。上式说明叶轮车削前后的流量之比和叶轮外径之比值的一次方相等。

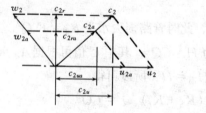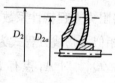

图 3-28 叶轮车削前后速度四边形及尺寸图

叶轮车削前后扬程之比。根据前述公式（2-29）和式（3-45）可写成

$$\frac{H}{H_a} = \frac{u_2 c_{2u}}{u_{2a} c_{2ua}} = \left(\frac{D_2}{D_{2a}}\right)^2 \qquad (3-46)$$

即扬程之比等于外径比值的二次方。

又因泵轴功率 $N = \gamma QH/1000\eta$，于是可得

$$\frac{N}{N_a} = \frac{QH}{Q_aH_a} = \left(\frac{D_2}{D_{2a}}\right)^3 \qquad (3\text{-}47)$$

即功率之比等于外径之比的三次方。

根据式（3-45）～（3-47）可得车削后的流量、扬程和轴功率分别为

$$Q_a = Q\frac{D_{2a}}{D_2} \qquad (3\text{-}48)$$

$$H_a = H\left(\frac{D_{2a}}{D_2}\right)^2 \qquad (3\text{-}49)$$

$$N_a = N\left(\frac{D_{2a}}{D_2}\right)^3 \qquad (3\text{-}50)$$

以上三式总称为"车削公式"，它反映了泵叶轮车削变小后，其工作参数的变化规律。根据国内外的实验和运行经验，叶轮外径车削量应不超过表 3-2 所列数值，否则水泵效率降低较多，运行不够经济。

表 3-2　　　　　　　　　水泵叶轮外径最大允许车削量

叶轮比转速 n_s	60	120	200	300	350	>350
最大允许车削量	20%	15%	11%	9%	7%	0
效率下降值	每车削 10%，下降 1%			每车削 4%，下降 1%		

这种车削叶轮的变径调节方法，既可用以变更泵的工作点又可扩大该型泵的使用范围，且简单易行，在实际中常被采用。

如图 3-29 所示，设泵叶轮外径为 D_2，其工作点 A_0 对应的效率 η_0 偏低。为提高泵效率，采用变径调节，求出当工作点由 A_0 移至流量为 Q_1 的 A_1 点，即流量由 Q_0 减为 Q_1 时，叶轮外径的车削量是多少。为此，首先求出车削抛物线，找出 A'_0 点（其方法和变速调节类似），即由车削公式（3-48）和式（3-49）式中削去 D_2/D_{2a} 得

$$\frac{H}{H_a} = \left(\frac{Q}{Q_a}\right)^2 \quad \text{或} \quad \frac{H}{Q^2} = \frac{H_a}{Q_a^2} = C_D$$

即　　　　　　　　$H = C_DQ^2 \qquad (3\text{-}51)$

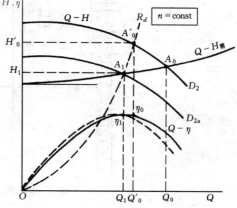

图 3-29　变径调节原理图

式中　C_D——车削抛物线常数，可根据已知点的流量和扬程求得。

式（3-51）为一通过坐标原点的抛物线。因该式是由车削公式变换而得，所以抛物线上各点均满足车削公式。

通过点 A_1 作车削抛物线 R_d，即先根据 A_1 点的 Q_1 和 H_1 求出抛物线常数 C_D（= H_1/Q_1^2），然后利用式（3-51）绘出车削抛物线，它和原叶轮外径为 D_2 时的 Q-H 曲线交于 A'_0 点，其对应流量和扬程分别为 Q'_0 和 H'_0。因 A'_0 点叶轮外径 D_2 为已知，则对 A'_0、A_1 两点可根据式（3-48）或式（3-49）求出对应于 A_1 时的叶轮外径 D_{2a}，于是车削量 ΔD 为

$$\Delta D = D_2 - D_{2a} \tag{3-52}$$

因 A_1 点对应的水泵效率 η_1 高，管路损失水头小，所以管路效率 $\eta_管$ 也高，从而提高了运行效率 $\eta_运$。

五、变压调节

变压调节主要用于立式或卧式多级离心泵，即利用减少叶轮级数的方法，降低水泵扬程提高运行效率，以达经济运行的目的。

现以长轴井泵为例说明变压调节原理和方法。

如果长轴井泵的出水量偏大，工作点位于井泵额定点以右，效率偏低。这时可减少叶轮级数，降低扬程，使工作点左移。如图 3-30 所示，把叶轮级数由 10 级减为 7 级，使工作点由原来的 A_0 点移至 A_1 点，流量由 Q_0 降为 Q_1，提高了水泵效率，降低了管路损失水头，功率也由 75kW 降为 55kW，因而提高了运行效率。

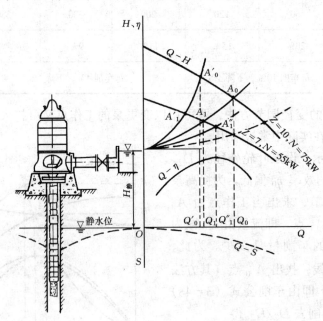

图 3-30 变压调节原理示意图

如果所选井泵额定扬程超过静扬程 $H_静$ 较多，这时因叶轮级数多，输水管路长，使管路特性曲线变陡，工作点落于额定点的左方，流量偏小，效率偏低，如图 3-30 所示的工作点 A'_0。这时可减少叶轮级并相应缩短管长，管路特性曲线变缓，工作点将移至 A''_1 点，流量也由 Q'_0 增至 Q''_1，提高了水泵效率。但如果仅减少叶轮级数而不缩短管长，则泵工作点为 A'_1，这时不仅流量有所减小，水泵效率也下降。虽然由于流量的减少使管路

104

损失水头减少而提高了管路效率，但当工作点 A'_1 偏离水泵额定点较远时，泵效率迅速下降，从而引起运行效率下降。因此采用降压调节时，最好在减少叶轮级数的同时，也要相应减少输水管的长度，才能收到良好的经济效果。

变压调节的另一种方法是从进水口向泵内通入适量的空气，使水的容重变轻，从而降低泵的扬程，这时水的流量、功率和效率均有所下降，工作点发生变化。例如当泵的流量偏大放入空气以降低扬程减小出水量，防止动力机超载；当进水池水面下降时泵吸水高增大，放入适量空气，降低泵进口处的真空度，以防汽蚀；另外在泵停机时，逐渐加大空气放入量，可使泵慢慢停止出水，防止突然停泵水倒流和水锤的发生。

除上述的一些调节方法外，对大中型轴流泵可采用叶轮叶片安放角度的改变来调节其工作点。

第四章　水泵汽蚀和安装高程

前面有关叶片泵性能的阐述，都以进水条件符合水泵吸水性能为前提。吸水性能是确定水泵安装高程和设计进水池的依据。而使水泵在设计规定的任何工作条件下不产生汽蚀，是确定安装高程必须满足的必要条件。水泵安装过低，使泵房土建投资增大，施工条件更加困难；过高则水泵产生汽蚀，引起工作流量、功率、效率的大幅度下降，甚至不能工作。所以，水泵安装高程的确定，是泵站设计中的重要课题。在泵站运行中，水泵装置的故障中很多是因进水条件选择不当引起的。因此，对于叶片泵的吸水性能，必须予以重视。

第一节　水　泵　的　汽　蚀

水泵在运行中，如果泵内液体局部位置的压力降低到水的饱和蒸汽压力（汽化压力）时，水就开始汽化生成大量的汽泡，汽泡随水流向前运动，流入压力较高的部位时，迅速凝结、溃灭。泵内水流中汽泡的生成、溃灭过程涉及许多物理、化学现象，并产生噪音、振动和对过流部件材料的侵蚀作用。这些现象统称为水泵的汽蚀现象。

一、水泵汽蚀的原因

水的饱和蒸汽压力与水温有关，如表 4-1 所示。如果泵内的最低压力高于该温度的饱和蒸汽压力，水就不会在泵内汽化生成汽泡，水泵就不会发生汽蚀。所以，汽蚀是由水的汽化引起的。

表 4-1　　　　　　　　　水在不同温度下的汽化压力

水　温（℃）	0	5	10	20	30	40	50	60	70	80	90	100
汽化压力 $\frac{p_{汽}}{\gamma}$（m）	0.06	0.09	0.12	0.24	0.43	0.75	1.25	2.02	3.17	4.82	7.14	10.33

由于水泵安装过高，在设计工况下运行时，叶片进口背面出现低压区，导致叶片背面发生汽蚀，如图 4-1 所示。

当水泵流量大于设计流量时，叶轮进口相对速度 w_1 的方向偏离设计方向，β_1 增大为 β'_1，叶片前缘正面发生脱流和漩涡，产生负压，可能出现汽化而引起叶片正面发生汽蚀，如图 4-2 所示。

当流量小于设计流量时，叶轮进口水流相对速度向相反方向偏离，β_1 减小为 β''_1，叶片进口背面产生脱流和漩涡，出现低压区，是导致叶片背面汽蚀的原因之一。

泵内水流通过突然变窄的间隙时，流速升高而压力降低，可能发生汽蚀。

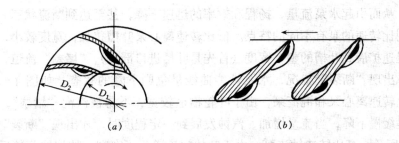

图 4-1　叶片背面的低压汽蚀区
（a）离心泵的叶轮；（b）轴流泵叶片

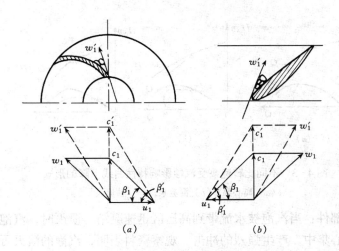

图 4-2　流量大于设计流量时叶片正面的漩涡汽蚀区
（a）离心泵；（b）轴流泵

水泵过流部件铸造质量较差，表面粗糙，凹凸不平，水流在突出物下游产生漩涡，引起局部压力降低，也会产生汽蚀。

二、汽蚀的类型及其发生的部位

根据上述泵内发生汽蚀的原因，可以分为叶面、间隙和粗糙三种汽蚀类型。

水泵安装过高，或流量偏离设计流量时所产生的汽蚀现象，其汽泡的形成和溃灭基本上发生在叶片的正面和反面，我们称之为叶面汽蚀。叶面汽蚀是水泵常见的汽蚀现象。

在离心泵密封环与叶轮外缘的间隙处，由于叶轮进出水侧的压力差很大，导致高速回流，造成局部压降，引起间隙汽蚀。轴流泵叶片外缘与泵壳之间很小的间隙内，在叶片正反面压力差的作用下，也因间隙中的反向流速大，压力降低，在泵壳对应叶片外缘部位引起间隙汽蚀。

水流经过泵内粗糙凹凸不平的内壁面和过流部件表面时，在凸出物下游发生的汽蚀，称为粗糙汽蚀。

三、汽蚀的危害

（1）使水泵性能恶化。泵内发生汽蚀时，大量的汽泡破坏了水流的正常流动规律，流道内过流面积减小，流动方向改变，因而叶轮和水流之间能量交换的稳定性遭到破坏，能量损失增加，从而引起水泵流量、扬程和效率的迅速下降，甚至达到断流状态。这种性能变化对于不同比转速的泵有不同的特点。低比转速离心泵叶槽狭长，宽度较小，汽蚀开始后，汽泡区迅速扩展到叶槽的整个宽度（首先是叶槽进口部位），"堵塞"流道，破坏了水流的连续性，出现"断裂"工况，水泵性能曲线呈急剧下降的状态，如图4-3（a）所示。中、高比转速离心泵和混流泵，由于叶轮槽道较宽，不易被汽泡"堵塞"，所以水泵性能曲线先是缓慢下降，当流量增加、汽蚀发展到一定程度时，才出现"断裂"工况，如图4-3（b）所示。高比转速轴流泵，由于叶片间流道相当宽阔，故汽蚀开始后汽蚀区不易扩展到整个流道。因此，性能曲线不仅下降缓慢，而且也不出现"断裂"工况，如图4-3（c）所示。

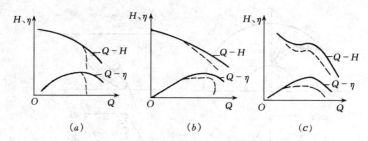

图4-3 不同比转速泵受汽蚀影响特性曲线下降的形式
（a）离心泵；（b）混流泵；（c）轴流泵

（2）损坏过流部件：当汽泡被水流带到高压区迅速凝结、溃灭时，汽泡周围的水流质点高速地向汽泡中心集中，产生强烈的冲击。观察资料表明，汽泡的溃灭可以毫秒计，甚至以微秒计的时间内完成，因此，产生很大的冲击力，瞬时局部压力可达几十甚至几百兆帕。如果汽泡在过流部件表面附近溃灭，就形成对过流部件的打击。过流部件的金属材料在如此高频、高压的不断冲击下，引起塑性变形和局部硬化，产生疲劳，性能变脆，很快就会发生裂纹与剥落，形成蜂窝状孔洞。汽蚀的进一步作用，使裂纹相互贯穿、孔洞相连，直到叶轮或泵壳被蚀坏甚至断裂。这就是汽蚀对过流部件金属材料表面的机械剥蚀作用。图4-4所示为叶片被汽蚀破坏的情况。

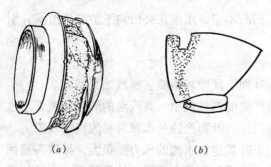

图4-4 汽蚀破坏的叶片
（a）离心泵叶轮；（b）轴流泵叶片

在高压区，汽泡因体积被压缩而温度升高，水汽凝结放出热量；同时，由于水力冲击引起的水流和金属表面变形，也引起温度升高。1960年魏勒（Wheeler，W·H）试验表明，破裂汽泡附近的物质温升可达500～800℃。

在低压区生成汽泡的过程中，溶解于水中的气体（自然界中的水一般溶有5%左右的空气）也从水中析出，所以汽泡实际是水汽和空气的混合体。活泼气体（如氧气）借助汽泡凝结时所产生的高温，对金属表面产生化学腐蚀作用。

在高温高压下，水流会产生带电现象。过流部件的不同部位，因汽蚀产生温度差异，形成温差热电偶，而产生电流，导致金属表面的电解作用（即电化学腐蚀）。

汽蚀发生后，由于机械剥蚀、化学和电化学腐蚀的共同作用，水泵过流部件的破坏是严重的和迅速的。由于汽蚀现象的复杂性，所以其形成机理直到现在仍在研究探讨中。但一般认为水力冲击引起的机械剥蚀，首先使材料破坏，而且是造成材料破坏的主要因素。

另外，当水中泥沙含量较高时，由于泥沙磨蚀，破坏了水泵过流部件金属表面的保护膜，在某些部位发生汽蚀时，则有加快金属被蚀坏的作用。另有一种观点认为，水中含有少量泥沙，可以将过流表面磨光，而在泵内发生汽蚀时，减轻或避免了粗糙汽蚀的作用。

(3) 振动和噪音。在汽泡凝结溃灭时，产生压力瞬时升高和水流质点间的撞击以及对泵壳和叶轮的打击，使水泵产生噪音和振动现象。观测表明，它具有较广的频谱，测得的最高频率可达 100 万 Hz，因此噪音也是用来探测汽蚀是否已发生和消失的一种方法。当汽蚀振动频率与水泵自振频率接近时，会引起共振，从而导致整个机组甚至使整个泵房振动。在这种情况下，机组就不应该继续工作了。

可见，水泵汽蚀的危害是严重的。我们应该很好的掌握水泵的吸水性能，正确地确定水泵安装高程，防止汽蚀及其危害的发生。

第二节　汽蚀余量（NPSH 或 Δh）

由上述可知，泵内压力降低到当时水温的汽化压力以下时，泵内就会产生汽蚀。所以要使泵内不发生汽蚀，至少应使泵内水流的最低压力高于水在该温度下的汽化压力。那么，在泵进口处的水流除压力水头要高于汽化压力水头外，水流的总水头（总比能）应比汽化压力水头有多少富余，才能保证泵内不发生汽蚀，我们把这个水头富余量称为汽蚀余量，用 NPSH[❶] 或 Δh 表示。或者说，汽蚀余量是泵进口处单位水量所具有的总水头与相应的汽化压力水头之差。其大小用换算到水泵基准面的米水柱高度表示。

水泵的基准面，是计算排出、吸入水头时确定位置水头基准的水平面。对卧式泵是通过叶轮叶片进口边的外端所描绘的圆的中心的水平面。对于多级泵以第一级叶轮为基准；对于立式双吸泵以上部叶片为基准。国家标准 GB7021—86《离心泵名词术语》规定的水泵基准面如图 4-5（a）、（b）所示。大型离心泵的基准面可参照图 4-5（c）采用。

根据汽蚀余量定义，可以写出如下表达式

$$\text{NPSH} = \frac{p_{进}}{\gamma} + \frac{v_{进}^2}{2g} - \frac{p_{汽}}{\gamma} \tag{4-1}$$

式中　$p_{进}$——泵进口处水流的绝对压力（kPa）；

　　　$v_{进}$——泵进口断面水流的平均流速（m/s）；

　　　$p_{汽}$——所抽水温度的汽化压力（kPa）；

---

❶　NPSH 又称净正吸入水头（简称净正吸头），是英文 Net Positive Suction Head 字头的缩写，其含意是：泵进口的总水头减去汽化压力水头的净剩余水头。

γ——水的重度（N/m³）；

NPSH——汽蚀余量（m）。

一、有效汽蚀余量 [（NPSH）$_a$ 或 Δh_a]

有效汽蚀余量是水流从进水池经吸水管到达泵进口时，单位重量的水所具有的总水头减去相应水温的汽化压力水头后的剩余水头，是由水泵的安装条件所确定的汽蚀余量。利用能量方程可导出（NPSH）$_a$ 的计算公式。

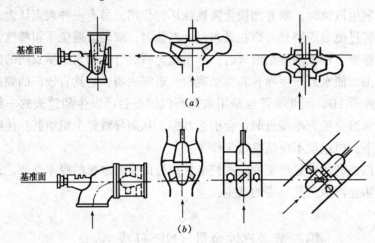

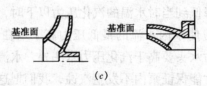

图 4-5　水泵基准面的确定

（a）离心泵基准面；（b）轴流泵和混流泵基准面；（c）大型离心泵基准面

在图 4-6 所示的抽水装置中，列断面 0-0（进水池水面）和进-进（图 4-6（a）所示泵进口中心，即泵基准面）的能量方程，则得

$$\frac{p_{大气}}{\gamma} + \frac{v_0^2}{2g} - H_{吸} - h_{吸损} = \frac{p_{进}}{\gamma} + \frac{v_{进}^2}{2g}$$

式中　$p_{大气}$——进水池水面的大气压力（Pa）；

　　　v_0——进水池中水流向吸水管的平均流速，因其很小，取 $\frac{v_0^2}{2g} \approx 0$；

　　　$H_{吸}$——泵的吸水高度，即泵基准面到进水池水面的垂直距离。基准面高于水面
　　　　　　为正，反之为负（m）；

　　　$h_{吸损}$——吸水管的水头损失（m）；

其他符号意义同前。

将上式两边均减去 $\frac{p_{汽}}{\gamma}$，并与式（4-1）比较，得到有效汽蚀余量（NPSH）$_a$ 的计算

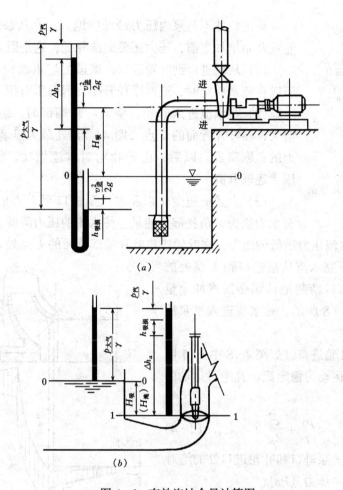

图 4-6 有效汽蚀余量计算图

(a) 泵基准面高于进水池水面；(b) 泵基准面低于进水池水面

公式如下

$$(NPSH)_a = \Delta h_a = \frac{p_{大气}}{\gamma} - H_{吸} - h_{吸损} - \frac{p_{汽}}{\gamma} \tag{4-2}$$

当水泵如图 4-6 (b) 所示，安装在进水池水面以下时，泵基准面到水面的垂直距离用 $H_{淹}$ 表示，式 (4-2) 可改写为

$$(NPSH)_a = \Delta h_a = \frac{p_{大气}}{\gamma} + H_{淹} - h_{吸损} - \frac{p_{汽}}{\gamma} \tag{4-3}$$

式中 $H_{淹}$——泵的淹没 (或倒灌) 深度 (m)。

从式 (4-2) 和式 (4-3) 可以看出，$(NPSH)_a$ 仅与进水池水面的大气压力、泵的吸水高度 (或淹没深度)、吸水管的水头损失和水温有关。所以，也称装置汽蚀余量。应当指出，有效汽蚀余量是进水装置提供给水泵的汽蚀余量。

二、必需汽蚀余量 [(NPSH)$_r$ 或 Δh_r]

对于给定的泵，在给定的转速和流量下，保证泵内不发生汽蚀，必需具有的 (即需要的) 汽蚀余量。通常由泵制造厂规定，用 (NPSH)$_r$ 表示。

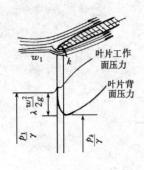

图 4-7 水绕流叶片端部
的压力变化

泵进口并不是泵内压力最低的地方。水从泵进口流进叶轮，能量开始增加之前，压力还要继续降低，这是因为：

（1）从泵进口到叶轮进口，流道的过水面积一般是收缩的。所以在流量一定时，流速沿程升高，因而压力相应降低。

（2）在水流进入叶轮，绕流叶片端部时，急骤转弯、流速增大，在叶片背面的 k 点（图 4-7）处最为显著，造成 k 点压力的急剧降低。以后，由于叶轮对水流做功，使其增加能量，压力逐渐升高。

（3）上述流速变化以及水从泵进口至 k 点的流程中，均伴有水力损失，消耗部分能量，使水流的压力降低。

可见，泵内水流压力最低的地方，在叶轮进口叶片端部背面的 k 点处。

用能量方程研究水流从泵进口到 k 点处的能量平衡关系，可以清楚地认识必需汽蚀余量的物理意义。图 4-8 所示，是水流进入水泵后的能量变化过程。

从泵进口到叶轮进口（如图 4-8 中 1-1 断面），水流的绝对运动为稳定流。其绝对运动的能量方程为

$$\frac{p_进}{\gamma} + \frac{v_进^2}{2g} = \frac{p_1}{\gamma} + \frac{c_1^2}{2g} + h_{进-1} \quad (4-4)$$

式中　$p_进$、p_1——泵进口和叶轮进口处的绝对压力（Pa）；

　　　$v_进$、c_1——泵进口和叶轮进口断面的平均流速（m/s）；

　　　$h_{进-1}$——泵进口至叶轮进口间的水头损失（m）。

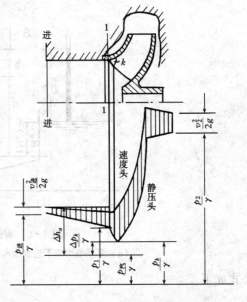

图 4-8　泵内水流的能量变化

从叶轮进口（断面 1-1）到叶轮内叶片首端背面压力最低点 k，水流的相对运动为稳定流。其相对运动的能量方程为

$$\frac{p_1}{\gamma} + \frac{w_1^2}{2g} - \frac{u_1^2}{2g} = \frac{p_k}{\gamma} + \frac{w_k^2}{2g} - \frac{u_k^2}{2g} + Z_k + h_{1-k} \quad (4-5)$$

式中　w、u——分别为相对速度和圆周速度；

　　　p_k——k 点的绝对压力；

　　　Z_k——k 点到泵基准面的垂直距离；

　　　h_{1-k}——从断面 1-1 到 k 点间的水头损失；

其他符号意义同前。

当水泵进水室的结构合理时，断面 1-1 处水流是轴对称的，对于两种运动都是稳定流。所以，该断面把泵进口水流稳定的绝对运动，过渡到叶轮内稳定的相对运动。将式

（4-4）和式（4-5）等号两边分别相加，整理后得

$$\frac{p_{进}}{\gamma} + \frac{v_{进}^2}{2g} = \frac{p_k}{\gamma} + \frac{c_1^2}{2g} + \frac{w_k^2 - w_1^2}{2g} + \frac{u_1^2 - u_k^2}{2g} + Z_k + h_{进-1} + h_{1-h} \qquad (4-6)$$

上式等号两边同时减去 $\frac{p_{汽}}{\gamma}$，得

$$\frac{p_{进}}{\gamma} + \frac{v_{进}^2}{2g} - \frac{p_{汽}}{\gamma} = \frac{p_k}{\gamma} - \frac{p_{汽}}{\gamma} + \frac{c_1^2}{2g} + \frac{w_k^2 - w_1^2}{2g} + \frac{u_1^2 - u_k^2}{2g} + Z_k + h_{进-1} + h_{1-k}$$

上式等号左边正是泵进口的汽蚀余量（NPSH）。令 $\frac{\Delta p}{\gamma} = \frac{c_1^2}{2g} + \frac{w_k^2 - w_1^2}{2g} + \frac{u_1^2 - u_k^2}{2g} + Z_k$ $+ h_{进-1} + h_{1-k}$，$\frac{p_k - p_{汽}}{\gamma} = \frac{\Delta p_k}{\gamma}$，于是

$$(NPSH)_a = \frac{\Delta p_k}{\gamma} + \frac{\Delta p}{\gamma} \qquad (4-7)$$

$\frac{\Delta p_k}{\gamma}$ 称汽蚀安全量，而 $\frac{\Delta p}{\gamma}$ 是水从水泵进口流到 k 点，因流速变化和水力损失所需要的能量。该值越小，剩余的汽蚀安全量越大，泵内越不易发生汽蚀，它的数值定义为泵的必需汽蚀余量（NPSH）$_r$，即该值必须由泵进口处水流的汽蚀余量提供。所以

$$(NPSH)_r = \frac{\Delta p}{\gamma} = \frac{c_1^2}{2g} + \frac{w_k^2 - w_1^2}{2g} + \frac{u_1^2 - u_k^2}{2g} + Z_k + h_{进-1} + h_{1-k} \qquad (4-8)$$

或

$$(NPSH)_r = (NPSH)_a - \frac{\Delta p_k}{\gamma} = \frac{p_{进}}{\gamma} + \frac{v_{进}^2}{2g} - \frac{p_k}{\gamma} \qquad (4-8)'$$

从式（4-8）$'$ 看出，必需汽蚀余量又可定义为泵进口总水头和叶轮入口 k 点的压头差。

把水力损失用速度水头和损失系数的乘积表示，即

$$h_{进-1} = \zeta_v \frac{c_1^2}{2g}; h_{1-k} = \zeta_w \frac{w_1^2}{2g}$$

对于中、小型泵 Z_k 的值很小，可以忽略，即取 $Z_k \approx 0$；由于 k 点离叶轮进口很近，可以认为 $u_k \approx u_1$。这样式（4-8）可以改写为

$$(NPSH)_r = (1 + \zeta_v) \frac{c_1^2}{2g} + \left(\frac{w_k^2}{w_1^2} - 1 + \zeta_w\right) \frac{w_1^2}{2g}$$

令

$$\mu = 1 + \zeta_v; \lambda = \frac{w_k^2}{w_1^2} - 1 + \zeta_w$$

则

$$(NPSH)_r = \mu \frac{c_1^2}{2g} + \lambda \frac{w_1^2}{2g} \qquad (4-9)$$

式中　μ——绝对流速变化及水力损失引起的压头降低系数，其值变化不大，一般情况下
$\mu = 1.1 \sim 1.2$；

λ——相对流速变化及绕流叶片头部引起的压降系数。其值与入流方向关系密切，

在设计工况无冲击入流时，$\lambda = 0.3 \sim 0.4$；在非设计工况 λ 值增大且为变数。

从式（4-8）、式（4-9）及其推导过程可见 $(NPSH)_r$ 的物理意义。

（1）$(NPSH)_r$ 反映了水流进入泵后，在未被叶轮增加能量之前，因流速变化和水力损失而导致的压力能头降低的程度。影响 $(NPSH)_r$ 的主要因素是泵进水室、叶轮进口的几何形状和流速。而与吸水管、大气压力、液体的性质等因素无关。$(NPSH)_r$ 越小，说明泵内的压降越小，汽蚀安全量越大，越不易发生汽蚀，所以泵的吸水性能越好。或者说，泵的抗汽蚀性能越强。

（2）要防止泵内发生汽蚀，水流在泵进口处要有足够的有效汽蚀余量，以便泵内减去由于 $(NPSH)_r$ 引起的压力降低后，所剩余的压头还高于汽化压力。即泵内不发生汽蚀的必要条件是 $(NPSH)_a > (NPSH)_r$。

（3）从分析式（4-8）、式（4-2）可见，当水泵流量一定时，$(NPSH)_r$ 是不变的。但 $(NPSH)_a$ 却随吸水装置的条件而变。如果 $(NPSH)_a$ 减小，则 p_k 随 $(NPSH)_a$ 相应降低。当 k 点的压力降低到当时水温的汽化压力，即 $p_k = p_{汽}$ 时，汽蚀安全量等于零，水就开始汽化，泵内即开始发生汽蚀。在这种临界状态下的汽蚀余量称为临界汽蚀余量，用 $(NPSH)_{cr}$ 表示。这时，式（4-8）'可改写为

$$(NPSH)_a = (NPSH)_{cr} = \frac{\Delta p}{\gamma} = (NPSH)_r \qquad (4-10)$$

式（4-9）是 $(NPSH)_r$ 的理论计算公式，又称为汽蚀基本方程。该式建立了泵的汽蚀参数与泵内水流运动参数的关系，是水泵必需汽蚀余量计算和研究的重要理论公式之一。但是，由于 λ 值随工况而变，非设计工况的 λ 值目前还难以确定，所以式（4-10）中的 $(NPSH)_{cr}$ 目前仍采用试验的方法确定。因泵内出现汽蚀时，其 Q、H 和 η 明显下降，所以多依其下降值的大小，判断泵内是否发生汽蚀。国标（GB7021—86）规定在给定的流量下，在叶轮（如多级泵则为第一级叶轮）内引起扬程或效率下降 $\left(2 + \frac{k}{2}\right)\%$（其中 k 为型式数，见第二章第四节）时的 $(NPSH)$ 值；或者在给定的扬程下，引起泵流量或效率下降 $\left(2 + \frac{k}{2}\right)\%$ 时的 $(NPSH)$ 值为 $(NPSH)_{cr}$ 的值。

三、允许汽蚀余量 $(NPSH)_{sr}$

允许汽蚀余量是为了保证泵内不发生汽蚀，根据实践经验人为规定的汽蚀余量。我们已经知道泵内开始发生汽蚀的条件是 $(NPSH)_{cr} = (NPSH)_r = (NPSH)_a$。为泵运行安全计，我国一机部部颁标准（JB1040—67）规定，对一般清水泵留 0.3m 作为安全余量。即

$$(NPSH)_{sr} = (NPSH)_{cr} + 0.3 \qquad (4-11)$$

由于大型泵的 $(NPSH)_{cr}$ 较大，而且从模型试验结果换算到原型泵时，比尺效应影响较大，故 0.3m 安全余量偏小。所以，大型泵的 $(NPSH)_{sr}$ 常用下式计算

$$(NPSH)_{sr} = (1.1 \sim 1.3)(NPSH)_{cr} \qquad (4-12)$$

可见，泵在运行中不产生汽蚀的条件是：使有效汽蚀余量不小于允许汽蚀余量，即

$$(NPSH)_a \geqslant (NPSH)_{sr}$$

第三节　汽蚀相似定律和相似判据

一、汽蚀相似定律

水泵的汽蚀相似定律和相似律一样，用于解决水泵 (NPSH)$_r$ 的模拟换算和同一台泵在非额定转速运行时 (NPSH)$_r$ 的换算问题。

由前述，泵的 (NPSH)$_r$ 只与其进水室和叶轮进口的几何形状和流速等有关，而与所抽送的液体性质无关。如两台泵进口部分几何相似，且在运动相似的条件下工作，则根据式 (4-9) 其 (NPSH)$_r$ 之比可用下式表示

$$\frac{(\text{NPSH})_{rM}}{(\text{NPSH})_{rP}} = \frac{\mu_M C_{1M}^2 + \lambda_M \omega_{1M}^2}{\mu_P C_{1P}^2 + \lambda_P \omega_{1P}^2} \tag{4-13}$$

式中脚标 M、P 分别表示模型泵和原型泵，其他符号意义同式 (4-9)。

在泵进口几何相似、流动相似的条件下，阻力系数分别相等，相应流速的比值也相等。即

$$\mu_M = \mu_P; \lambda_M = \lambda_P \tag{4-14}$$

和

$$\frac{C_{1M}}{C_{1P}} = \frac{\omega_{1M}}{\omega_{1P}} = \frac{u_{1M}}{u_{1P}} = \frac{n_M D_M}{n_P D_P} \tag{4-15}$$

由式 (4-13) ~ 式 (4-15) 可得

$$\frac{(\text{NPSH})_{rM}}{(\text{NPSH})_{rP}} = \left(\frac{n_M D_M}{n_P D_P}\right)^2 \tag{4-16}$$

该式即为汽蚀相似定律公式。

由于汽蚀过程的复杂性，它具有汽、水两相流的特性，加之过流部件表面的粗糙度、汽泡的大小均无法按比例缩放。因而，汽泡的形成和溃灭过程就无法按比例模拟。

另外，现代汽蚀机理的研究证明，汽泡的初生还与热力学、液体中的杂质（包括所溶气体）的含量等因素有关。

总之，用汽蚀相似定律公式 (4-16) 换算的结果，只能是近似值。特别是当放大倍数较大时，比尺效应的影响较大，需要进一步研究修正。

二、托马汽蚀系数 (σ)

在几何相似的泵中，由运动相似条件和相似律公式 (2-74) 可得

$$\frac{C_M^2}{C_P^2} = \frac{u_M^2}{u_P^2} = \frac{\omega_M^2}{\omega_P^2} = \left(\frac{n_M D_M}{n_P D_P}\right)^2 = \frac{H_M}{H_P} = 常数 \tag{4-17a}$$

由式 (4-17)、式 (4-16)，可得出

$$\frac{(\text{NPSH})_{rM}}{(\text{NPSH})_{rP}} = \left(\frac{n_M D_M}{n_P D_P}\right)^2 = \frac{H_M}{H_P} \tag{4-17b}$$

由此可得

$$\frac{(\text{NPSH})_{rM}}{H_M} = \frac{(\text{NPSH})_{rP}}{H_P} = \cdots = \sigma = 常数$$

即

$$\sigma = \frac{(\text{NPSH})_r}{H} \qquad (4-18)$$

上式表明，在相似工况下，泵的 $(\text{NPSH})_r$ 与扬程之比为常数 σ。σ 值与水泵的大小无关，只要工况相似，σ 值就相等。所以，σ 是水泵汽蚀相似的判据。

式（4-18）是德国学者托马 1924 年提出供水轮机用的，故称托马汽蚀系数公式。后来在叶片泵方面也得到了广泛的应用。但是，σ 仅与扬程和 $(\text{NPSH})_r$ 有关，而叶片泵，特别是离心泵的扬程主要取决于叶轮的出口条件，与其进口条件基本无关；而 $(\text{NPSH})_r$ 正好相反。因此，托马汽蚀系数 σ 用作叶片泵，尤其是离心泵的汽蚀相似判据是不适宜的。由于习惯的原因，目前欧美各国和日本仍广泛采用托马汽蚀系数 σ，作为叶片泵汽蚀相似的判据或作为计算必需汽蚀余量的依据。

三、汽蚀比转速（C）

在选用或设计新泵的时候，除应满足对流量、扬程、功率和效率等性能的要求外，还应使水泵具有较强的抗汽蚀性能。汽蚀比转速就是衡量水泵抗汽蚀性能的参数。它既可作为水泵汽蚀相似的判据；又可以其数值的大小，表明水泵汽蚀性能的好坏。

对同一轮系几何相似的泵，在进口过流断面水流运动相似的条件下，由汽蚀相似定律公式（4-16）可得

$$\frac{(\text{NPSH})_{rM}}{(n_M D_M)^2} = \frac{(\text{NPSH})_{rP}}{(n_P D_P)^2} = \frac{(\text{NPSH})_r}{(nD)^2} = \Delta h'_1 (常数) \qquad (4-19)$$

由相似定律公式（2-72）知

$$\frac{Q_M}{n_M D_M^3} = \frac{Q_P}{n_P D_P^3} = \frac{Q}{nD^3} = Q'_1 (常数) \qquad (4-20)$$

取式（4-19）立方、式（4-20）平方的比值，消去线性尺寸 D，可得

$$\frac{Q_1'^2}{\Delta h_1'^3} = \frac{n^4 Q^2}{(\text{NPSH})_r^3} \qquad (4-21)$$

将上式开 4 次方，并令等式左边等于 S，则

$$S = \frac{n Q^{1/2}}{(\text{NPSH})_r^{3/4}} \qquad (4-22)$$

式（4-22）与比转速 n_s 公式（2-126）的形式相似，且具有类似的性质，故称吸入比转速。美、英、日等国都采用吸入比转速 S，作为水泵汽蚀性能相似的判据。我国和苏联等国则习惯使用汽蚀比转速 C。将式（4-22）乘以 $10^{3/4}$，并令其等于 C，即为汽蚀比转速

$$C = 10^{3/4}S = \frac{10^{3/4}nQ^{1/2}}{(\text{NPSH})_r^{3/4}} = \frac{5.62nQ^{1/2}}{(\text{NPSH})_r^{3/4}} \qquad (4\text{-}23)$$

式中　n——水泵的额定转速（r/min）；

　　Q——单吸泵设计工况点的流量（m³/s），若为双吸泵，则取 $Q/2$ 代入；

$(\text{NPSH})_r$——水泵设计工况的必需汽蚀余量（m）。

由式（4-22）和式（4-23）可见，①C 与 S 的实质和物理意义均无区别，只是 C 等于 S 的 $10^{3/4}$ 倍；②C 或 S 值越大，泵的吸水性能（抗汽蚀性能）越好。水泵的吸水性能与 C 值的关系如下。

（1）吸水性能较差的泵，$C=600\sim700$。如有粗大泵轴穿过进水口的小型离心泵或口径很小的 BA 型泵。

（2）吸水性能中等的泵，$C=800\sim1000$。如 S 型双吸泵和口径较大的 BA 型泵。

（3）吸水性能较好的泵，$C=1000\sim1500$。如高比转数的轴流泵。

（4）吸水性能特别好的泵，C 值可高达 $1600\sim3000$，如冷凝泵、火箭燃料泵等。

上述数据表明，轴流泵的吸水性能较好。$n_s=800\sim1000$ 的轴流泵，可采用 $C=1200$。轴流泵的吸水高度很小，是因其 $nQ^{1/2}$ 的值很大的缘故。

应当指出，式（4-20）～式（4-23）中的 Q 和比转速 n_s 公式中的 Q 一样，不是整个水泵而是叶轮的流量。所以，在 Q 相同的情况下，双吸泵的一大优点是吸水性能较好。

汽蚀比转速公式（4-23），是苏联学者鲁德涅夫 1934 年在总结试验资料的基础上创立的。他在研究了水泵汽蚀相似条件以后提出：叶片泵的汽蚀性能，是由进水侧的几何形状、水流运动和动力条件决定的。而且，与出水侧的几何形状、水流的运动和动力条件基本无关。因此，鲁氏首先提出了采用式（4-22）和式（4-23）作为叶片泵汽蚀相似的判据。它们都包含了泵的 n、Q 和 $(\text{NPSH})_r$ 等性能，是汽蚀相似的综合判据。在评价叶片泵的汽蚀性能时，C 比 σ 更全面、更好，对于离心泵尤其如此。

汽蚀比转速 C，使我们有了一个比较叶片泵汽蚀性能的合理标准。不致只根据允许吸上真空高度或必需汽蚀余量，片面地判断叶片泵的汽蚀性能。

汽蚀比转速 C 和比转速 n_s 的公式形式相同，区别仅在于 n_s 是叶片泵出水条件相似的判据；而 C 则是进水条件相似的判据。如果两台泵完全相似，则其 C 和 n_s 值必然分别相等。两个判据结合运用，能全面地理解、掌握叶片泵的相似条件。

汽蚀比转速 C，除表明泵的吸水性能，用作汽蚀相似的判据外。在叶片泵的设计中，根据模型的 C_M 值，在已知原型泵的转速 n_P 和流量 Q_P 时，计算出 $(\text{NPSH})_{rP}$；或者在选定泵型，确定 C_P 值时，按照使用要求确定流量 Q_P 和必需汽蚀余量 $(\text{NPSH})_r$ 的情况下，计算泵的转速 n_P。计算采用式（4-24）或式（4-25），即

$$(\text{NPSH})_{rP} = \left(\frac{5.62n_PQ_P^{1/2}}{C_M}\right)^{4/3} \qquad (4\text{-}24)$$

$$n_P = \frac{C_P(\text{NPSH})_{rP}^{3/4}}{5.62Q_P^{1/2}} \qquad (4\text{-}25)$$

汽蚀比转速 C 和吸入比转速 S 的公式不同，各国使用的单位各异，为便于比较，可

用表 4‑2 进行换算。

表 4‑2   各国汽蚀比转速和吸入比转速换算表

计算公式 单位 参数	$C=\dfrac{5.62nQ^{1/2}}{(\text{NPSH})_r^{3/4}}$		$S=\dfrac{nQ^{1/2}}{(\text{NPSH})_r^{3/4}}$	
国别	中、苏	美	英	日
Q	m^3/s	U.s.gpm	gpm	m^3/min
n	r/min	r/min	r/min	r/min
$(\text{NPSH})_r$	m	ft	ft	m
换算系数	1	9.21	8.40	1.38

四、汽蚀系数

汽蚀系数是水泵汽蚀性能的又一表达形式。由于研究的角度、侧重的因素不同，汽蚀系数 K 有不同的表达方式。

（一）$(\text{NPSH})_r$ 表示的汽蚀系数 K_1

在进水部分几何相似、运动相似的泵中，由式（4‑13）～式（4‑15）可得

$$\frac{(\text{NPSH})_{rM}}{(\text{NPSH})_{rP}}=\frac{v_{1M}^2}{v_{1P}^2}=\frac{w_{1M}^2}{w_{1P}^2}=\frac{u_{1M}^2}{u_{1P}^2}=\frac{v_M^2}{v_P^2}$$

式中 v_M、v_P——分别为模型泵和原型泵的特征流速。

改写上式的形式，并令其等于 K_1，则有

$$K_1=\frac{(\text{NPSH})_{rM}}{\dfrac{v_M^2}{2g}}=\frac{(\text{NPSH})_{rP}}{\dfrac{v_P^2}{2g}} \qquad (4\text{-}26)$$

一般地

$$K_1=\frac{(\text{NPSH})_r}{\dfrac{v^2}{2g}} \qquad (4\text{-}27)$$

式（4‑27）表示的 K_1 值，称为水泵的汽蚀系数。它表明了泵的 $(\text{NPSH})_r$ 和进水部分特征流速 v 的关系。

（二）泵进口压力 $p_{进}$ 表示的汽蚀系数 K_2

当泵进口处的压力为 $p_{进}$、流速为 v，叶片进口端背面压力最低处 k 点的压力为 p_k 时，用下式表示它们之间的关系，即

$$\frac{p_k}{\gamma}=\frac{p_{进}}{\gamma}-\lambda'\frac{v^2}{2g} \qquad (4\text{-}28)$$

式中 λ'——水从泵进口流至 k 点，由于流速变化、绕流叶片头部等影响，产生的压降系数。对于进水部分几何形状和尺寸一定的泵，λ' 值为常数。可以由试验确定。

当 $p_k=p_{汽}$ 时，式（4‑28）改写为

$$\frac{p_汽}{\gamma} = \frac{p_进}{\gamma} - \lambda' \frac{v^2}{2g} \tag{4-29}$$

从上式中解出压降系数 λ'，并令 $K_{2c} = \lambda'$，则

$$K_{2c} = \lambda' = \frac{p_进 - p_汽}{\dfrac{\gamma v^2}{2g}} \tag{4-30}$$

式（4-30）表示的 K_{2c}，称为临界汽蚀系数。因为，在此情况下，叶片进口端背面 k 点的压力 $p_k = p_汽$，泵内刚好处在发生汽蚀的临界状态。对于 k 点的任意压力，式（4-30）可写为

$$K_2 = \frac{p_进 - p_k}{\dfrac{\gamma v^2}{2g}} \tag{4-31}$$

可见，当 $K_2 < K_{2c}$ 时，泵内不发生汽蚀。所以，只要将 K_2 与 K_{2c} 比较，就可以判明泵内是否会发生汽蚀。

比较式（4-27）和式（4-30）可见，K_1 和 K_2 并无实质性的差别，只是表达方式的不同。

汽蚀系数 K，目前多用于叶栅、射流泵、水工建筑物的高速水流部分、船舶和水下高速运动的物体等汽蚀不易观测，而计算 K 值比较方便的地方。到目前为止，K 值的表达式较多，尚无统一意见，所以应用尚不广泛。但是，它与托马系数 σ 相比，要合理得多；与汽蚀比转速 C 相比，虽不象 C 值表达式中包含 n、Q 和（NPSH）$_r$ 等性能参数，但在进水部分的特征流速 v 中，已包含了这些因素。因此，可以说汽蚀系数 K 与汽蚀比转速 C 相类似地表示了叶片泵的汽蚀性能。随着研究的深入，汽蚀系数 K 将会在叶片泵汽蚀性能的研究中得到广泛的应用。

第四节　允许吸上真空高度和安装高程的确定

一、允许吸上真空高度（H_{sa}）

（一）吸上真空高度（H_s）

我们已经知道，泵的汽蚀是泵内局部压力过低引起的。而泵进口处的压力与吸水管路系统、进水池水面的大气压力等因素密切相关。用伯诺里方程建立它们之间的能量平衡关系，可导出泵进口处压力的计算公式。以图 4-9 中的水面 0-0 和泵进口断面进-进列能量方程为

$$Z_0 + \frac{p_0}{\gamma} + \frac{v_0^2}{2g} = Z_进 + \frac{p_进}{\gamma} + \frac{v_进^2}{2g} + h_{吸损} \tag{4-32}$$

式中　Z_0——进水池水面相对于泵基准面的高度；

　　　　p_0——进水池水面的绝对压力，一般地 $p_0 = p_{大气}$；

　　　　v_0——进水池中，水流向吸水管进口的平均流速；

　　　　$Z_进$——水泵进口中心点至水泵基准面的高度，此处 $Z_进 = 0$；

$p_{进}$——水泵进口中心点水流的绝对压力；

$v_{进}$——水泵进口断面的平均流速；

$h_{吸损}$——水泵吸水管路系统水力损失的总和。

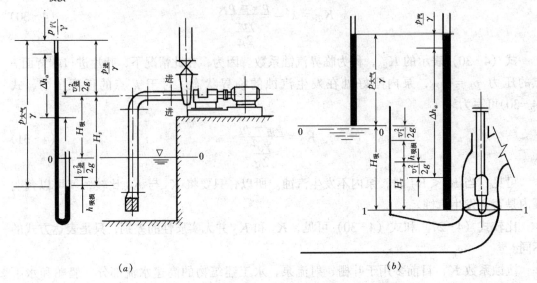

图 4-9 吸上真空高度 H_s 的计算与 $(NPSH)_a$ 关系

(a) 水泵位于进水池水面以上；(b) 水泵位于进水池水面以下

一般情况下 v_0 很小，可以近似地认为 $\dfrac{v_0^2}{2g} \approx 0$，水泵的吸水高度 $H_{吸} = Z_{进} - Z_0$，则泵进口中心点的绝对压力表达式为

$$\frac{p_{进}}{\gamma} = \frac{p_{大气}}{\gamma} - H_{吸} - \frac{v_{进}^2}{2g} - h_{吸损} \qquad (4-33)$$

由上式可见，当水泵安装在进水池水面以上时，泵进口的绝对压力 $p_{进}$ 总是低于大气压力 $p_{大气}$ 的。进口处的绝对压力 $p_{进}$ 与大气压力 $p_{大气}$ 的差值为其真空度。用 H_s 表示，并称为水泵的吸上真空高度，于是由式（4-33）可得

$$H_s = \frac{p_{大气}}{\gamma} - \frac{p_{进}}{\gamma} = H_{吸} + \frac{v_{进}^2}{2g} + h_{吸损} \qquad (4-34)$$

当水泵安装在进水池水面以下时，可能出现 $H_s > 0$ 的情况，此时泵基准面的绝对压力高于大气压力。

可见，水泵的吸上真空高度为其吸水高度、进口平均流速水头与吸水管水头损失之和。将式（4-34）代入式（4-2），得到吸上真空高度 H_s 与有效汽蚀余量的关系式为

$$(NPSH)_a = \frac{p_{大气} - p_{汽}}{\gamma} - H_s + \frac{v_{进}^2}{2g} \qquad (4-35)$$

（二）允许吸上真空高度（H_{sa}）

允许吸上真空高度 H_{sa}，是保证泵内压力最低点不产生汽蚀时，泵进口处允许的最大真空度。也就是对于不同类型的泵和不同的使用条件，考虑一定安全裕量的吸上真空高度。H_{sa} 是泵汽蚀性能的又一种表达形式，常用于离心泵和蜗壳式混流泵。

式（4-35）表示 H_s 和（NPSH）$_a$ 在任何情况下的关系。要使泵内不发生汽蚀，必须使（NPSH）$_a \geqslant$（NPSH）$_{sr}$。规定在标准状况下，即 $\frac{p_{大气}}{\gamma} = 10.33 \text{mH}_2\text{O}$（$10.33 \times 10^4 \text{Pa}$）、水温20℃、$\frac{p_{汽}}{\gamma} = 0.24 \text{mH}_2\text{O}$（$0.24 \times 10^4 \text{Pa}$）、泵在额定转速下运行时，使有效汽蚀余量（NPSH）$_a$ 刚好等于允许汽蚀余量（NPSH）$_{sr}$ 的吸上真空高度 H_s，为允许吸上真空高度 H_{sa}。为简化计算并偏于安全，取 $\frac{p_{大气} - p_{汽}}{\gamma} = 10 \text{mH}_2\text{O}$（$10^5 \text{Pa}$），由式（4-35）得

$$H_{sa} = \frac{p_{大气} - p_{汽}}{\gamma} - （\text{NPSH}）_{sr} + \frac{v_{进}^2}{2g} \tag{4-36}$$

在标准状况下

$$H_{sa} = 10 - （\text{NPSH}）_{sr} + \frac{v_{进}^2}{2g} \tag{4-37}$$

允许吸上真空高度 H_{sa}，也可根据汽蚀试验确定。即测出泵内开始出现汽蚀时泵进口处的真空值，该值称临界吸上真空高 H_{sc}，并换算至上述规定的标准状况，从该值中减去安全值，即为允许吸上真空高度，一般随流量增大而减小。根据我国有关标准规定：

$$H_{sa} = H_{sc} - 0.3 \text{m} \tag{4-38}$$

当水泵进口的真空高度为允许吸上真空高度 H_{sa} 时，泵的吸水高度称为允许吸水高度，用 $H_{允吸}$ 表示。其值可由式（4-34）求出

$$H_{允吸} = H_{sa} - \frac{v_{进}^2}{2g} - h_{吸损} \tag{4-39}$$

上式即为用允许吸上真空高 H_{sa} 计算泵吸水高的表达式。H_{sa} 可从有关水泵样本中查出。

二、水泵安装高程的确定

水泵基准面高程称为水泵安装高程，用▽$_安$ 表示。▽$_安$ 必须满足水泵在设计规定的任何条件下工作都不产生汽蚀，尽可能改善泵房施工条件、降低土建费用的要求。

由前述可见，水泵安装高程为

$$\triangledown_安 = \triangledown_进 + H_{允吸}$$

式中　▽$_进$——进水池的水位高程。

当水泵的汽蚀性能用（NPSH）$_{sa}$ 表示时，由式（4-36）和式（4-39）求得

$$H_{允吸} = \frac{p_{大气} - p_{汽}}{\gamma} - （\text{NPSH}）_{sr} - h_{吸损} \tag{4-40}$$

式（4-40）就是利用允许汽蚀余量（NPSH）$_{sr}$ 计算泵吸水高计算式。应当注意，根据式（4-39）或式（4-40）求出 $H_{允吸}$ 后，为了保证水泵的可靠运行，应根据进水池可能出现的最低水位计算泵的安装高程▽$_安$。

水泵的 H_{sr} 和（NPSH）$_{sr}$ 及上述计算都是以额定转速为前提，而 H_{sa} 又是在规定的标准情况下（即标准大气压和水温20℃）求得的。当实际情况与这些条件不符时，则须进行相应的下述换算。

1. H_{sa} 的修正

当非标准状态时，H_{sa} 应进行相应的大气压力、水温和转速修正。

（1）大气压力和水温的修正：在水泵安装地点的大气压为 $p_{大气}$、工作水温的饱和汽压为 $p'_{汽}$ 时，因允许吸上真空高度随地方大气压的降低和水温的升高而减小，所以应进行修正，修正后的允许吸上真空高为

$$H'_{sa} = H_{sa} - \Delta H_a - \Delta H_t \tag{4-41}$$

式中　ΔH_a——大气压修正，$\Delta H_a = 10.3 - \dfrac{p_{大气}}{\gamma}$；

　　　ΔH_t——水温修正，$\Delta H_t = \dfrac{p'_{汽}}{\gamma} - 0.24$（m）。

整理后得大气压和水温修正后 H'_{sa} 计算式为

$$H'_{sa} = H_{sa} - 10 + \frac{p_{大气} - p'_{汽}}{\gamma} \tag{4-42}$$

水在不同温度下的饱和蒸汽压力如表 4-1 所示。必须指出，上式中的 $p'_{汽}$ 应为水泵运行期间进水池最高水温相应的饱和蒸汽压。

大气压力与海拔高度的关系，见表 4-3。

表 4-3　　　　　　　　　　　　　大 气 压 力 表

海拔高度（m）	-600	0	100	200	300	400	500	600	700	800	900	1000	1500	2000	3000	4000	5000
$\dfrac{p_{大气}}{\gamma}$（m）	11.3	10.33	10.2	10.1	10.0	9.8	9.7	9.6	9.5	9.4	9.3	9.2	8.6	8.4	7.3	6.3	5.5

（2）转速修正：首先，我们把式（4-11）代入式（4-37），经整理后得出泵在额定转速 n 时的 $(NPSH)_{cr}$ 和 H_{sa} 的关系式如下

$$(NPSH)_{cr} - \frac{V_{进}^2}{2g} = 10 - H_{sa} - 0.3 \tag{4-43}$$

然后，用泵在实际转速为 n' 时的参数 $v'_{进}$、$(NPSH)'_{cr}$ 和 H''_{sa} 代入上式，得到

$$(NPSH)'_{cr} - \frac{v_{进}'^2}{2g} = 10 - H''_{sa} - 0.3 \tag{4-44}$$

由相似理论，易于得出

$$\frac{(NPSH)_{cr} - \dfrac{v_{进}^2}{2g}}{(NPSH)'_{cr} - \dfrac{v_{进}'^2}{2g}} = \frac{10 - H_{sa} - 0.3}{10 - H''_{sa} - 0.3} = \frac{n^2}{n'^2}$$

由上式可得

$$H''_{sa} = 10 - (10 - H_{sa}) \frac{n'^2}{n^2} - 0.3\left(1 - \frac{n'^2}{n^2}\right) \tag{4-45}$$

当转速 n 变化不大时，上式等号右边的第三项很小，为简化计算可以忽略不计。则水泵由额定转速 n 改变为 n' 转速运行时，修正后的允许吸上真空高度 H''_{sa} 的表达式为

$$H''_{sa} = 10 - (10 - H_{sa}) \frac{n'^2}{n^2} \tag{4-46}$$

最后，还必须指出，在需要同时进行大气压力、水温和转速修正时，必须首先用式（4-46）进行转速修正；然后，以 H''_{sa} 代入式（4-42）进行大气压力和水温的修正；最后得出泵转速为 n'、大气压力 $p'_{大气}$、饱和汽压为 $p'_{汽}$ 时的 H'_{sa} 值。

2．$(NPSH)_{sr}$ 的修正

$(NPSH)_{sr}$ 的修正表示泵汽蚀性能的 $(NPSH)_{sr}$，一般用于轴流泵。前面已经知道，$(NPSH)_{sr}$ 只与泵本身的进水条件有关，对于同一台泵，只与转速 n 有关，而与 $p_{大气}$、$p_{汽}$ 无关。当泵的实际转速 n' 不同于额定转速 n 时，把式（4-11）所示关系，代入式（4-16）可得转速为 n' 时的 $(NPSH)'_{sr}$ 表达式

$$(NPSH)'_{sr} = (NPSH)_{sr}\frac{n'^2}{n^2} - 0.3\left(\frac{n'^2}{n^2} - 1\right)$$

当 n' 与 n 相差不大时，$0.3\left(\dfrac{n'^2}{n^2} - 1\right)$ 很小，可以忽略，则为

$$(NPSH)'_{sr} = \frac{n'^2}{n^2} (NPSH)_{sr} \tag{4-47}$$

第五节　预防水泵汽蚀的措施

综上所述可见，泵在运行中发生汽蚀与否，是由泵本身的性能和吸水装置的特性共同决定的。所以，提高泵的抗汽蚀性能，设计良好的吸水装置，就成为预防水泵发生汽蚀的最重要措施。

一、提高泵抗汽蚀性能的措施

（1）选择适宜的进水部分几何形状和参数。汽蚀基本方程式（4-9）和 $(NPSH)_r$ 的物理意义均表明，泵进口部分的几何形状和参数，直接影响其中水流速度的变化过程和水力损失。因此，选择水流渐变过程的进水室几何形状和参数，对提高泵的汽蚀性能，有重要的作用。

（2）采用双吸式或降低转速。双吸泵或低转速泵，虽不能提高汽蚀比转速 C 值，但可以有效地降低泵的汽蚀余量 $(NPSH)_r$。因此，在泵的设计中，当采用提高 C 值的措施仍不能满足使用要求时，常采用双吸泵或降低转速的方法，解决泵的汽蚀问题。

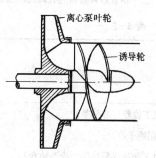

图 4-10　离心泵叶轮前的诱导轮

（3）加设诱导轮、制造超汽蚀泵，在离心泵的叶轮前面加设诱导轮，如图 4-10 所示。可以提高叶轮进口处的压力，提高泵的抗汽蚀性能，汽蚀比转速 C 可以提高到 3000～4000。但诱导轮有使水泵性能不稳的缺点，尚须对其进行深入的探索和研究。

超汽蚀泵是叶片翼形截面具有薄而尖锐前缘的特殊形状叶片泵，如图 4-11 所示。它利用翼形诱发叶片背面及延伸部位形成固定型的汽泡，可扩散到翼形弦长的两倍以上，使

图 4-11 超汽蚀叶片

原来的翼形和固定型汽泡共同构成新的"翼形"，汽泡在原翼形后面的水流中溃灭。因此，不会对过流部件产生汽蚀破坏作用。由于汽泡要占掉部分流道面积，所以目前超汽蚀叶片还只用于叶片间流道较宽的低扬程轴流泵中，而且效率较低，还有待于进一步的研究和完善。

另外，选用抗汽蚀性较强的材料，如铸锰、青铜、不锈钢、合金钢等制造叶轮；或用聚合物涂复或喷镀过流部件的表面；精加工过流部件表面，降低粗糙度，提高光洁度等，均可减轻汽蚀危害。金属材料或弹性材料涂层的抗汽蚀的浸蚀强度，分别列于表4-4和表4-5中。

表 4-4　　金属材料抗汽蚀浸蚀的强度

合　　金	磁致伸缩两小时后失去的重量（mg）	合　　金	磁致伸缩两小时后失去的重量（mg）
压制司太立特①	0.6	铸锰青铜	80.0
焊接铝青铜	3.2	焊接低碳钢	97.0
铸造铝青铜	5.8	钢板	98.0
焊接不锈钢（两层 17Cr—7Ni）	6.0	铸钢	105.0
热轧不锈钢（26Cr—13Ni）	8.0	铝	124.0
回火不锈钢（12Cr）	9.0	青铜	156.0
铸造不锈钢（18Cr—8Ni）	13.0	铸铁	224.0
铸造不锈钢（12Cr）	20.0		

① 尽管这种材料具有高抗汽蚀强度，但因成本很高以及机械加工和磨加工方面的困难，所以一般不使用。

表 4-5　　弹性材料涂层抗汽蚀浸蚀强度

材　　料	类型	旋转圆盘汽蚀试验的涂层厚度（mm）	汽蚀试验时间（h）	以 145.7m/s 的速度旋转的圆盘试验后的浸蚀程度
氯丁橡胶（溶剂基）	A	0.75	24	轻
（用刷子刷）	B	0.62	17	轻
氯丁橡胶（凝结层，冷态结合）	…	1.55	14	无
氯丁橡胶（现场凝结和结合）	…	1.5	$10\frac{1}{2}$	无
聚氨甲酸酯（液体）	A	1.55	12	轻
	B	0.45	12	严重
	C	1.55	12	无
聚氨甲酸酯（凝结层冷态结合）	A	1.5	14	无

材　　　料	类型	旋转圆盘汽蚀试验的涂层厚度(mm)	汽蚀试验时间(h)	以 145.7m/s 的速度旋转的圆盘试验后的浸蚀程度
	B	1.55	12	严重
聚硫化物（液体）	…	1.55	12	严重
多硅碳烷（液体）	…	1.55	7	严重
丁基（凝结层，冷态结合）	…	1.5	$2\frac{1}{4}$	严重
丁基（现场凝结和结合）	…	1.5	12	严重
顺聚丁二烯（98%）（凝结层，冷态结合）	…	1.5	10	无
聚丁二烯（多硫化物改型，现场凝结和结合）	…	1.5	13	严重
苯乙烯（现场凝结和结合 SBR）	…	1.5	24	无
天然橡胶（凝结层，冷态结合）	…	1.55	10	无
天然橡胶（现场凝结和结合）	…	1.5	16	严重

二、设计良好的吸水装置

吸水装置的特性决定了（NPSH）$_a$ 的大小，设计良好的吸水装置，尽可能地提高（NPSH）$_a$ 的值，可以防止汽蚀或减轻汽蚀的危害。

（1）充分考虑到水泵工作中可能遇到的各种工况，合理地确定安装高程，对防止汽蚀具有重要意义。

（2）适当加大吸水管径，尽量减少吸水管的水头损失，并使泵进口的水流平顺，断面流速分布均匀，以提高（NPSH）$_a$，使（NPSH）$_a$ >（NPSH）$_{sr}$。

（3）设计水流条件良好的前池、进水池，不仅是可以减少池中的水位降落，而且使进入叶轮水流的速度和压力分布均匀。这一点对于大口径、短吸水管的泵尤为重要。

三、运行管理中应注意的问题

（1）尽量使水泵在额定工况（及其附近）运行，使水泵在实际运行中的（NPSH）$_r$ 值最小。必要时可采用降速甚至闸阀调节来实现。

（2）控制水泵的实际转速 n' 不高于其额定转速 n。无特别论证，不采用升速调节。

（3）泵在运行中发生汽蚀时，在吸水侧充入少量空气，能减弱或消除汽蚀产生的噪音和振动，减轻或避免汽蚀的危害。

第五章 泵站工程规划

泵站工程是利用机电提水设备及其配套建筑物，给水流增加能量，使其满足兴利除害要求的综合性系统工程。

泵站工程被广泛地应用于国民经济的各个部门。如采矿工业中的矿井排水泵站；电力工业中的高压锅炉给水泵站，冷热水循环泵站，高压清渣除灰泵站，冷却水补给泵站；市政工程中的给水、排水泵站；直接为农业生产服务的灌溉泵站、防洪除涝排水泵站、灌溉排水结合泵站；为国民经济多部门服务的跨流域调水泵站等等。

从经济的角度来看，泵站工程的基本建设投资和运行中所消耗的能源费、维修费和管理费等，在其所属生产部门的产品成本中均占有相当大的比重。因此，正确地进行泵站工程的规划设计，尽可能地减少其基建投资，节约能源消耗，降低运行成本等，在国民经济中具有十分重要的意义。

本章以农业灌溉、排水泵站工程为主要对象，论述其规划设计中的有关问题。

第一节 泵站工程规划的任务和原则

一、泵站工程规划的任务

我国已建成一大批灌溉、排水和灌排结合的泵站工程，在战胜干旱、洪涝自然灾害的过程中发挥了巨大作用，促进了农业生产的发展，保证了直接受益农作物的稳产高产，取得了巨大的经济效益。但是，由于对泵站工程规划的重要性认识不足，部分工程规划不善或缺少规划，导致工程布局不够合理，投资大，效益低；造成泵站运行效率低，耗电量大，工程效益较差；有的甚至建成多年除试运转外，因无水可提而长期闲置，多年未能发挥效益的后果。

为有效地使用生产建设资金，充分发挥泵站工程的效益，促进农业生产和国民经济的发展，必须十分重视规划在泵站工程建设中的重要作用，认真地进行规划论证，作为泵站工程兴建的依据。

泵站工程规划必须在流域或地区水利规划的基础上进行。在泵站工程规划中对流域或地区水利规划实施过程中发现的问题，作适当的调整，使其不断完善。

泵站工程规划的主要任务是：确定工程规模及其控制范围，灌溉或排水标准，确定工程总体布置方案，选择泵站站址，确定设计扬程和设计流量，选择适宜的泵型或提出研制新泵型的任务，选配动力机械和辅助设备，确定总装机容量，拟定工程运行管理方案，进行技术经济论证并评价工程的经济效益，为决策部门和泵站工程技术设计提供可靠的依据。

二、泵站工程规划原则

泵站工程规划必须以流域或地区水利规划为依据，按照全面规划、综合治理、合理布局的原则，在正确处理灌溉与排水、自流与提水、灌溉排水与其他用水部门的关系、充分考虑泵站工程综合利用的基础上进行。

泵站工程的规模、控制范围和总体布置方案的确定，在很大程度上取决于兴建工程的目的，当地的经济、地形、能源、气象、作物组成以及现有水利工程设施的情况等等因素。规划中必须根据灌溉（或排水）区的地形、地貌特征，尽可能地照顾行政区划，充分利用现有水利工程设施的原则，确定工程的控制范围和面积。

工程总体布置应结合现有村镇（或规划的居民点）、道路、电网、通讯线路、水利设施、林带等统筹考虑，合理布局。为了节约能源并便于运行管理，泵站和沟渠的布置必须遵循低田低灌、高水高排、内外分开、水旱作物分开的原则。在梯级提水灌溉工程中，应尽量减少两级泵站之间没有灌溉面积的空流段渠道长度和泵站级数；尽量减少水泵机组的型号。

灌溉或排水标准是确定泵站规模的重要依据，应根据灌溉（或排水）区的水土资源、水文气象、作物组成，以及对灌排成本、工程效益的要求，按照 SD204—86《泵站技术规范（设计分册）》和 SDJ217—84《灌溉排水渠系设计规范》的有关规定确定。

泵站工程的技术经济论证和经济效果评价，是确定泵站工程合理性与可行性，以及对不同方案进行比较与优选的依据。经济分析应按 SDJ39—85《水利经济计算规范》的规定进行。

水泵选型及配套，泵站运行和管理的有关问题，分别在第六章和第十章中论述。本章只介绍有关泵站工程总体布置、泵站站址选择、泵站设计扬程和设计流量确定等问题。

第二节　灌溉泵站工程规划

灌溉泵站工程规划应在查勘灌区地形、水源、已有水利工程设施和行政区划情况，搜集水文、气象、灌区农作物种植、交通、能源和社会经济状况等资料的基础上，根据批准的流域规划或地区水利规划，地形、地貌特征，初步确定工程规模和控制范围之后，进行工程的总体布置。即布置渠系，划分灌区，确定泵站站址，进而确定泵站的设计扬程和设计流量。

一、灌区的划分

根据水源、灌区地形、行政区划、能源、道路等具体条件，对整个灌区按高程分级，在相同高程范围内分片布置灌溉渠系，并确定与之相适应的泵站位置，称为提水灌区的划分。在泵站工程规划中应拟定几种可行方案进行对比分析，从中选择见效快、投资省、运行费少、管理方便的方案。

常见的灌区划分方案有如下几种。

（一）单站一级提水一区灌溉

在水源岸边建造泵站 A，通过出水管道 B，提水到出水池 C，由输水干渠 D 控制全灌区，如图 5‑1。这种划分方案适用于控制面积不大、扬程较低（低于水泵扬程）、地形

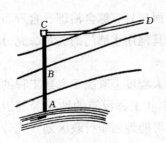

图 5-1 单站一级提水一
区灌溉示意图

高差较小、输水渠道不长的灌区。一些局部高地和地形平坦的小型灌区常采用这种方案。其优点是工程规模小，见效快，机电设备少且很集中，便于管理等。

（二）多站一级提水分区灌溉

当灌区沿水源岸边呈长条形分布，或灌区内河网密布，沟渠纵横时，如仍采用单站一级提水，一区灌溉的方式，虽具有机电设备少而集中，便于管理的优点，但输水渠道较长，不仅使交叉建筑物增多、渗漏、蒸发损失增大，而且在灌水紧张季节，上下游发生用水纠纷，灌溉管理极不方便。因此，在这种情况下常以行政区划或输水渠道的长度或天然沟（河）为界，把整个灌区划分为若干个单独的提水灌区。每个灌区在水源岸边单独设站，均为一级提水，如图 5-2 所示。

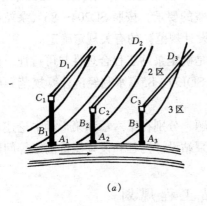

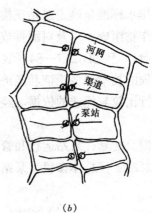

（a）   （b）

图 5-2　多站一级提水分区灌溉示意图
（a）灌区沿岸边长条形分布；（b）灌区内河网密布

分区灌溉虽较一区灌溉有上述优点，但机电设备增多，分散，输电线路加长。如何分区，分为几区，应通过方案比较进行技术经济论证，从中选择优者。

（三）单站分级抽水分区灌溉

当灌区面积不大，但地形坡度较陡、高差较大时，为避免高水低灌，节约能源，常采用在水源岸边建造一座泵站，安装一种或几种扬程的水泵，向不同高程出水池供水，分别灌溉不同高程农田的方式，如图 5-3 所示。

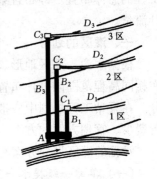

单站分级提水虽较一级提水节约能源。但是，当安装一种水泵又无调节时，水泵运行效率偏低；而安装不同扬程泵时，设备型号数量增多，规划设计中应予以注意。

（四）多站分级提水分区灌溉

在面积较大且地面高差较大的灌区，采用上述三种灌区划

图 5-3　单站分级提水分区
灌溉示意图

分方案不可能或不经济时，采用多站分级提水，分区灌溉的灌区划分方案。如图 5-4 所示。此种方式将灌区沿地面高程分为不同的区域，分别建站逐级提水灌溉。除一级泵站直接从水源取水外，下级泵站的水源均为上级泵站的出水池或输水渠道。一般地说，下级站较上级站的控制面积小。在大型灌区内的局部范围内，有时也采用多站一级提水、单站分级提水分区灌溉的方式。

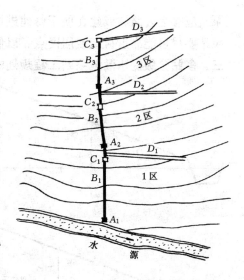

图 5-4　多站分级提水分区灌溉示意图

二、站址选择

灌溉泵站站址选择，应根据泵站工程的规模、特点和运行要求，与灌区划分一起考虑，同时进行。合理地确定泵站的位置，包括取水口、泵房、出水池的位置，并应照顾到灌溉输水渠道与出水池的衔接与布置等。站址选择得是否合理，直接关系到工程的建设投资、建成后的安全取水和运行管理等问题。所以在泵站工程规划中必须予以足够的重视。现对站址选择中应注意的问题分述如下。

（一）水源

为了便于控制全灌区，并尽可能地减少提水高度，水源泵站的站址应选在灌区的上游，泵站提水流量有保证，水位稳定，水质良好的地方。

在从河流取水时，泵站或其取水建筑物的位置，要选择在河流的直段或凹岸下游河床稳定的河段上，不要选在容易引起泥沙淤积、河床变形、冰凌阻塞和靠近主航道的地方。尽可能地避免在有沙滩、支流汇入或分岔河段上建设泵站及其取水建筑物。还应注意到河游上已有建筑物的影响。例如，在建有丁坝、码头或桥梁等时，其上游水位被壅高，而下游水流发生偏移，且易形成淤积。因此，站址或取水口宜选在桥梁的下游，丁坝、码头同岸的上游或对岸的下游。

从水库取水时，因库水位变幅较大，应首先考虑在坝下游建站的可能性。

（二）地形

泵站应建在地形开阔、岸坡适宜的地方。站址地形应满足泵站建筑物布置，土石开挖工程量较小，便于通风采光，对外交通方便，适宜布置压力管道、出水池和输水渠道并便于施工等要求。

（三）地质

泵站的主要建筑物应建在坚实完整、承载能力较强的岩石地基上，避开大的或活动性的断裂构造。如遇淤泥、流沙、湿陷性黄土、膨胀土等地基，必须进行地基处理，并采用相应的基础加固措施。泵站应建在有可能发生滑坡或塌方影响的范围之外。

（四）电源、交通及其他

为了降低输变电工程的投资，泵站应尽可能地靠近电源，减少输电线路的长度。

泵站应靠近公路，或建在便于修建进场公路的地方。

泵站要尽可能靠近村镇或居民点，以便解决运行管理人员的生活问题。

三、多站分级提水灌溉泵站工程规划的特点

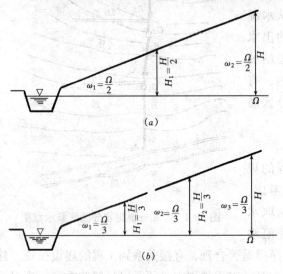

图 5-5　Q-H 为直线时分级提水示意图
(a) 二级提水灌溉；(b) 三级提水灌溉

(一) 提水级数的确定

在地形高差较大的大型灌区，若其控制灌溉面积为 Ω 亩，设计灌水率为 q [m^3/($s\cdot$亩)]，地形提水高度为 H (m)时，则单站一级提水灌溉时的总有效功率（简称功率）为

$$N_1 = \frac{\gamma q \Omega H}{1000} = K\Omega H \quad (kW) \tag{5-1}$$

式中　γ——水的重度（N/m^3）；

K——常数，$K = \dfrac{\gamma q}{1000}$ [kW/(m·亩)]。

若采用二级提水分区灌溉的方案，并假定灌溉面积 Ω 和提水高度 H 之间成如图 5-5 所示的直线关系，且两级泵站的提水高度均为 $\frac{1}{2}H$，则其总功率为

$$N_2 = K\Omega\frac{H}{2} + K\frac{\Omega}{2}\cdot\frac{H}{2} = \frac{3}{4}K\Omega H \tag{5-2}$$

若为提水高度 $\frac{H}{3}$ 的三级提水灌溉，则

$$N_3 = K\Omega\frac{H}{3} + K\frac{2\Omega}{3}\frac{H}{3} + K\frac{\Omega}{3}\frac{H}{3} = \frac{4}{6}K\Omega H \tag{5-3}$$

类似上述，当为 n 级提水时，则

$$N_n = \frac{n+1}{2n}K\Omega H \tag{5-4}$$

由式（5-1）~式（5-4）可见，多站分级提水比单站一级提水灌溉需要的功率小。而且分级越多功率越小。当级数 n 为无穷多时，由式（5-4）可见其总功率的极限值为单站一级提水的 $\frac{1}{2}$。这是因为在单站一级提水时，必须把需要的全部水量提到灌区的最高处，然后逐级向田间自流灌溉。分级提水灌溉时，把水提到不同的高程自流灌溉该高程控制的面积，避免了提高灌低的现象而减少了浪费功率的结果。但是，当泵站的级数增多时，基建投资增大，设备增多，运行管理不便而且费用增多。

在进行灌区划分时，首先应根据灌区的地形和可能采用的水泵等具体条件，参照已有的类似工程的经验，初步拟定分级方案。在进行对比方案技术经济论证的基础上确定提水级数。

(二) 最小功率法及其应用

在提水级数已经确定的情况下，灌区内部各级泵站的站址高程对工程总功率的影响很大。当各级站址均在特定位置时，总功率取得最小值。用分析确定分级提水最小总功率定出灌区内各级泵站站址高程的方法，称为最小功率法。

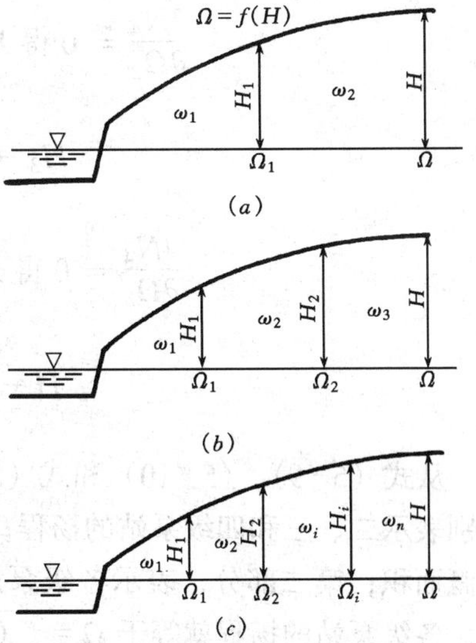

图 5-6 为某灌区的面积与高程关系曲线 $[\Omega = f(H)]$。设 H_1、H_2、$\cdots$、H 为各级泵站的出水池水位，近似地等于下一级泵站的站址高程，则各级泵站的扬程分别为 H_1、$H_2 - H_1$、$\cdots$、$H_i - H_{i-1}$；H_1、H_2、$\cdots$、H 水位控制的灌溉面积为 Ω_1、Ω_2、$\cdots$、Ω；各级泵站的灌溉面积为 $\omega_1 = \Omega_1$，$\omega_2 = \Omega_2 - \Omega_1$，$\cdots$、$\omega_i = \Omega_i - \Omega_{i-1}$。

单站一级提水时的总功率如式（5-1）所示。

从图 5-6 可见，分两级提水时的总功率为

$$N_2 = K\{\Omega H - [\omega_1(H - H_1)]\} \qquad (5-5)$$

分三级提水时的总功率为

$$N_3 = K\{\Omega H - [(\omega_1 + \omega_2)(H - H_2) + \omega_1(H_2 - H_1)]\} \qquad (5-6)$$

一般地，分 n 级提水时的总功率为

$$N_n = K\{\Omega H - [(\omega_1 + \omega_2 + \cdots + \omega_{n-1})(H - H_{n-1}) + (\omega_1 + \omega_2 + \cdots + \omega_{n-2})(H_{n-1} - H_{n-2}) + \cdots + \omega_1(H_2 - H_1)]\} \qquad (5-7)$$

图 5-6　面积高程曲线与分级提水示意图
（a）二级提水；（b）三级提水；（c）n 级提水

在泵站工程规划中，灌区的面积高程曲线 $[\Omega = f(H)]$ 为已知资料。则式（5-1）表示的一级提水时的总功率 $K\Omega H$ 值为已知。分析式（5-5）～式（5-7）可见，当各式中右侧方括号内取得最大值时，所求分级提水的总功率取得最小值，即分级提水的最小功率。假定各级泵站出水池的不同水位 H_{1i}、H_{2i}、$\cdots$、H_{ni}；相应的则有各级泵站的控制面积 ω_{1i}、ω_{2i}、$\cdots$、ω_{ni}，i 表示出水池水位的组别，以各组 H_{ni} 和 ω_{ni} 代入式（5-7）右侧的方括号内，当其取得最大值时的 H_{ni} 值即为 n 级提水总功率最小时的灌区内各级泵站的站址高程。上述方法称为最小功率数解法。下面以四级提水为例，简要介绍最小功率图解法的原理、步骤和方法。

四级提水时 $n = 4$，以 Ω 代换式（5-7）中的 ω，则

$$N_4 = K[\Omega_1 H_1 + (\Omega_2 - \Omega_1)H_2 + (\Omega_3 - \Omega_2)H_3 + (\Omega - \Omega_3)H] \qquad (5-8)$$

欲使四级提水时的总功率最小，可将 N_4 对 Ω 进行偏微分，并令其等于零，即

$$\frac{\partial N_4}{\partial \Omega_1} = 0 \text{ 得 } H_1 + \Omega_1 \frac{\partial H_1}{\partial \Omega_1} - H_2 = 0$$

$$H_2 - H_1 = \Omega_1 \frac{\partial H_1}{\partial \Omega_1} \qquad (5-9)$$

$$\frac{\partial N_4}{\partial \Omega_2} = 0 \ 得 \ H_2 + (\Omega_2 - \Omega_1)\frac{\partial H_2}{\partial \Omega_2} - H_3 = 0$$

$$H_3 - H_2 = (\Omega_2 - \Omega_1)\frac{\partial H_2}{\partial \Omega_2} \tag{5-10}$$

$$\frac{\partial N_4}{\partial \Omega_3} = 0 \ 得 \ H_3 + (\Omega_3 - \Omega_2)\frac{\partial H_3}{\partial \Omega_3} - H = 0$$

$$H - H_3 = (\Omega_3 - \Omega_2)\frac{\partial H_3}{\partial \Omega_3} \tag{5-11}$$

从式（5-9）、（5-10）和式（5-11）可以看出，它们都具有共同的形式。等号左边分别表示二、三和四级泵站的扬程；等号右边乘积的第一部分，表示相邻的前一级泵站的灌溉面积；第二部分，表示各级泵站出水池水位高程处的 $\Omega = f(H)$ 曲线的坡度。因此，各级泵站的扬程就等于 $\Omega = f(H)$ 曲线在该站址处的坡度乘以相邻的前一级泵站的灌溉面积。这就是用图解法确定各级泵站站址高程的原理。

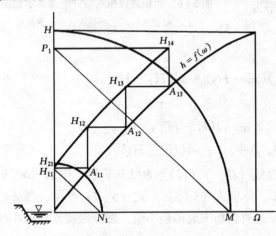

图 5-7　分四级提水时的最小功率图解法

图解时，首先以一级泵站进水池水位高程为原点，以面积 Ω 为横坐标，灌区控制高程 H 为纵坐标，绘出灌区的 $\Omega = f(H)$ 曲线，并从其最高点分别向纵横坐标作垂直线（图 5-7），然后按下述方法进行图解。

（1）假设第一次作图时一级泵站的扬程 $H_{11} = H/n$（n 表示分级的数目，本例 $n = 4$），H_{11} 中的第一个注角 1，表示第一次作图，第二个注角 1，表示一级泵站，其它类推。

（2）从纵坐标上相应的 H_{11} 处，向右作水平级，交 $\Omega = f(H)$ 曲线于 A_{11} 点，该点的高程即一级泵站出水池水位高程（可近似地看作二级站站址高程）。

（3）过 H_{11} 点作 A_{11} 处的 $\Omega = f(H)$ 曲线斜率的平行线，与过 A_{11} 点的垂线相交于 H_{12} 点，由 H_{12} 点向右作水平线，交 $\Omega = f(H)$ 曲线于 A_{12} 点，该点即为二级泵站出水池水位。

仿上述方法，一直求出 H_{14} 和 A_{14} 的位置。若最后 H_{14} 的纵坐标值不等于 H，表示第一次作图时，假设的一级泵站的扬程 H_{11} 不正确，需根据比例关系 $H_{21} = \frac{H}{H_{14}} H_{11}$，按照下面的步骤，求第二次作图时的一级泵站的扬程 H_{21} 值。

（4）以 $\Omega = f(H)$ 曲线的原点 O 为圆心，OH 为半径画圆弧，交横坐标轴于 M 点。

（5）过 H_{14} 点向左作一水平线，交纵坐标于 P_1 点，然后连接 P_1 和 M 两点。

（6）过 H_{11} 点作 P_1M 线的平行直线，交横坐标于 N_1 点。

（7）以 O 为圆心，ON_1 为半径画弧，交纵坐标轴于 H_{21} 点，即为第二次作图时的一级站的扬程 H_{21}。

然后，仿照上述（2）、（3）的方法，求其它各级站的扬程 H_{22}、H_{23} 和 H_{24}，若 H_{24} 的纵坐标仍不等于 H，则再按照 $H_{31}=\dfrac{H}{H_{24}}H_{21}$ 的关系，仿照上述（4）～（7）的步骤，求定 H_{31} 后，再求 H_{34}，直至最后一级泵站扬程的纵坐标和 H 相等为止。此时所得各点 A 的纵坐标值，即为各级泵站出水池水位（下一级泵站的站址高程）。

按照泵站工程总功率最小的原则确定的站址，只能作为选择站址高程的初步依据，因为泵站站址不仅仅取决于最小功率这一因素，还受到其它自然经济条件的限制。

当前，亦可利用电算法求解，可将面积与高程曲线拟合为某一函数（例如采用三次样条插值函数）利用上述最小功率的图解法原理，求出各级泵站站址的高程。

（三）提水灌溉工程的经济扬程

随着我国农田水利事业和机械制造工业的迅速发展，自然条件较好的自流和低扬程灌区已相继开发。从 50 年代末期开始，陆续兴建了一大批高扬程提水灌溉工程。这些工程的建成投产，在战胜干旱、建设稳产高产农田、促进农业丰收、发展农业生产等方面，都起了很大作用。但是，由于这类工程在兴建时需要耗费巨额投资；而运行中又要耗费大量的能源和运行管理费用。因此，对其经济合理性问题，多年来不断地进行了分析和探讨。

所谓高（或低）扬程，并没有统一、严格的界限，只是提水高度的相对概念。而且，在不同自然条件的地区又各不相同。

在提水灌溉工程中，随着扬程的提高，灌溉面积的扩大，效益也在增大，但基本建设投资和年运行费也相应增加，灌溉成本相应提高。由于灌溉效益和成本的增长并不同步，所以，当扬程提高到一定程度后，效益则随之下降。我们把提水灌溉成本等于灌溉使农业增加的产值时的提水扬程，称为极限扬程。扬程再高，灌溉成本的增加超过其增加的农业收入，灌溉效益为负值。显然，从经济意义上讲是不合理的。所谓经济扬程，是指经济合理的提水高度，即小于极限扬程，能获得一定提灌经济效益的扬程，其中经济效益最高时的扬程，为最优经济扬程。可见在规划提水灌溉工程时，为保证其获得一定的经济效益，必须把提水扬程限制在极限扬程以下。

由于我国幅员辽阔，自然条件差别很大，灌溉增产效果相距较远。因此，根据什么原则，使用什么方法确定的提水扬程，才是经济合理的，各地的提法不尽相同，有的还分歧较大。下面简要介绍其中的几种计算方法。

（1）水费负担能力法：它是在综合分析当地的社会经济条件和农民生活水平的基础上，制定出提水灌区的农民能够承受的水费标准，即水费负担能力。使提水灌溉的成本等于这个水费标准的扬程，即为这一地区的提水灌溉经济扬程。下面以电灌站为例说明其计算方法。

设当地的水费负担能力为 D（元/亩）；提水灌溉所消耗的电费为 E（元/亩）；在提水灌溉成本中电费所占的比重为 k（%）。根据上述原则，即

$$E = kD \qquad (5\text{-}12)$$

提水所用的电费为

$$E = \frac{\gamma QHfT}{1000\,\eta_{\text{装}}} \qquad (5\text{-}13)$$

式中 Q——提水流量 $[\text{m}^3/\,(\text{s}\cdot\text{亩})]$；

$\quad$ H——提水扬程 (m)；

$\quad$ T——泵站年运行小时数 (h)；

$\quad$ f——当地农田排灌用电电价 $(\text{元}/\text{kW}\cdot\text{h})$；

$\quad$ $\eta_{\text{装}}$——提水装置效率（或用泵站效率）$\%$；

$\quad$ γ——水的重度 (N/m^3)。

当灌区的平均灌溉定额为 M $(\text{m}^3/\text{亩})$；渠系水利用系数为 $\eta_{\text{渠}}$ 时，则泵站的提水流量为

$$Q = \frac{M}{3600\,T\eta_{\text{渠}}} \quad [\text{m}^3/(\text{s}\cdot\text{亩})] \qquad (5\text{-}14)$$

把式 (5-14)、(5-13) 代入式 (5-12)，则得

$$H_{\text{经}} = \frac{3.6 \times 10^6\, kD\eta_{\text{装}}\,\eta_{\text{渠}}}{\gamma Mf} \qquad (5\text{-}15)$$

式 (5-15) 即为水费负担能力法计算经济扬程的公式。

(2) 净增产值系数法：这种方法根据提水灌溉成本 D 小于灌溉后农作物比旱地净增产值的原则，计算确定经济扬程 $H_{\text{经}}$。设净增产值为 c（元/亩），提水灌溉成本占净增产值的比重为 P（%），则

$$D = Pc \qquad (5\text{-}16)$$

在式 (5-16) 中，提灌成本 D 随扬程而定，可用函数 $D = f(H)$ 表示。而灌溉净增产值 c，可以认为仅与灌溉制度有关；系数 P 则是人为给定的。所以，c、P 均与扬程无关。根据灌区规划中对发展农业生产的要求和临近已成灌区的实践经验，确定 c 和 P 值，从而计算出经济扬程 $H_{\text{经}}$。

(3) 极限扬程计算法：如前所述，极限扬程是提水灌溉成本 D，等于灌溉净增产值 c 的提水扬程。即 $D = c$ 时的扬程称为极限扬程 $H_{\text{极限}}$。在提水灌区的规划中，采用的提水扬程 H 小于极限扬程（即 $H < H_{\text{极限}}$）时，即认为规划选用的扬程是经济的。

(4) 动态分析法：即参照 SDT139—85《水利经济计算规范》规定的方法，计算经济扬程。

《规范》在规定工程投资、年运行费和效益的分析计算方法的基础上，规定了经济效果的分析计算方法。

在经济效果的分析计算中，各比较方案的各种资金都要计算其时间价值。按选定的同一基准年进行时间价值的计算。基准年一般取开始受益的年份，也可取工程开工的年份。并以年初作为折算的基准点。工程投资按每年的年初一次投入，各年的运行费和效益按年末(第二年年初)一次结清计算。灌溉工程中的机电排灌站的经济使用年限采用 20~25 年，

由于泥沙淤积或工程标准偏低的，应根据实际寿命，具体研究确定其经济使用年限。比较各方案或同一方案中的不同建筑物或设备，不论其经济使用寿命是否相同，均采用同一经济计算期。寿命短于计算期的，计及其更新费；寿命长于计算期的，减去其残值。经济报酬率根据我国目前的情况，可暂采用6%～7%。据此，折算到基准年的各项资金的折算总值为K_0，公式来源见图5-8（a）。

$$K_0 = \sum_1^m K'_i(1+r)^{T_i} + \sum_1^n \frac{K_j}{(1+r)^{T_{j-1}}} \tag{5-17}$$

式中　m、n——基准点之前和之后工程投资的年数；

　　K'_i、K_j——基准点之前第T_i年和基准点之后第T_j年的工程投资额；

　　　　r——经济报酬率（%）。

工程运行费的折算总值C_0，见图5-8（b）

$$C_0 = \sum_1^m C'_i(1+r)^{T_{i-1}} + \sum_1^n \frac{C_j}{(1+r)^{T_j}} \tag{5-18}$$

式中　C'_i、C_j——基准点之前第T_i年和基准点之后第T_j年的年运行费；

其它符号意义同前。

工程效益折算总值B_0，见图5-8（c）

$$B_0 = \sum_1^m B'_i(1+r)^{T_{i-1}} + \sum_1^n \frac{B_j}{(1+r)^{T_j}} \tag{5-19}$$

式中　B'_i、B_j——基准点之前第T_i年和基准点之后第T_j年的工程年效益；

其它符号意义同前。

工程的投资、运行费和效益的折算总值乘以换算系数α，得到折算年值。

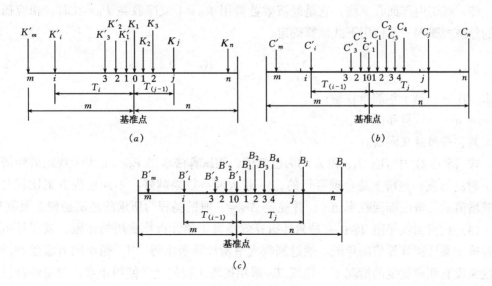

图5-8　资金折算示意图

（a）工程投资折算总值K_0；（b）工程运行费折算总值C_0；（c）工程效益折算总值B

$$\alpha = \frac{r(1 + r)^N}{(1 + r)^N - 1} \tag{5-20}$$

式中　N——经济计算期的年数。

一般采用经济效益费用比 R_0、净收益 P_0、经济内部回收率 r_0 和投资回收年限 T_D 等指标，评价工程或不同方案的经济效果。在提水灌溉工程中，则用上述指标评价提水高度的经济性，即确定经济扬程。

(1) 经济效益费用比 R_0：它是折算到基准年的总效益与总费用的比值，或折算年效益与折算年费用的比值。即

$$R_0 = \frac{B_0}{K_0 + C_0} \tag{5-21}$$

或

$$R_0 = \frac{\overline{B_0}}{\overline{K_0} + \overline{C_0}} \tag{5-21'}$$

式中　$\overline{B_0}$、$\overline{K_0}$、$\overline{C_0}$——工程效益、投运和运行费的折算年值；

其它符号意义同前。

当 $R_0 \geqslant 1$ 时，不同扬程的方案，在经济上都是合理可行的，而且 R_0 越大的方案经济效果越好。为了得到经济扬程的上限值，应对不同扬程方案间增加的效益 ΔB_0、投资 ΔK_0 及运行费 ΔC_0，计算其增值的效益费用比 ΔR_0。当 $\Delta R_0 > 1$ 时，增加投资在经济上是合理可行的；当 $\Delta R_0 = 1$ 时的方案相应的扬程，即为经济扬程的上限值。也就是我们所说的极限扬程值。

(2) 净收益法：即 $P_0 = B_0 - (K_0 + C_0)$ 或 $\overline{P_0} = \overline{B_0} - (\overline{K_0} + \overline{C_0})$。当 P_0 或 $\overline{P_0}$ 为正值时，表明有一定的经济收益。P_0 或 $\overline{P_0}$ 最大则是经济上最有利的方案。$P_0 = 0$ 时相应的扬程，即为经济扬程的上限。

(3) 经济内部回收率法：它是经济效益费用 $R_0 = 1$ 或净收益 $P_0 = 0$ 时，相应扬程方案的经济报酬率。其值用下式试算确定

$$\sum_{i=1}^{n} \frac{B_i}{(1 + r_0)^i} - K_0 = 0 \tag{5-22}$$

式中　B_i——第 i 年的净收益；

n——计算年限；

其它符号意义同前。

式 (5-22) 中 B_i、K_0 和 n 均为已知值，用试算法求出 r_0。r_0 大于规定的经济报酬率 r 时的方案，经济上是合理可行的。r_0 越大经济效果越好。不同扬程方案比较时，计算其增值的经济内部回收率 Δr_0，并规定 $\Delta r_0 = r$ 时的扬程为所求的经济扬程上限值 $H_{经}$。

(4) 投资回收年限 T_D：它是累计折算效益等于累计折算费用的年限，或累计折算净效益等于累计折算投资的年限。通过列收支平衡计算表求得。T_D 越小的方案越好。在目前国家没有明确规定的情况下，建议 T_D 采用提灌工程的经济使用年限，确定经济扬程的上限值 $H_{经}$。

在一般情况下，上述经济指标计算确定 $H_{经}$ 并不相同，为获得提水灌溉的最佳经济

效果，并尽可能地利用水源扩大灌溉面积，建议采用上述计算得到最小经济扬程上限值，作为经济扬程 $H_{经}$。

上述四种计算确定经济扬程的方法，前三种简单易行，虽考虑的因素较少，对于小型提灌工程仍可采用。大、中型提灌工程则应用第四种方法进行分析计算，给出各项指标和建议的 $H_{经}$，作为主管部门审批时决策的依据。

为了对工程或工程的比较方案进行综合经济评价，除进行上述经济效果指标的分析计算外，不论工程规模均应给出单位灌溉面积的投资、单位装机容量投资、单位灌溉面积的装机容量、年功率消耗和工程的混凝土量、土石方量、三材用量及所需的劳动工日等补充经济指标，以便对工程或比较方案作出综合性的、全面的经济合理性评价。

综上所述可见，在多站分级提水的高扬程灌区的规划中，应首先在分析经济扬程的基础上，确定提水高度；进而根据灌区地形和可能采用的水泵等确定提水级数，并用最小功率法初步确定灌区内各级泵站的站址高程；最后根据地形、地质、电源、交通、采用的水泵和渠系布置等条件确定各级泵站的站址，使其符合或接近最小功率法确定的站址高程。

四、设计流量和设计扬程

（一）设计流量

大、中型提水灌区各级泵站的设计流量，由灌区的设计灌水率、各级泵站的控制面积和相应的渠系水利用系数及泵站日开机时数，按下式确定

$$Q = \frac{24q\omega}{t\eta_{渠系}} \tag{5-23}$$

式中　q——设计灌水率 $[m^3/(s\cdot万亩)]$，按《农田水利学》和《SDJ217—84 灌溉排水渠系设计规范》（试行）的方法和有关规定确定；

　　　ω——泵站控制灌溉面积（万亩）；

　　　$\eta_{渠系}$——渠系水利用系数（%）；

　　　t——泵站日开机小时数（h），一般采用 24h，小型泵站可取 22h。

小型提水灌区设计流量可按下式确定

$$Q = \frac{\Sigma m_i\omega_i}{3600\, T t\eta_{渠系}} \quad (m^3/s) \tag{5-24}$$

式中　m_i——用水量高峰时段内，灌区内各种作物的设计净灌水定额（m^3/亩）；

　　　ω_i——各种作物的种植面积（亩）；

　　　T——灌水天数；

其它符号意义同前。

在有调蓄容积的提水灌区，向调蓄容积供水的泵站设计流量，应根据灌溉用水量过程线，调蓄容积的大小，适当延长泵站开机天数，削减设计流量。

确定设计流量时，应同时确定加大流量和最小流量。最小流量用灌区最小灌水率按式（5-23）或 0.4 倍设计流量确定。加大流量是泵站备用机组流量与设计流量之和。一般情况下不应大于设计流量的 1.2 倍。对于多泥沙水源和装机台数少于 5 台的泵站，经过论证，加大流量可以适当提高。

(二) 设计扬程

泵站设计扬程，即选择水泵所用的扬程，是净扬程加上进、出水管道沿程和局部摩阻水力损失后的总扬程。

1. 净扬程

净扬程是泵站进、出水池的水位差（也有称实际扬程、几何扬程的）。进、出水池水位分别由水源和输水渠道渠首水位推算而得。泵站设计中的水源水位有：

最高水位。用于确定泵站的防洪高程和最低扬程。根据泵站工程等级按表 5‑1 规定的防洪设计标准，经水源水文分析计算确定。当水源为输水渠道时，采用其最高水位。

表 5‑1 泵站工程水工建筑物防洪设计标准

建 筑 物 级 别		1	2	3	4～5
洪水重现期（年）	正常运用	>100	100～50	50～20	20～10
	非常运用	>500	200	100	50

注 本表引自《（SD204—86）泵站技术规范设计分册》，表 4.1.1。

设计水位。用于确定泵站的设计扬程等。以江河、湖或水库为水源的泵站，采用历年灌溉期相应于灌溉设计保证率的水源日或旬平均水位；以渠道为水源的泵站，采用渠道的设计水位。

最低运行水位。用于确定水泵的安装高程和进水闸的底板高程等。以江河为水源的泵站，取历年灌溉期保证率 90%～95% 的年最低日平均水位；以湖泊、水库为水源时，采用湖泊的最低水位、水库的死水位；从渠道取水时，采用不小于泵站设计流量 40% 时的相应水位。

最低运行水位是确定水泵安装高程的依据，如果定的偏高，不仅给泵站运行造成困难，还会造成水泵的汽蚀和振动。相反，则使泵房底板高程降低，增加了泵站的工程量和基建投资。因此，泵站最低运行水位应通过技术经济比较确定。

泵站设计中出水干渠的渠首水位为：

最高运行水位，泵站以加大流量运行时相应的渠首水位。用于确定泵站的最高扬程。

设计水位，是根据灌溉设计流量的要求，从控制灌溉面积上的控制点地面高程，自下而上地逐级推求至渠首的水位。用于确定泵站的设计扬程等。

最低运行水位，泵站以最小流量运行时，相应的渠首水位。用于确定泵站的最低扬程。

渠道的纵横断面设计和渠道水深（渠首水位）的确定，均须符合《（SDT217—84）灌溉排水渠系设计规范》的规定。

水源水位减去水源至进水池之间的连接建筑物和拦污栅的水力损失，即为进水池水位。渠首水位加上出水池与渠首间的连接建筑物水力损失，即为出水池水位。

由于进、出水池水位的不同组合，产生了泵站的不同扬程，称为泵站的特征扬程（净扬程）。其确定方法如下：

（1）设计净扬程，是泵站进、出水池设计水位差。泵站在此扬程下运行时的提水流

138

量，必须满足灌溉设计流量的要求。

（2）最高净扬程，是泵站在长期运行中可能出现的净扬程最大值。采用进、出水池水位过程线中的最大差值。无水位过程时，通过分析进、出水池各种水位出现的机遇，采用其最大差值。北方灌区一般可采用出水池最高水位与进水池最低水位之差。一般在此扬程下，泵站总装机的提水流量应满足加大流量的要求。

（3）最低净扬程，是泵站在长期运行中，可能出现的净扬程最小值。采用进、出水池水位过程线中的最小差值。也可按进水池最高水位与出水池最低水位计算。

应当指出，最高和最低净扬程，一般情况下只是在水源泵站才有意义。在多级提水灌区内的各级泵站均采用续灌的方式时（为减少总装机容量，一般均采用续灌方式），因进、出水池水位同步升降，则无此特征扬程或与设计净扬程相差无几。

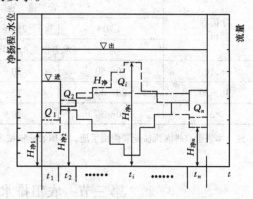

图 5-9　平均净扬程 $\overline{H}_{净}$ 计算示意图

在低扬程泵站，因水源水位变幅相对于设计净扬程的比重较大，灌溉季节泵站在设计净扬程下运行时间很短。为使水泵在整个灌溉季节的运行平均效率最高、耗能量最少，采用灌溉季节泵站出现机遇最多，运行历时最长的扬程、即平均净扬程代替设计净扬程。

平均净扬程是根据设计水文系列或设计典型年灌溉季节泵站提水过程中所出现的分时段扬程、流量和历时用加权平均法求出的。如图 5-9 所示。

$$\overline{H}_{净} = \frac{\sum\limits_{i=1}^{n} H_{净i}Q_i t_i}{\sum\limits_{i=1}^{n} Q_i t_i} \tag{5-25}$$

式中　$\overline{H}_{净}$——灌溉季节泵站的平均净扬程（m）；

　　n、i——灌溉季节泵站提水时段数，时段序号；

　　　t_i——灌溉季节泵站提水各时段的历时（d 或 h）；

　　$H_{净i}$——相应于时段 i 的泵站净扬程（m）；

　　　Q_i——相应于时段 i 的泵站流量（m³/s）。

2. 设计扬程和管道损失的估计

在水泵尚未选型，管道尚未选配的情况下，不可能计算管道的沿程和局部水力损失。但水泵选型依据的设计扬程中，又必须包括管道的水力损失。因此，在已知设计流量和净扬程的情况下，一般根据可能选用水泵的流量，净扬程和拟采用的管道布置方式及其长度，凭经验或参考相似泵站估计水力损失，并用 $KH_{净}$ 表示。则泵站的设计扬程为

$$H = (1 + K)H_{净} \tag{5-26}$$

式中　H——泵站设计中的特征扬程（m）；

$H_净$——与 H 相应的特征净扬程（m）；

K——估计的管道水力损失占净扬程的百分率（%），按设计净扬程采用。

当设计中确定 K 值有困难时，可参照表 5-2 采用。

表 5-2　　　　　常用管道水力损失估算表

净扬程 (m)	管道直径（mm）			备注
	≤200	250～300	≥350	
	K（水力损失相当于净扬程的百分数）			
<10	30～50	20～40	10～25	管径 <350mm 时，含底阀损失；管径 >350mm 时，不含底阀损失
10～30	20～40	15～30	5～15	
>30	10～30	10～20	3～10	

注 本表引自排灌机械配套使用手册，中国农业机械出版社，1982 年。

第三节　农田排水泵站工程规划简介

农田排水泵站工程的任务是排涝、排渍。在江河、湖泊沿岸修建的排水泵站，如兼负提水灌溉任务的，称为排灌结合泵站工程。在地下水位较高，有防渍或治碱要求的地区修建泵站工程，应兼提地下水，控制地下水位，防治土壤盐渍化。

排水泵站工程建于沿江（河）滨湖、滨海圩垸和平原地区的低洼地带，暴雨季节，涝水不能自流排除，必须提排才能避免或减轻涝灾的地方。规划中应充分注意到，暴雨历时短，水量大的特点。充分利用地形高差和有利时机，自流排水；充分利用区内河、湖、沟、渠等作调蓄容积，以削减洪峰，减少装机。另外，排水泵站在整个使用期间的运行时间很短，应尽量使其兼作排涝、排渍、治碱、灌溉提水，又能进行加工生产、调相运行、改善环境等方面的服务。提高设备利用率，充分发挥工程的综合效益。

一、排水区划分

平原湖区排水区的划分，应根据地理位置、地形、水系、原有排水系统和行政区划等条件进行分片分级。

在沿江滨湖圩区，地形虽平坦，也有一定高差，尤其是面积较大的排水区。分区应根据其地形特点，容泄区的水位条件，原有排水系统等，地势较高有自流条件的划为自流排水区。地势低洼，排涝期间容泄区水位长期高于田面的区域，划为提排区。介于两者之间的区域则采用自流与提排相结合的方式。

半山半圩平原区，要在山、圩或高低分界处，在稍高于容泄区设计水位高程的等高线布置截流沟，自流排水。在圩区或低处提排。高低分开，并避免上游客水流向下游形成洪灾。

滨海或感潮河段地区，受洪水影响较小，而受潮汐的影响较大。应按照地面高程和海潮平均水位的相对关系，划分为自流、提排和自流提排结合三种形式的排水区。

在面积较小或地形平坦单向倾斜的排水区，常采用单站或多站一级分区排水的方式，

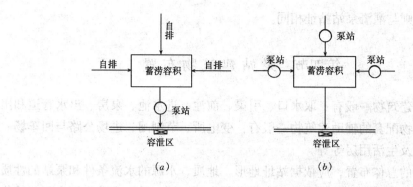

图 5-10 一级排水方式示意图

(a) 单站一级排水；(b) 多站一级分区排水

如图 5-10 所示。

在面积较大、地形复杂且扬程较高的排水区，宜采用二级排水方式。在局部洼地建小站（也称内排站），将田间涝水排入调蓄容积或外排站的输水干渠，再由外排站排至容泄区。在容泄区水位较低时，则开闸自流排水，如图 5-11 所示。

内排站不仅能排涝、灌溉，还能控制低田的地下水位，充分发挥调蓄区的作用，有效地减少外排站的设计流量。如江汉平原、洞庭湖圩区等大排水区，大都采用如图 5-11 所示的二级排水方式。内排站的总容量不宜过大，否则，与外排站的提排能力、干渠过水能力、调蓄的调蓄能力不相适应，一遇排涝，干渠水位被迫抬高，自排区受顶托而不能自排，使部分农田受灾。内、外排泵站装机容量的分配比例，应通过技术经济比较确定。排水泵站工程建设的实践经验表明，合理的内排站装机容量占总容量的 5%～30%。内排站控制的排水面积占全部排水面积 10%～35% 比较适宜。

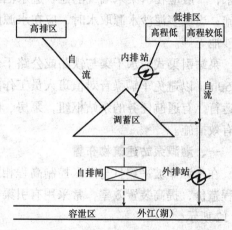

图 5-11 二级排水方式示意图

二、站址选择

以排涝为主的排水泵站站址，应选在排水区的较低处，与自然汇流相适应；靠近河岸且外河水位较低的地段，以便降低排水扬程、减少装机容量和电能消耗并缩短泄水渠的长度。尽量利用原有排水渠系和涵闸设施，减少工程量和挖压耕地的面积；充分考虑自流排水条件，尽可能使自流排水与提排相结合。

排水和灌溉结合的泵站站址，应选在有利于内水外排、外水内引和泵站建筑物与渠首工程易于布置的地方。并充分注意到自流排水、自流灌溉的可能性。

站址和泄水渠应选在容泄区岸坡稳定、冲刷和淤积较少的地段；应有适宜的外滩宽度，以利于施工围堰和料场布置，而且不使泄水渠过长。并能使泵站具有正面进水、正面泄水的良好水流条件。

其他要求，则与灌溉泵站站址相同。

第四节　泵站建筑物布置

泵站的主要建筑物一般有：取水口、引渠、前池、进水池、泵房、出水管道和出水池等。与主要建筑物配套的辅助建筑物一般有：变电所、节制闸、进场公路与回车场、修配厂和库房、办公及生活用房等等。

泵站建筑物的总体布置，应依据站址地形、地质、水源的水流条件和泵站的性质，泵房结构类型和综合利用的要求等因素，全面考虑合理布局。设计中首先把主要建筑物布置在适当的位置上，然后按辅助建筑物的用途及其与主要建筑物的关系，将其分别布置适当的地方。泵站建筑物总体布置尽量做到紧凑、便于施工及安装、运行安全、管理方便、经济合理、美观协调、少占耕地等。

还应指出，泵站各建筑物之间应有足够的防火和卫生隔离间距；满足交通道路的布置要求；一般应在引渠末端或前池、进水池的适当位置设1～2道拦污栅及与其配套的清污设施；当从多泥沙水源取水时，应在水源岸边布置防沙建筑物，或在引渠的适当位置布置沉沙池等等。

泵站引渠式输水干渠与铁路或公路干道相交时，站、桥或站、道宜分建且间距不应小于50m，以避免车辆噪音对值班人员工作的干扰和尘土飞扬污染泵房区域，保证泵站的安全运行。有通航任务的泵站枢纽，泵房、船闸应分建，必须合建时，要采取保证通航安全的有效措施。

一、灌溉泵站建筑物布置

在水源岸坡平缓且与灌区控制高程相距较远的场合，为了缩短压力管道的长度，降低工程造价，提高装置效率，常采用有引渠的布置形式，使泵房尽可能地靠近出水池。如图5-12所示。

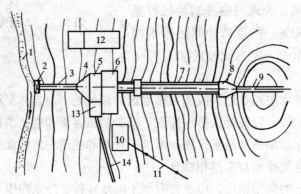

图5-12　有引渠的灌溉泵站建筑物布置示意图

1—河流；2—进水闸；3—引渠；4—前池；5—进水池；6—泵房；7—压力管道；8—出水池；
9—输水干渠；10—变电站；11—输电线；12—办公及生活用房；13—回车场；14—进场公路

当水源岸坡陡峻且与灌区控制高程较近时，多采用无引渠的布置形式。泵房建在水源岸边，直接从水源中取水。如图 5‑13 所示。

多级提水中灌区内的泵站，一般均建在输水渠道末端的深挖方中，布置与图 5‑12 所示的有引渠布置形式相同。在深挖方中修建泵房，要合理确定泵房区的开挖面积，改善泵房的通风、散热和采光条件。

二、排水泵站建筑物布置

汛期排水区的渍水不能顺利及时地排出，必须泵站提排，但在容泄区的枯水期或洪峰过后却可以自流排水。因此，常建成自流排水和泵站提排两套排水系统的泵站枢纽工程。按照自流排水建筑物和泵房的相对关系，排水泵站建筑物布置分为合建式和分建式两种。如图 5‑14 和图 5‑15 所示。

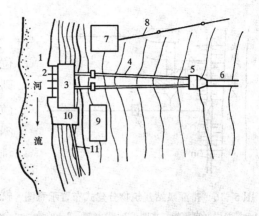

图 5‑13 无引渠灌溉泵站建筑物布置示意图
1—水源；2—取水建筑物；
3~11—同图 5‑12 的 6~14

自流排水闸与泵房分开建造的分建式布置与合建式布置相比，具有便于利用原有排水闸，且泵站有单独的前池、进水池、进水平顺、出水池易于布置等优点，因此实际工程中应用较多。

排水泵站的出水方式，可以是出水池接明渠（如图 5‑14），也可以是暗管（如图 5‑15）。

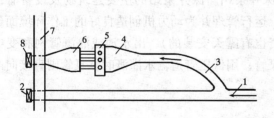

图 5‑14 排水泵站建筑物布置—分建式
1—排水干渠；2—自流排水闸；3—泵站引渠；4—前池和进水池；5—泵房；6—出水池；7—河堤；8—防洪闸

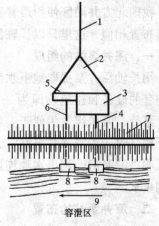

图 5‑15 排水泵站建筑物布置—合建式
1—排水干渠；2—前池和进水池；3—泵房；4—出水管；5—自流排水闸；6—自流排水管；7—堤；8—泄水建筑物；9—容泄区

按照泵房与围堤的相对位置，泵站建筑物布置可分为堤后式和堤身式。堤身式因泵房直接抵挡容泄区的洪水，一般应用于扬程不大于 5m 的场合。堤后式则一般扬程为 10m 左右。两种方式的布置和设计，均应注意堤防安全并符合堤防的有关规定。

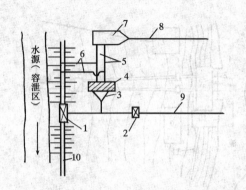

图 5-16　排灌泵站建筑物分建式布置示意图
1—灌溉引（自流排）水闸；2—节制闸；3—前池
和进水池；4—泵房；5—压力水管（去出水池）；
6—压力水管（去容泄区）；7—出水池；8—灌
溉干渠；9—排水干渠；10—堤

三、灌排结合泵站建筑物布置

一般排水区遇暴雨须要排水，若容泄区水位低于排水干渠水位时，可以自流排水，反之则须泵站提排。由于受地形的影响低处排水时，高处须要灌溉；由于季节间的气候差异，雨季须排水而旱季又须灌溉。这样使同一泵站兼做排涝和灌溉则称为排灌结合泵站。

排灌结合泵站建筑物布置的形式很多，但就其主要特征可分为节制闸与泵房建在一起的合建式和分开建造的分建式。图 5-16 所示为分建式排灌结合泵站建筑物布置示意图。

排灌结合，并考虑自流排水自流灌溉的泵站，因其承担的任务较多，所以布置形式也多，一般以泵房为主体，充分发挥附属建筑物的配合调节作用，以达到多目标的排灌结合。当冬、春季节须要从水源引或提水灌溉时，各附属建筑物的控制高程、尺寸和水泵安装高程等均应根据引水时期水源的低水位研究确定。

第五节　深井泵站的组成与布置

我国北方井灌区使用最普遍的是长轴深井泵，其次是潜水电泵。二者相应的泵站组成及其布置相似，这里只以长轴深井泵站为例，对其组成及布置作简要介绍。

一、深井泵站的组成

用长轴深井泵提取地下水灌溉时，水泵浸没于井水中，电动机设在井上，一台泵和与其配套的设备和建筑物即为一个独立的深井泵站。深井泵站的主要建筑物及设备有：管井、泵管、泵机组，为便于安装、检修、运行管理并为动力机创造良好的工作环境而建造的泵房（农田灌溉深井泵站，为节省投资也有露天安装的）、出水池或灌溉管网和变电站等。明渠灌溉时，用出水池连接明渠和泵管；用低压管道输水灌溉时，泵管则直接向灌溉管网供水。

二、深井泵站的布置

（1）深井泵房：通常有地面式、半地下式和地下式三种。明渠灌溉常采用地面式泵房；低压管道灌溉时，可采用半地下式泵房，如图 5-17 所示。地下式泵房因投资大、运行管理不便，灌溉井泵站中尚未采用。

深井泵房的内部布置及尺寸的确定，除适当布置动力机、水管和配电设备外，必须根据井、泵、泵管和泵轴的具体情况，布置检修的平面位置和空间。设计时可参考《S651 深井泵房标准图集》。

（2）深井泵站布置：深井泵站均首先确定井位（因为深井已经打好），泵房位置自然确定。根据灌溉渠系或管网的布置要求，确定出水池或出水管的位置。建井时已有道路，把变电站布置在靠近泵房的适当位置，即完成了深井泵站的布置。布置中应使变电站尽量靠近泵房，并使整个泵站尽可能地少占耕地。

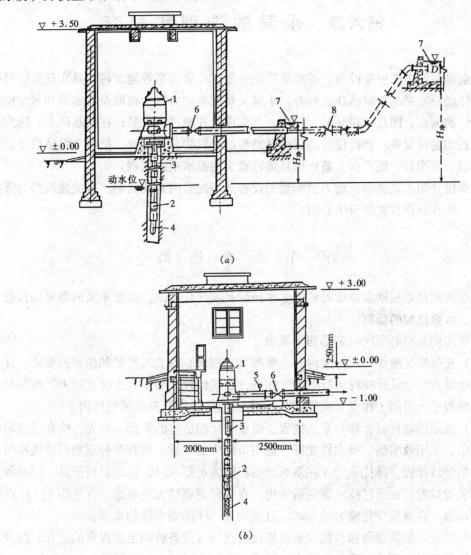

(a)

(b)

图 5-17 深井泵房及出水池布置图

(a) 地面式深井泵房；(b) 半地下式深井泵房

1—电动机；2—水泵；3—泵管；4—滤水管；5—压力表；6—闸阀；7—出水池；8—逆止阀

第六章 水泵的选型和配套

水泵是泵站中的主要设备，按照灌排任务要求正常而高效地运转，是实现灌排目标并获得最佳经济效果的关键所在。同时，水泵又是配套动力机、辅助设备选型和泵站枢纽建筑物设计的依据。因此，在泵站设计中，首先应合理地选择水泵；在此基础上，选配适当的动力机和辅助设备；选择设计适宜的泵站枢纽建筑物与其配套，把整个泵站设计成满足灌排要求、效率高、能源省、造价低且运行费少的提水枢纽工程。

本章仅介绍水泵选型、动力机和辅助设备选型配套的有关问题。有关建筑物的选型设计问题，将在其他有关章节中介绍。

第一节 水 泵 选 型

水泵选型就是根据灌排所需的流量和扬程及其变化规律，确定水泵的型号和台数。

一、水泵选型的原则

所选用的泵型必须同时满足如下要求。

（1）充分满足灌排设计标准内各个灌溉（或排水）季节的流量和扬程的要求。并尽量使所选水泵在泵站设计扬程运行时的工作点，在其设计（额定）工况点附近，在泵站最高及最低扬程运行时的工作点（或经调节后的工作点），在其高效区范围内。

（2）选用性能良好，并与泵站扬程、流量变化相适应的泵型。首先，应在已定型的系列产品中，选用效率高、吸水性能好、适用范围广的水泵。当有多种泵型可供选择时，应进行技术经济比较，择优采用。在系列产品不能满足要求时，可试制新产品，但必须进行模型和装置试验，在通过技术鉴定后采用。在扬程变幅较大的泵站，宜选用 Q-H 曲线陡降型的水泵；在流量变化较大的泵站，宜选用 Q-H 曲线平缓的水泵。

（3）所选水泵的型号和台数使泵站建设的投资（设备费和土建投资的总和）最少。

（4）便于运行调度、维修和管理。

（5）对梯（多）级提水泵站，水泵的型号和台数应满足上下级泵站的流量配合要求，尽量避免或减少因流量配合不当而导致的弃水。

（6）在有必要的情况下，尽量照顾到综合利用的要求。

二、水泵选型的步骤和方法

水泵选型是泵站工程规划的重要内容，应与灌（排）区的划分同步进行。灌（排）区划分时要考虑到可能选用的泵型；而泵型选择的依据是灌（排）区划分后确定的泵站流量、扬程及其变化规律。在实际工程规划中，是在确定灌溉排水设计标准与工程控制范围的基础上，拟定灌（排）区划分的可行方案及各方案的工程总体布置。确定泵站的流量、扬程及其变化规律。进而选择水泵、配套动力机与辅助设备，计算各方案的经济指标，进行技术经济论证，评价其效果，从中选择最佳方案。这里仅简要介绍在泵站流量、扬程及其变化规律已知的前提下，水泵选型的步骤和方法。

（1）根据泵站的特征扬程，从水泵综合型谱图上（或水泵性能表上）选择几种不同流量的水泵。不同泵型的单泵流量用 Q_i 表示。

（2）根据泵站设计流量和单泵流量 Q_i，确定不同泵型的水泵台数 n_i，并使满足下式要求。

$$Q_设 \approx \Sigma n_i Q_i \qquad (6-1)$$

式中　$Q_设$——泵站设计流量（m^3/s）；

　　　Q_i——所选泵型的单泵流量。用相应于泵站设计扬程或平均扬程时的水泵流量（m^3/s）；

　　　n_i——相应于 Q_i 的泵型的水泵台数。

并在泵站设计流量过程线上进行拟合，如图 6-1 所示，检查能否满足灌排流量变化的要求；检查 n_i 是否接近整数并符合泵站水泵台数的要求；在拟合过程线与设计过程线比较接近的情况下，在灌溉（或排水）允许的范围内，修定设计流量过程线，使两者吻合。

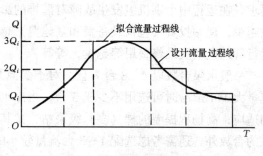

图 6-1　泵站流量过程线拟合示意图

（3）按初选的泵型及台数，配置管道及附件并绘制管路特性曲线，求出水泵的工作点，确定水泵安装高程。

（4）选配动力机和辅助设备，拟定泵房的结构形式和布置方式等。

（5）按所选不同型号水泵的特点，对泵站所需设备费、土建投资、运行管理费等进行计算、分析比较。

（6）根据水泵选型原则，按照技术经济条件，确定采用的泵型和台数。

三、水泵选型中应注意的问题

（一）水泵类型的选择

灌排提水工程所用叶片泵的选择，由其本身的性能特点和泵站设计扬程而定。其特点如下。

（1）卧式泵对安装精度的要求比立式泵低，且便于检修。但一般在起动前要进行排气充水，泵房平面尺寸较大，荷载分布较均匀，适用于地基承载力较低、水源水位变幅不大的泵站。

（2）立式泵泵房的平面尺寸较小，水泵叶轮浸没于水下，启动方便，电动机安装在上层，便于通风有利防潮。但泵房高度较大，对安装精度要求较高，且检修麻烦，适用于水源水位变幅较大的泵站。

（3）斜式轴流泵安装、检修方便，且可安装在岸边斜坡上，其叶轮浸没于水下，便于启动。

一般来说，灌溉泵站扬程较高，多采用卧式或立式离心泵或混流泵。排水泵站扬程较低，多采用立式或卧式轴流泵或混流泵。流量较小的低扬程泵站，为便于安装检修甚至流动作业，采用斜式轴流泵。总之，应综合考虑泵站的性质、水源水位变幅、泵房的地基和适宜的开挖深度等条件，来确定采用何种类型的水泵。

需要指出的是，混流泵和轴流泵的使用范围有相当大的重叠，由于混流泵的高效范围宽广，轴功率变化较小，当工况变化时，动力机常接近额定功率工作，且运行效率较高。加之混流泵结构尺寸较小，可节省土建投资。所以，在混流泵和轴流泵均可选用的条件下，应优先选用混流泵。

为了便于维修管理，同一泵站或灌排区内的主要水泵应尽可能选用同一种类型。

（二）水泵台数的确定

泵站水泵台数，应为满足泵站设计流量所需的水泵台数与备用水泵台数之和。

水泵台数的多少，对泵站有很大的影响。台数越多，越容易适应不同时期灌排流量的要求，在运行中个别机组发生故障对灌排的影响也越小。在设备总容量一定的情况下，台数越少，建站投资（包括设备费和基建费）越小，单机容量越大其运行效率越高，需要的运行管理人员及维修费用等越少，等等。

一般水泵台数以 4～8 台为宜。对于灌溉泵站，当流量小于 $1m^3/s$ 时可选用两台；当流量大于 $1m^3/s$ 时可选用不少于 3 台；当出水管较长，水泵并联布置时，水泵台数应与之相适应；高扬程提灌的梯（多）级泵站，尤其是空流段的泵站，除根据流量要求确定主水泵的台数外，还需考虑选配 1～3 台流量较小的小型调节机组，以便在各种流量下运行时，与上下级泵站相互配合、协调一致、避免弃水。排水泵站因其设计流量及变化过程具有大而快的特点，所以应采用多台数的方式，一般当流量小于 $4m^3/s$ 时，可用两台，当流量大于 $4m^3/s$ 时，应选用不少于 3 台。灌排结合泵站，必须满足灌溉和排水的流量和扬程要求，宜采用多台数的方案。

备用水泵的台数，对于灌溉泵站，一般不超过设计流量所需水泵台数的 20%，或按设计选定的加大流量确定。对于多泥沙水源和装机台数少于 5 台的泵站，经过论证，备用水泵的台数可以适当增加。排水泵站因其运行时间很短，一般不设备用水泵。灌排结合泵站，则根据灌排流量及灌排所需水泵台数的相对关系而定，当排水流量较大所需水泵台数较多，能满足灌溉加大流量要求时，一般不另设备用水泵。

第二节 动力机的选型和配套

水泵必需在动力机的带动下工作，除泵厂已有配套动力机的水泵（如某些中小型叶片泵、潜水电泵、长轴井泵等）外，当水泵选定后，都须要选配合适的动力机。

灌排泵站最常用的动力机是电动机和柴油机。在条件特殊的地区则有利用其他能源为动力的动力机。如利用水能的水轮泵和水锤泵;利用风能的风车;利用太阳能的太阳能泵;汽油机仅用于小型临时性水泵机组中等等。下面只介绍最常用的电动机选型配套的有关问题。

一、电动机的选型

利用电能虽输变电工程和机电设备投资较大，但电动机操作简便，起动迅速，工作可靠，运行费低，且具有便于维修、易于实现自动化等优点。因此，在电源有保证的情况下，应优先选用电动机。

电动机的选择，根据电源容量的大小和电压等级，水泵的轴功率和转速，以及所采用的传动方式等条件确定采用电动机的类型、容量、电压和转速等。

（一）电动机的类型选择

用来驱动叶片泵的电动机大多是三相交流电动机，它们有各种不同的类型，可以根据使用条件分别采用。

（1）如功率小于100kW，通常采用具有一般用途的Y系列防护式普通鼠笼型转子异步电动机，因为其在启动转矩、转差率与其他性能上并没有特殊的要求。系列的额定电压是220/380V。

（2）如功率在100kW到300kW之间，可以采用JS、JC或JR系列异步电动机。"S"、"C"和"R"分别表示双鼠笼型转子、深槽鼠笼型转子和绕线型转子。双鼠笼型与深槽鼠笼型是鼠笼型异步电动机的特殊型式，都具有较好的启动性能，适用于起动负载较大和电源容量较小的场合。绕线型转子异步电动机适用于电源容量不足以供鼠笼型异步电动机启动的场合，它的启动电流较小，发热量也较小，但价格较高，一般在起、停频繁的设备上配套使用，作为水泵的动力机应用的较少。这类电机的电压为220/380及3000V或6000V。

（3）如功率在300kW以上，可以采用JSQ、JRQ系列异步电动机或T_Z系列同步电动机。"Q"表示特别加强绝缘，"T"表示同步，"Z"表示座式滑动轴承。同步电动机成本较高，可是它具有较高且可调的功率因数和较高的效率，适用于功率较大和连续运行时间较长的场合。这些系列的额定电压是3000V或6000V。

如果排灌泵站是由6000V或10000V电压的电力网供电的，则应当尽可能使用同样电压的电动机，以节省变电设备费。

使用条件比较特殊的水泵需要配特殊型式的电动机。例如：深井泵通常配用YLB立式空心轴电动机等。

应当指出，在电网功率因数较低或梯级提水泵站群中多采用异步电动机的情况下，为改善电网的电压质量，提高电网功率因数、减少输电损失、增加输送容量，应通过技术经济比较，采用部分同步电动机。

（二）电动机的功率和转速

与水泵配套的动力机所应有的输出功率可按下式确定

$$N_{机} = K \frac{\gamma QH}{1000 \eta_{传}} \quad (\text{kW}) \tag{6-2}$$

式中　γ——被抽液体的重度（N/m³）；

H——水泵的最不利工作扬程，对于离心泵应采用设计最低扬程，对于轴流泵应采用设计最高扬程（m）；

Q——水泵在最不利工作扬程下的流量（m³/s）；

η——水泵在最不利工作扬程下的效率（%）；

$\eta_{传}$——传动效率（%）；

K——电动机的功率备用系数，它是电动机额定功率和可能出现的最大功率的比值。

备用系数 K 是考虑了一些非恒定因素对功率的影响而定的。例如：水泵填料的松紧、电动机和水泵额定转速之间的微小差值、水泵和电动机性能试验中的允许误差、机组在长期运行中可能出现的水泵和管道特性变化以及水源含沙量变化引起的水泵轴功率的增值等等。这些因素的影响大小难于预料，但其随机组功率的增大而减少是肯定的。

如果 K 值选得过大，不仅造成动力的浪费，而且电动机经常在欠载情况下运行，其功率因数和效率均将降低。如果选用得过小，电动机又有超载的危险。目前我国对排灌用电动机的备用系数还没有作出统一规定。确定配套电动机功率时，可参照苏联国家标准 ГОСТ12878—67 的规定（表 6-1），选用备用系数 K 值。

表 6-1   电动机的功率备用系数 K 值

泵轴功率（kW）	≤20	21~50	51~300	>300
备用系数 K	1.25	1.20	1.15	1.10

注 表列数据引自《泵站设计与抽水装置试验》第 56 页，水利电力出版社，1990 年 2 月（中译本）。

电动机的转速，根据水泵的转速和采用的传动方式确定。如为直接传动，则电动机与水泵的额定转速相同。当采用间接传动时，两者额定转速之比等于传动比。应当指出，相同容量的电动机，额定转速越高，体积越小，效率越高，功率因数越大，也越经济。

二、电动水泵机组的启动校核

一般地讲，对于动力机水泵的启动属于轻载启动。中、小型水泵的配套电动机，只要其额定功率满足式（6-2）的要求，机组的起动即不会发生问题。大型电动机的启动电流很大，对电网形成很大的冲击，引起较大的瞬时电压降，影响电网的正常运行。大型电动水泵机组的转子惯性矩大，阻力矩也大，起动比较困难，在不少大型泵站，为了提高电网的功率因数改善供电质量，选用同步电动机，如果起动阻力矩过大，则同步电动机无法加速到牵入同步转速，不能投入正常运行。另一方面，若阻力矩过大，会使电动机处于低速超载的运行状态，导致电动机发热甚至被烧坏。因此，对于大型电动水泵机组，为了保证其顺利启动和正常运行，必须进行启动转矩和历时的校核。

（一）电动水泵机组的启动转矩校核

首先，机组从静止状态启动，要克服转子的静摩擦力矩 $M_{静摩}$（图 6-4）。其值主要决定于转子的支承情况。可用下式计算

$$M_{静摩} = \mu GR \quad (N \cdot m) \tag{6-3}$$

式中 μ——轴承摩擦系数，一般为 0.1~0.2；

    G——转子的重力（N）；

    R——卧式机组的转轴摩擦半径，立式机组转子支承中心的位置半径（m）。

异步电动机或同步电动机异步启动时的瞬时转矩 M_1，如图 6-2。其值可按下述经验公式计算

$$M_1 = \frac{0.00098 U_x^2 R'_2}{(R_1 + R'_2)^2 + (X_1 + X'_2)^2} \quad (\text{N} \cdot \text{m}) \tag{6-4}$$

式中　U_x——启动瞬时电动机的端电压（V）；

R_1、X_1——定子有效电阻与定子绕组漏抗（Ω）；

R'_2、X'_2——转子折合到定子侧的有效电阻与漏抗（Ω）。

上述 R_1、R'_2、X_1、X'_2 为电动机的设计参数。M_1 用上式计算较麻烦，一般可采用其额定转矩的 $0.4\sim0.75$ 倍。必须满足 $M_1 > M_{静摩}$ 的要求。

其次，转子从静止状态启动后，不断加速，直至异步机达到额定转速，同步机异步启动达到额定转速的 95% 的整个过程中的转矩平衡方程为

$$M_机 = M + M_{加速} \tag{6-5}$$

$$M = M_{水阻} + M_{机阻} + M_{动摩} \tag{6-6}$$

$$M_{加速} = J\frac{d\omega}{dt} = J\frac{2\pi dn}{60 dt} = \frac{GD^2 \pi dn}{4g\,30 dt} = \frac{GD^2 dn}{375 dt} \tag{6-7}$$

式中　$M_机$——电动机的电磁转矩（N·m）；

M——机组的总阻力矩（N·m）；

$M_{加速}$——机组转子的加速转矩（N·m）；

$M_{水阻}$——水泵转子的阻力矩（N·m）；

$M_{机组}$——电动机转子的阻力矩（N·m）；

$M_{动摩}$——机组动摩擦阻力矩（N·m）；

J——机组转子的转动惯量；

ω、n——机组转子的转动角速度及转速（r/min）；

t——时间（s）；

GD^2——机组转子的飞轮惯量（N·m^2），即水泵与电动机转子飞轮惯量之和。由于水泵比电动机转子的飞轮惯量小的多，因此，计算时可采用电动机飞轮惯量的 $1.08\sim1.1$ 倍，作为机组转子的飞轮惯量 GD^2 值。

从式（6-5）可见，必须满足 $M_机 > M$ 的条件，才能保证 $M_{加速} > 0$，使转子不断加速，直到异步机达到额定转速 n_0，同步机的异步启动转速达到 $0.95n_0$。

电动机的电磁转矩 $M_机$ 与端电压和转差率的关系如图 6-2 所示。额定电压时的 $M_机$ 可采用近似公式（6-8）计算

$$M_机 = \frac{2M_k}{\dfrac{S}{S_k} + \dfrac{S_k}{S}} \tag{6-8}$$

$$M_k = \frac{M_1(1 + S_k^2)}{2S_k} \tag{6-9}$$

$$S = \frac{n_0 - n}{n_0} \tag{6-10}$$

$$S_k = \left(\frac{0.05M_2 - M_1}{M_1 - 20M_2}\right)^{0.5} \tag{6-11}$$

式中　M_k——临界转矩（N·m）（即最大转矩）；

　　　S——转差率，随转速 n 而变；

　　　S_k——临界转差率（即临界转矩时的转差率）；

　　　M_2——同步电动机的牵入转矩（N·m）。应大于 M，在估算 S_k 时可假设等于 1.0

　　　　　~ 1.1 倍的额定转矩，进行试算；

n_0、n——额定转速和转速（r/min）；

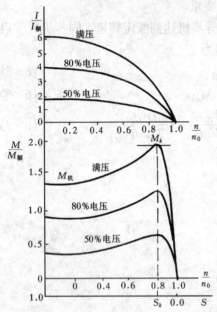

图 6-2　电动机的电流及转矩曲线示意图

其它符号意义同前。

由图 6-2 可见，电动机满压启动时的电流很大，如果输电线路，变压器或发电厂的容量不是足够大的话，就会导至电网电压的显著下降，影响电网中正在运行电气设备的正常工作。因此，对较大容量电动机的启动电流和电压降必须进行校核。满压启动电压降超过允许值时，应降压起动。降压启动的 $M_{机}$ 为相应电压的转矩曲线，如图 6-2 所示。

电动机的阻力矩 $M_{机阻}$，也称损耗力矩，可以认为是不随转速而变的常值，如图 6-3 所示。

$$M_{机阻} = (1 - \eta)M_{额} \qquad (6-12)$$

式中　η——电动机的效率；

　　　$M_{额}$——电动机的额定转矩（N·m）。

机组转子的动摩擦力矩 $M_{动摩}$，可用下式计算，如图 6-4 中曲线 AE 所示。

$$M_{动摩} = \mu GRS^2 \qquad (6-13)$$

叶片泵叶轮对水流作功的水力阻力矩曲线，与叶片泵的类型（比转速）、净扬程与水泵扬程的比值、以及闸阀的启闭情况有关。离心泵的启动特性如图 6-4 所示。

水力阻力矩 $M_{水阻}$ 的计算较复杂，尚无精确理论公式，建议按式（6-14）计算。开阀启动 $M_{水阻}$ 与 n 的关系，如图 6-4 中的曲线 OF 所示。

$$M_{水阻} = 9555\left(\frac{n}{n_0}\right)^2\left(\frac{N_0}{n_0}\right) \quad (\text{N·m}) \qquad (6-14)$$

$$n = \frac{n_0 t}{T} \qquad (6-15)$$

或者　　　　$$t = \frac{n}{n_0}T \qquad (6-16)$$

式中　N_0——水泵的额定功率（kW）；

　　　n_0——额定转速（r/min）；

　　　n——启动过程中的转速，随时间 t 而变，假定 n 与 t 成线性关系；

　　　T——启动过程历时（s）。

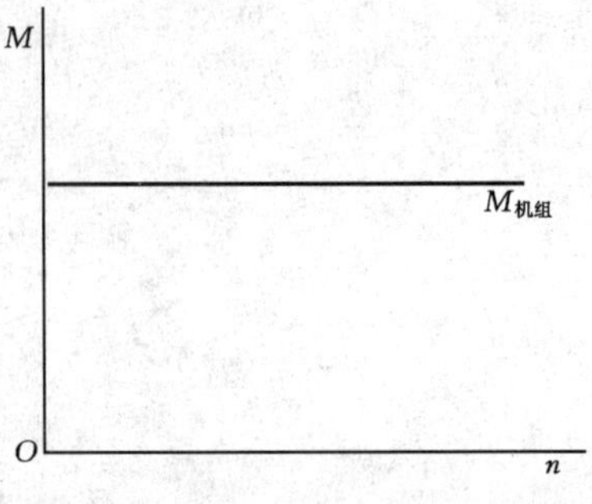

图 6-3　电动机阻力矩与转速的关系

离心泵关阀启动时，水泵阻力矩 $M_{水阻}$ 由 $n=0$ 时的 A 点开始，随转速升高下降至 B 点。而后，随转速上升阻力矩沿曲线 BC 上升，转速达 n_0 时上升到 C 点。这时打开闸阀，$M_{水阻}$ 则随 Q 的增大而沿曲线 CD 上升，当流量达 Q_e 稳定时，$M_{水阻}$ 也达到稳定的最大值。可见离心泵应当关阀启动。

把图 6-3 和图 6-4 所示的特性曲线绘在同一坐标图 6-5 上，曲线 1、2、3 分别为水泵水力阻力矩曲线、摩擦阻力矩曲线和电动机阻力矩曲线。三条曲线的纵坐标相加即得到电动离心泵机组的总阻力矩曲线 4。

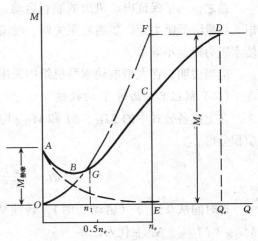

图 6-4 离心泵的启动特性曲线

把图 6-2 的电动机转矩曲线和图 6-5 的曲线 4 绘在同一坐标图 6-6 中，两条曲线的交点 A 即为电动离心泵机组启动过程结束，进入稳定状态的正常运行点。

在图 6-6 中，曲线 4、5 分别为总阻力矩和电磁转矩曲线，e 点是电动机的额定转矩点。对于异步电动机只要 A 点不高于 e 点，机组即可进入稳定的正常运行状态。对于同步电动机当异步启动转速达到 $n_e=0.95n_T$（n_T 是同步转速）时，必须使 $M_e>M$，才能投入励磁牵入同步，进入稳定的正常运行状态。

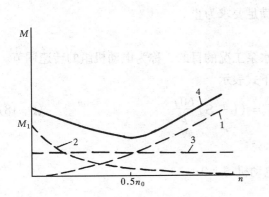

图 6-5 机组总阻力矩

M 与转速 n 的关系曲线

1—水泵阻力矩曲线；2—摩擦阻力矩曲线；

3—电动机阻力矩曲线；4—总阻力矩曲线

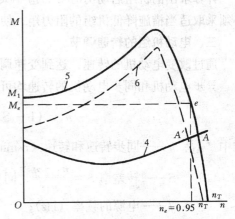

图 6-6 电动离心泵机组启

动过程中 M 与 $M_{机}$ 曲线示意图

4—总阻力矩曲线；5、6—电磁转矩曲线

如果机组阻力矩过大，A 点位于 e 点之上，或启动过程中电压降过大，电磁转矩降低过多（图 6-6 中曲线 6），均使机组无法启动。

电动轴流泵机组的启动过程，与上述情况基本相同。只是在 $Q=0$ 时的水力阻力矩可高达设计值的两倍以上，可能造成启动困难。随转速升高，流量、扬程迅速增大，阻力矩则迅速下降。电动轴流泵机组一般能顺利启动。

总之，为了保证电动机组的顺利启动，应尽量减少启动电压降、提高电动机的起动转矩，尽量降低阻力矩，如离心泵关阀、轴流泵开阀（拍门要灵活）启动，大型轴流泵调角使水阻力矩最小等等。

应当说明，在大型电动水泵机组中采用液力偶合器传动，能大大改善其启动条件。

（二）机组启动历时 T 的校核

在上述各公式中的 $M_机$、M 和 $M_{加速}$ 均随时间而变。把式（6-7）代入式（6-5）移项积分得

$$\int_0^T dt = \frac{GD^2}{375} \int_0^{n_0} \frac{1}{M_机 - M} dn$$

即时间从 0 到 T（启动历时），转速从 0 到稳定运行时的额定转速 n_0。并将 $M = M_{机阻} + M_{动摩} + M_{水阻}$ 代入，则

$$T = \frac{GD^2 n_0}{375(M_机 - M_{机阻} - M_{动摩} - M_{水阻})} \tag{6-17}$$

计算时，先假设 T 值代入式（6-16），求出 n-t 的关系，用式（6-10）求出 S，再用式（6-8）、式（6-12）、式（6-13）和式（6-14）分别求出 $M_机$、$M_{机阻}$、$M_{动摩}$ 和 $M_{水阻}$。把它们代入式（6-17）求出 T，若求出的与假设的 T 相符，说明假设的正确，否则应继续上述试算，直至相符时为止。

计算求出的机组启动历时 T，应不大于电动机制造厂要求的电动机启动历时。否则，必须采取适当措施降低机组的阻力矩，使其满足要求为止。

三、电动机组的转速调节

通过改变电动机的转速，达到变速调节水泵工况的目的，称为电动机组的转速调节。

异步电动机和同步电动机的转速均可用下式表示

$$n = (1 - S)n_1 = (1 - S)\frac{60f}{p} \tag{6-18}$$

式中　n_1、n——同步转速和转速（r/min）；

　　　S——转差率 $S = \frac{n_1 - n}{n_1}$，同步电动机 $S = 0$；

　　　f——电源的频率（Hz）；

　　　p——电动机定子绕组的磁极对数。

由式（6-18）可见，同步电动机的转速可通过改变电源频率或定子绕组的磁极对数进行调节。异步电动机则有通过改变电源频率、定子绕组磁极对数、转差率等三种调速方法。

通常鼠笼型异步电动机采用改变磁极对数调速。绕线型异步电动机则采用调速变阻器，即在转子电路中串接电阻改变转差率调速的变阻调速法。

变极调速因电机的构造复杂、造价较高，且属有级调速，级差较大。目前生产的有双速电机，更多转速使构造复杂、制造困难。因此，在泵站工程中尚未采用。

变阻调速利用异步电动机最大转矩 M_{max} 与转子电阻 R_2 无关，而临界转差率 S_k 与转

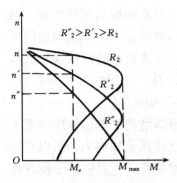

图 6-7 不同转子电阻
的 $n = f(M)$ 曲线

子电阻 R_2 成正比的关系，在绕线式电动机转子串入附加电阻 R，改变 R，使 S_k 发生改变，M_{max} 的相应转速改变，即 $n = f(M)$ 曲线的极点位置改变，于是整条曲线发生偏移，如图 6-7 所示。对于同一负荷转矩，转子电阻越大，转速越低，这就是变阻调速的原理。有些绕线式转子的附加电阻是按照启动和调速要求设计的，称为启动调速变阻器。起动调速变阻器在绕线型电动机上得到了较广泛的应用。

电动机的变频调速需要的变频电源，过去采用的是一整套旋转变频机组，设备庞大，投资昂贵，运行可靠性差，因此得不到推广。60 年代可控硅元件及变流技术的发展，各种可控硅变频调速系统相继问世，并已成为电动机调速的重要发展方向。随着可控硅变频调速系统的进一步发展和完善，在泵站工程系统中将得到广泛的应用。

第三节 传 动 设 备

水泵和动力机靠传动设备联成机组。传动设备把动力机的机械能传递给水泵，使水泵正常运转。

传动方式分为直接和间接传动两类。当动力机和水泵的额定转速相等、转向相同，均为立式和卧式而且两轴共线时，采用直接传动方式。否则，须采用间接传动方式。

水泵机组最常用的是：直接——联轴器传动；间接——皮带或齿轮传动。随着机械制造工业和机电排灌事业的发展，水泵机组向高速、自动和可调（转速）化方向发展，液压传动、电磁传动和变速电动机已有应用。现仅将常用传动方式介绍如下。

一、直接传动

用联轴器把动力机轴和泵轴联接起来，借以传递能量的为直接传动。直接传动结构简单、占地面积小、传动平稳、安全可靠，效率高（超过 99%，常采用 100%）。其缺点是不便于转速调节和小型动力机的综合利用。

目前，大部分农用水泵的转速是按照电动机转速档数设计的，所以电动机水泵机组常用联轴器传动。联轴器结构分为刚性和弹性两种。

（一）刚性联轴器

刚性联轴器有多种结构形式，图6-8所示凸缘联轴器应用较广。它由

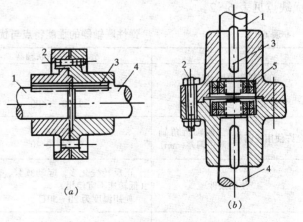

图 6-8 刚性凸缘联轴器
（a）键连接；（b）键加拼紧螺母连接
1—动力机轴；2—连接螺栓；3—键；4—泵轴；5—拼紧螺母

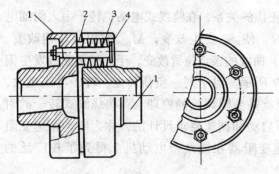

图 6-9　圆柱销弹性联轴器
1—半联轴器；2—挡圈；3—弹性圈；4—柱销

两个带凸缘的半联轴器和螺栓组成。轴与半联轴器用键连接，两半联轴器用螺栓连接。用于立式机组的凸缘联轴器与轴的连接除键外，还用拼紧螺母拧紧，如图 6-8 (b) 所示。

这种联轴器结构简单，传递功率不受限制，而且能承受轴向力。所以在立式机组中常被采用。但是，由于刚性连接，要求安装的同心度很高，否则运行时产生周期性的弯曲应力，所以在卧式机组中很少采用。

（二）弹性联轴器

常用的弹性联轴器有圆柱销和爪形两种，如图 6-9 和图 6-10 所示。

圆柱销弹性联轴器是由半联轴器、柱销、挡圈和用橡胶或皮革制成的弹性圈组成的，运转时允许产生变形，所以安装中不要求两轴严格对中。

爪形弹性联轴器由两半爪形联轴器和用橡胶制成的星形弹性块组成，结构简单，装卸方便。对机组安装要求不高，但联轴器本身的制造精度要求较高。传递力矩较小，适用于小型卧式机组。

弹性联轴器具有弹性，能够缓冲和减震，所以在卧式机组中被广泛采用。弹性联轴器已经标准化，可按所需的直径和传递的扭矩从标准产品中选用。圆柱销和爪形弹性联轴器的性能特点与优缺点见表 6-2。

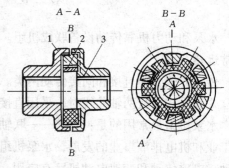

图 6-10　爪形弹性联轴器
1—泵联轴器；2—弹性块；3—动力机联轴器

表 6-2　　　　　　　　弹性联轴器的性能特点与优缺点比较表

项　　目		弹性圈柱销联轴器	爪型联轴器
许用扭矩范围（N·m） 轴径范围（mm） 最大转速范围（r/min）		60～15000 25～180 1100～5400	20～600 15～65 3800～10000
允许使用的偏差	两轴折角轴 对中偏差(mm)	≤40′ 0.14～0.20	≤40′ 0.01d+0.25（d 为轴径）
使用条件		正反转变化多，起动频繁、高转速（低转速不宜使用） 使用温度为 20～50℃	小功率、高转速，一般油泵及控制器使用，没有急剧的冲击载荷，轴的扭转应力在 2500Pa 以下
优　　点		弹性较好，能缓冲减震，不需润滑	外形尺寸小，飞轮刀矩很小，结构简单，拆装方便
缺　　点		加工要求较高，造价较高	星形橡胶垫易损

二、间接传动

当动力机与水泵转速不同，或转向不一致，或两轴不共线时，就不可能采用直接传动，而必须采用间接传动方式。

中小型机组广泛使用的皮带传动和齿转传动属于间接传接。

（一）皮带传动

皮带传动是由皮带轮和张紧在轮上的环形皮带所组成，依靠皮带和轮之间的摩擦传递功率。皮带传动具有结构简单、成本低、皮带磨损后易拆换、工作平稳、冲击影响少等优点。缺点是传动比不易严格控制，占地面积大，两轴均受一定的弯曲应力等。

皮带传动有平皮带和三角皮带两种。平皮带传动按其布置方式可分为以下四种，如图 6-11 所示。

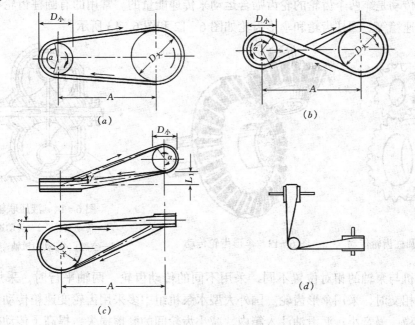

图 6-11　平皮带传动

(a) 开口式平皮带传动；(b) 交叉皮带传动；
(c) 半交叉皮带传动；(d) 角度皮带传动

（1）开口式皮带传动。适用于两轴平行，转向一致，传递功率较大，传动速度 5～25m/s，传动比 $i = \frac{1}{5} \sim 5$ 的情况。皮带主动边应在下面。

（2）交叉皮带传动。两轴平行，转向相反时使用。优点是包角大，但皮带易磨损。传递功率不宜过大，一般不超过开口皮带的 85%，传动速度不大于 15m/s，传动比可为 $i = \frac{1}{6} \sim 6$。

（3）半交叉皮带传动。适合于两轴成 90°交叉，皮带轮不能倒转的场合。传动速度不大于 15m/s，传动比 $i = \frac{1}{3} \sim 3$，传动功率不超过开口皮带的 80%。为使皮带自动合位，不从轮上脱落，主动轮与从动轮在垂直和水平方向的距离 L_1 和 L_2 均应控制在规定范围内。

（4）角度皮带传动。用于传递同一平面内或相距很近的两平行平面内的两个交错轴间的旋转运动（多为交错成90°角）。水泵机组中极少采用。

三角皮带为梯形断面，安装在梯形的皮带轮槽中。皮带紧嵌槽中，两腰与轮槽两侧紧密接触，顶面基本与槽口齐平，底面不与槽底接触。其优点因带槽间楔形摩擦，摩擦力较大，比平皮带传动比较大，可达 $i = \frac{1}{10} \sim 10$；皮带滑动小，初拉力小，对轴和轴承的作用力小；无接头，传动平稳等优点。缺点是磨损快，寿命短，效率略低于平皮带，一般不超过96%等。三角皮带大多采用开口传动，生产实践中也有用半交叉传动的。

（二）齿轮传动

齿轮传动是靠两个齿轮的轮齿啮合运动来传递能量的。常用的有圆柱齿轮、伞形齿轮和齿轮变速箱等。圆柱齿轮和伞形齿轮如图6-12和图6-13所示。

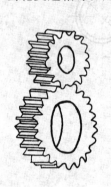

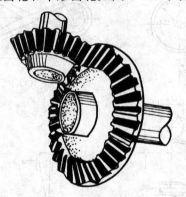

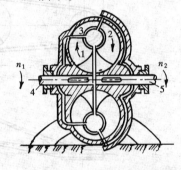

图6-14　液压联轴器
1—传动泵轮；2—传动透平轮；
3—空腔；4—动力机轴；5—泵轴

6-12　圆柱齿轮传动　　　图6-13　伞形齿轮传动

动力机与泵轴的相对位置不同，采用不同的传动齿轮。两轴平行时，采用圆柱形齿轮；两轴相交时，采用伞形齿轮。国外大型水泵机组中多采用齿轮变速箱传动。齿轮变速箱工作平稳、噪音小；润滑油注入箱内，减小齿轮间的摩擦损失，提高了传动效率。

齿轮传动有效率高，结构紧凑占地面积小，操作安全，可靠耐久，传递功率大，传动比十分精确等很多优点。但因齿轮制造工艺要求很高，价格较贵，目前我国泵站中还用得不多。

三、液压传动和其他传动

液压传动主要是通过液压联轴器内的液体压力将动力机轴上的转矩传给水泵轴。调节水泵转速时只需改变液压联轴器内的液体容积即可。

液压联轴器是由一个传动泵轮和一个传动透平轮组成，如图6-14所示。传动泵轮1和动力机的轴联接，传动透平轮2和水泵的轴联接。运转前在联轴器内充满工作液体（油或水），动力机运转后带动传动泵轮一起旋转，这时传动泵轮内的液体由于离心力的作用而被甩向空腔3中，而空腔中的液体压力大于传动透平轮2的压力，故又被压入传动透平轮内，这时传动透平轮叶片受液压作用而旋转，从而带动水泵轴旋转。同时，透平轮的叶片又将液体重新压入传动泵轮的内侧，如图6-14中的箭头所示，这样，液体就在空腔内循环不停地传递能量。

液压联轴器工作平稳、可靠，能够在较广的范围内无级调速，可自行润滑，能使动力机无负荷启动。动力机转速等于水泵转速时，传动效率为95%～97%，当水泵转速减低为25%～30%时，则传动效率为68%～70%。在自动控制的泵站中，在停车时往往由于机组的惯性作用和管内水的倒流而造成水锤，如果使用液压联轴器，可以大大地减小水锤作用。但是采用此种结构，需另增设液压联轴器及其内部充油（或水）的油泵（或水泵）机组等设备，比较复杂。

除了以上所介绍的几种传动方式以外，还有磁力联轴器。这种联轴器是将主动轴上的外磁钢盘和从动轴上的内磁钢盘对置在一起（中间有一定的间隙，磁盘可为永久磁铁或电磁铁）。如为电磁铁时，当电流通过主动轴上端部的外磁钢盘时，在两盘之间产生电磁感应，从而带动从动轴上的内磁钢盘，使之一起旋转。磁联轴器构造简单，运转平稳，不产生轴向力，动作迅速准确，能在较大范围内无级和有级调速；电路的闭合、切断及换向等均有极良好的控制性，便于手控，也可以远控。但在运转时要经常不断地供给磁性联轴器电流。另外，如在传动转矩很大的情况下，所需传动装置的外型尺寸、重量及成本都较大，所需材料比较贵重等。

第四节　辅助设备及管路附件

泵站中除主泵机组外，还必须有一些辅助设备，进、出水管路上必须有闸阀等附件，用于满足主机组的启、停安全、正常运转的需要，并为安装、检修创造良好的条件。

一、辅助设备

（一）充水设备

水泵启动前必须充水。当水泵安装在进水池最低水位以上，小型水泵带底阀时，用人工充水；不带底阀时，用真空水箱或其他手动装置充水。大、中型水泵多采用真空泵充水。

1. 真空水箱充水

真空水箱充水装置，图6-15是水泵从水箱中吸水，使箱中产生一定的真空度，在此真空度的作用下，水从进水池经水箱进水管进入水箱。

用真空水箱充水时，首先打开闸阀3、4、5，从漏斗6向水箱2中灌水至水箱进水管下缘齐平后，关闭闸阀3和4，即可启动水泵。水泵启动后，打开闸阀3，水箱中水位下降，上部形成一定的真空度，进水池中的水沿水箱进水管不断进入水箱，然后被吸入水泵，形成连续的进水过程。停泵后，箱中水位恢

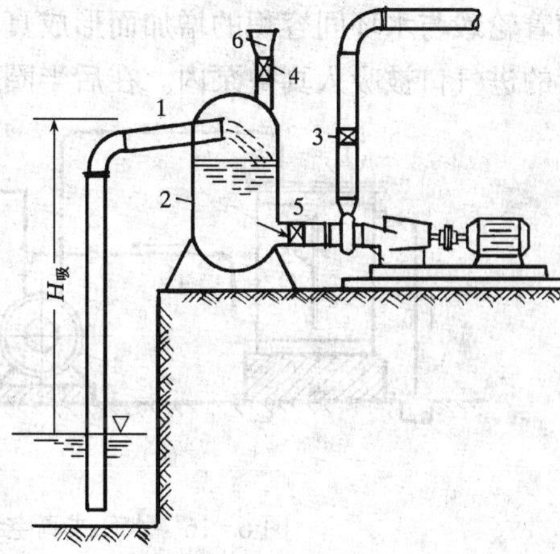

图6-15　真空水箱充水装置

1—水箱进水管；2—真空水箱；
3、4、5—闸阀；6—灌水漏斗

复，以后水泵可随时启动，而无需另行充水。

水箱容积 V 可用下式计算

$$V = V_1 K_1 K \tag{6-19}$$

$$K_1 = \frac{10}{10 - H_{\text{吸}}} \tag{6-20}$$

式中　V——水箱的容积（m^3）；

　　　V_1——水箱进水管在进水池最低水位以上的容积（m^3）；

　　　K——容积系数，随设备及安装条件而定，一般取 1.3 左右；

　　　K_1——吸程变化系数；

　　　$H_{\text{吸}}$——进水池最低水位至水箱进水管出口上缘的垂直距离（m）。

水箱一般采用圆筒形，取其高度为直径的两倍。水箱用厚不小于 3mm 的钢板制作，具体厚度由稳定计算决定。水箱应靠近水泵，其底部略低于泵轴线，以便减少水泵吸水管的长度，并增加水箱的有效容积。

真空水箱充水的优点是水泵经常处于充水状态，可随时启动；水箱制作简便，投资少。口径不大于 200mm 的小型水泵均可以采用。

2．水环式真空泵充水

大、中型水泵多采用水环式真空泵抽气充水。为了保证工作可靠，应设置备用机组。图 6-16 是水环式真空泵的抽气装置及原理图。

（1）水环式真空泵工作原理

水环式真空泵的构造特点是泵轴上安装了对于圆柱形泵壳偏心的星形叶轮。其工作原理如图 6-16 所示。启动前，向泵内注入规定高度的水。当叶轮旋转时，由于离心力的作用将水甩至泵体四壁，形成一个和泵壳同心的水环。水环上部的内表面与轮毂相切，水环下半部的内表面则与叶轮毂形成了一个气室，这个气室的容积在右半部是递增的，在前半圈中随着轮毂与水环间容积的增加而形成真空，因此空气通过抽气管及真空泵泵壳端盖上月牙形的进气口被吸入真空泵内。在后半圈中，随着轮毂与水环间容积的减少而空气被压

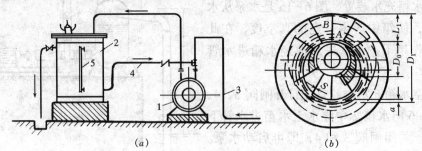

图 6-16　水环式真空泵抽气装置及原理示意图

（a）装置示意图；（b）原理示意图

1—水环式真空泵；2—水气分离箱；3—连通泵壳顶部的抽气管；

4—循环水管；5—玻璃水位管

缩，经过泵壳端盖上另一个月牙形排气口被排出。叶轮不断地旋转，水环式真空泵就能把空气抽走。

（2）水环式真空泵选型

真空泵的抽气性能表明，抽气量随着真空度的增加而减小。真空泵是根据水泵及进水管所需要的抽气量选择的，而抽气量又与造成真空所要求的时间和在进水管及水泵内空气的体积有关，可按下式计算

$$Q_气 = KK_1V\frac{1}{T} \tag{6-21}$$

式中　$Q_气$——出水管闸阀以前管路及泵壳中所需要的抽气量（L/s）；

　　　K——安全系数，考虑缝隙及填料函的漏气，可取 1.5 左右；

　　　K_1——吸程变化系数，可按式（6-20）计算；

　　　T——抽气充水所需要的时间（s），一般控制在 5min 以内；

　　　V——出水管闸阀至进水池最低水位之间管道和泵壳内的空气总体积（L）。

根据计算的 $Q_气$ 选择合适的真空泵，但泵体内所需要的抽气量是按最大值考虑的，具有较大的安全值，实际抽气时间可缩短。

（二）起重设备

泵房内，主机组及管路附件等设备的安装和检修，都需要起重设备。

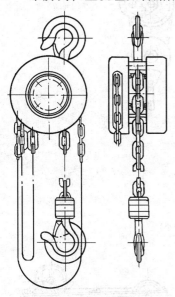

图 6-17　Sh 型环链
手拉葫芦外形图

选择起重设备的依据是泵房内最重设备（一般是动力机或水泵）的重量、机组台数和必须的起吊高度。当最大设备重量不超过 1 吨，机组不超过 4 台时，一般不设置固定起重设备，而采用图 6-17 所示的 Sh 型环链手拉葫芦配三角架。当设备最大重量在 5 吨以下，或设备重量虽不超过 1 吨而机组数目较多时，可在泵房内设置手动单轨小车（如图 6-18 所示）配手拉葫芦，或电动葫芦（如图 6-19），或手动单梁桥式起重机（如图 6-20）。图 6-18 所示的手动单轨小车，是单轨小车在工字钢轨道上行驶，而工字钢固定在正对机组轴线上方屋面大梁或屋架下弦的位置上。所配环链手拉葫芦则作垂直升降用。电动葫芦的轨道与单轨小车相同，差别在于起吊和行驶均为电动。手动单梁桥式起重机的大车轨道沿泵房前后墙布置在排架柱的牛腿上，大车沿泵房长度方向行驶。大车主梁为一根工字钢，下翼缘做横向往返移动的手动单轨小车的轨道。可见手动单梁桥式起重机的最大优点是能够起吊泵房中的所有设备。

大、中型泵站，起重量较大，而且泵房的跨度也较大，所以多采用轻级工作制的电动双梁桥式起重机，如图 6-21 所示。

选型时，小型泵站或采用柴油机组的泵站，可采用手动起重设备。大、中型泵站采用电动梁式吊车时，除根据起重量和起吊高度选型外，吊车轨道中心距应尽量采用产品样本

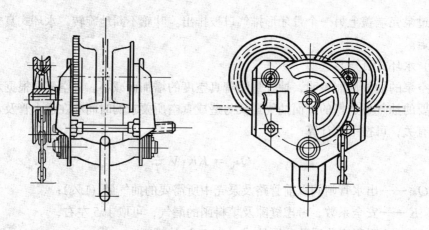

图 6‑18　SDX‑3 型手动单轨小车外形图

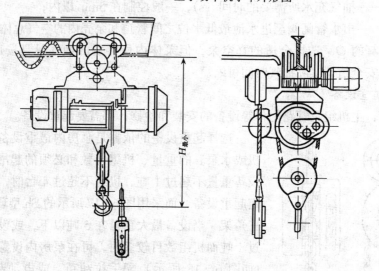

图 6‑19　MD₁ 型电动葫芦外形图

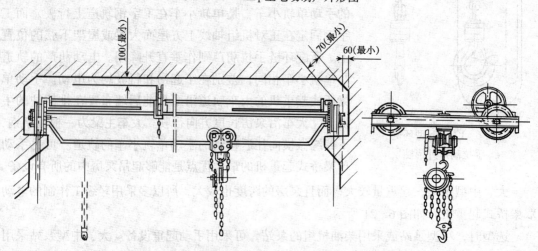

图 6‑20　SDQ 型手动单梁桥式起重机外形图（单位：mm）

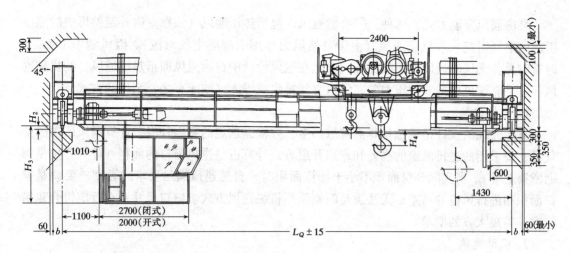

图 6‑21　电动双梁桥式起重机外形图（单位：mm）

中的标准尺寸。当采用标准尺寸使泵房跨度增加过多时，可采用 0.5m 倍数的非标准尺寸，订货时须向厂家特别声明。

（三）通风和采暖设备

泵房通风和采暖方式与当地气候条件、泵房形式、电动机的通风方式和散热量及对泵房空气系数的要求等因素有关。主泵房和辅机房夏季室内空气系数应符合表 6‑3 和表 6‑4 的要求。

表6‑3　　　　　　　　　　　　主泵房夏季室内空气参数表

部　　位	室外计算温度 （℃）	地面式泵房			地下或半地下式泵房		
		温　度 （℃）	相对湿度 （%）	平均风速 （m/s）	温　度 （℃）	相对湿度 （%）	平均风速 （m/s）
电动机层	＜29	＜32	＜75	不规定	＜32	＜75	0.2～0.5
工作地带	29～32	比室外高3	＜75	0.2～0.5	比室外高2	＜75	0.5
	＞32	比室外高3	＜75	0.5	比室外高2	＜75	0.5
水　泵　层		＜33	＜80	不规定	＜33	＜80	不规定

表6‑4　　　　　　　　　　　　辅机房夏季室内空气参数表

部　　位	室外计算温度 （℃）	地面式辅机房			地下或半地下式辅机房		
		温　度 （℃）	相对湿度 （%）	平均风速 （m/s）	温　度 （℃）	相对湿度 （%）	平均风速 （m/s）
中控室	＜29	＜32	＜70	0.2	＜32	≤70	不规定
载波室	29～32	＜32	＜70	0.2～0.5	比室外高2	≤70	0.2
	＞32	＜32	＜70	0.5	＜33	≤70	0.2～0.5
计　算　机　室	20～25	≤60	0.2～0.5		20～25	≤60	0.2～0.5
变压开关室站用变压器室	≤40	不规定	不规定		≤40	不规定	不规定
蓄　电　池　室	≤35	≤75	不规定		≤35	不规定	不规定

泵房通风降温方式有两种：①自然通风。包括热压通风（依靠室内外温差形成的热压引起的空气对流）和风压通风（由于自然风力作用引起的空气对流）。因风随季节而变，时有时无，无风时通风则不能保证，因此在通风设计中自然通风即指热压通风。②机械通风。它是靠通风机造成的压力差，强迫空气排出或进入（或兼有之）泵房的方式。

1．自然通风

自然通风的设计是通过计算热源散热量，并根据选定的室内外温差计算通风所需的空气量，按采用的进排风窗的高差和窗扇开启方式计算进、排风窗口的面积（计算方法见第七章第七节）。当实际开窗面积不小于计算面积时，自然通风满足要求。否则，要调整窗口面积和进排风窗的高差。无法满足时则采用机械通风方式。窗口尺寸及布置应符合建筑标准、美观大方的要求。

2．机械通风

机械通风是利用通风机增加泵房进或排，或同时增加进、排风口压差，使满足通风降温要求的通风方式。机械通风一般有如下三种方式。①用接在电动机排风口的通风管，把热空气直接排至泵房外，泵房外的冷空气从窗口自由进入泵房的机械排风方式。在风管风压损失不大于 $2mmH_2O$（$2×10Pa$）时，利用电动机的风扇排风。否则必须在风管上串联通风机。②用风管和通风机把泵房外的冷空气直接送至泵房下部，电动机从泵房吸进冷空气，而把热空气排在泵房内靠热压从窗口排出的方式，叫机械进风方式。③机械进风和机械排风的方式，是前两种机械通风方式的综合使用。

比较上述三种机械通风方式可见，一般情况下采用第一种比较经济　当电动机容量、散热量较大时，采用第三种通风降温效果较好。

通风机选型，根据计算的通风量和风压（计算方法见第七章第七节），从通风机产品样本（或目录）中选用通风机。

3．泵房采暖

电动机冷却进风温度低于 5℃时，引起电动机出力和效率的降低。因此在冬季运行而且电机层室温低于 5℃时，应采取适当取暖措施提高室温。冬季不运行的泵站，当室温低于 0℃时，为防止无法放空积水设备的冻胀破坏，必须采取局部取暖措施。在泵站的计算机室、中控室和载波机室中，根据电气设备及运行人员工作条件要求，室温不应低于 15℃。

取暖设备应按照气候和泵站的供电和燃料供应等具体条件，选用空调、电炉或锅炉等取暖设备。

（四）其他辅助设备

泵站运行、非运行及检修过程中，需要排除泵房内的各种积水。在卧式机组泵房地面低于前池水面时，或立式机组泵房中的水泵层，进水流道中的积水，均无法自流排除。这时应将积水通过排水沟（管）汇集到集水井或排水廊道，用排水泵排出泵房外。排水泵根据水流量和由前池水位与集水井（或廊道）水位确定的扬程选型。

在大型泵站还需要有供水、供油及压缩空气等辅助设备，此处不赘述。

二、管路附件

在离心泵站为了保证水泵的安全起停、正常运行和检修，其进、出水管道上均需设置一定的管路附件，其中最主要的是阀门。这里仅简单介绍阀门的选型问题。

阀门选型根据其所配管道的公称直径，工作压力和有无防护水锤的要求进行，从阀门产品样本选择适宜的型号和规格。

离心泵当其进口下缘低于泵站运行中前池的最高水位时，应在吸水管上安装低压闸阀，或在吸水管进口装设拍门，以便在水泵检修时切断水流。

为减小水泵启动时功率和正常停机时断流，防止水倒流冲动叶轮反转，出水管道上需要设置闸阀。当泵站扬程不高、出水管道较短，无防护水锤的要求时，采用普通楔形闸阀，如图 6‑22 所示。当泵站扬程较高，并需要防护水锤的作用时，可选用图 6‑23 和图 6‑24所示的电-液动蝶阀。这种蝶阀安装在大、中型输水管路上，能够紧急、快速或分阶段快、慢自动关闭，起到保护水泵，消除水锤的作用。

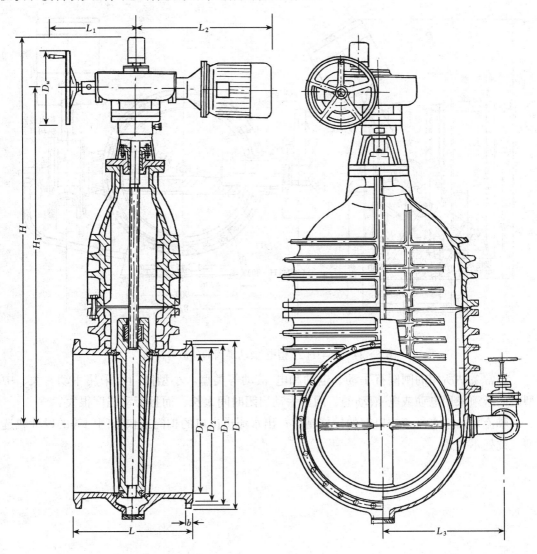

图 6‑22　楔形闸阀的外形与构造

图 6-23　D841H-25 型电-液动蝶阀的实物照片

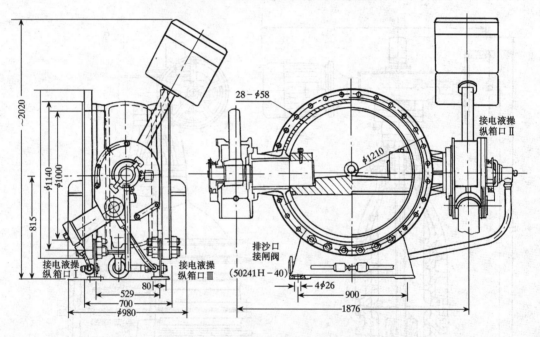

图 6-24　D841H-25 型电-液动蝶阀的外形与构造

通常泵站所用的闸阀有手动、电动和电-液动等类型。小型阀门可采用手动。大、中型阀门必须采用电动或电-液动的，因为手动启闭时间太长，而且劳动强度很大。

轴流泵站进水流道进口前的检修闸门；出水流道出口的拍门或快速闸门等的设计或选型，此处不赘述。

第七章 泵 房

泵房是装置主机组、辅机及其电气设备的建筑物，是整个泵站工程的主体，它为机电设备及运行管理人员提供良好的工作条件。因此合理地设计泵房，对节约工程投资，延长机电设备使用寿命，保证安全和经济运行有着重要的意义。

泵房设计包括：泵房结构类型的选定、泵房地基处理、泵房内部布置形式和各部尺寸的拟定、泵房整体稳定校核以及各部分构件的结构设计和计算等。一般说来，设计应遵循以下原则。

（1）在满足设备安装、检修及安全运行的前提下，机房的尺寸和布置应尽量紧凑、合理，以节约工程投资。

（2）泵房在各种工作条件下应满足稳定要求，构件应满足强度和刚度要求，抗震性能良好。

（3）泵房应座落在稳定的地基基础上，避开滑坡区。

（4）充分满足通风、采光、散热及低噪音要求。

（5）泵房水下结构部分应进行抗裂校核及防渗处理。

（6）在条件许可的条件下，应讲求建筑艺术，力求整齐美观，为此可适当提高泵房的建筑标准。

在泵房设计中，地基设计处理是一个关键性的问题。它直接关系到泵房建成后能否安全运行。因此对站址的地质情况必须进行认真的分析，根据不同情况采取相应的工程处理措施。在西北地区，有相当一部分泵站是建在松散多孔、湿陷性严重的黄土覆盖层上，对这类地基，一般必须采取放水预浸式强夯。对于质地疏松承载能力较低的中细沙的泵房基础，为了防止地震时的液化，应采取强夯或振冲碎石的工程处理措施。

泵房的结构类型是比较多的，在泵站设计中，到底采用哪一种结构形式，要根据具体情况决定。

影响泵房结构型式的因素大致有：所选机组及动力机类型和构造、站址地基条件（包括地质和地下水位）、水源水位的变幅、枢纽布置和施工条件等。

根据以上影响因素，一般可将泵房分为固定式和浮动式两大类。而固定式泵房又可按基础及水下结构的特点，分为分基型、干室型、湿室型及块基型等四种基本型式。对于北方地区来说，由于具体条件的限制，主要常见的泵房结构型式有分基型和干室型两种，本章将作重点介绍。

第一节 泵房结构型式及适用条件

一、分基型泵房

所谓分基型泵房，就是泵房的墙基础与机组基础分开建筑，结构型式一般与单层工业厂房相似。其特点是因为没有水下结构，所以结构简单，施工容易。常见的有两种型式，见图 7-1 和图 7-2。前者是将吸水池后墙与泵房基础分开建造，泵房与吸水池之间留有一段距离，一般约 1.5m 左右，以挡土墙不影响泵房墙基础的建造为宜。这样有利于泵房基础的稳定、施工以及泵房的防渗等。而后者是将吸水池后墙和泵房墙基础结为一体，这样可缩短进水管和泵房间的横向长度，对于建在深挖方区的泵站，可减少土方量的开挖，节省工程投资，但对泵房的防渗和泵房的稳定都不利。

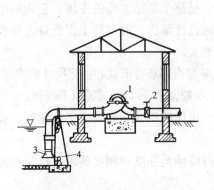

图 7-1　分基型泵房剖面图

1—水泵；2—闸阀；3—进水喇

叭口；4—进水池后墙

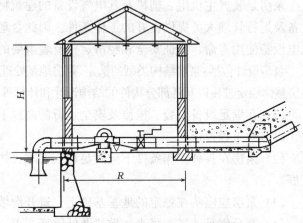

图 7-2　立墙式分基型泵房剖面图

分基型泵房适用以下场合：

（1）水源水位变幅 ΔH 小于水泵有效吸程 $H_{吸}$，或进水池最高水位超过泵房地坪不大且历时较短，泵房地基透水性不大。另外，当水源水位变幅超过有效吸程，而仍然采用分基型泵房时，为了保证洪水期不受淹，可在站前修建防洪闸，但这种办法不能充分利用洪水期高水位，以减少扬程。另一种措施是在泵房前修筑挡水墙，或将泵房墙基础适当加高并作一定的结构处理，兼作防洪墙，但必须注意洪水位对地基的不利影响。

（2）安装卧式离心泵或卧式混流泵机组。

（3）站址地基基础良好，地下水位较低，地下水不致渗入而影响泵房或影响地基。

分基型泵房地坪一般高出进水池水面和泵房外地面，因而通风、采光、防潮条件均比较好，是北方一些中、小型泵站常采用的一种结构型式。

二、干室型泵房

所谓干室型泵房，就是将泵房四周的墙基础和泵房地板以及机组基础用钢筋混凝土建成一个不透水的整体结构，形成一个干燥的地下室，故称干室型泵房。如图 7-3 所示。

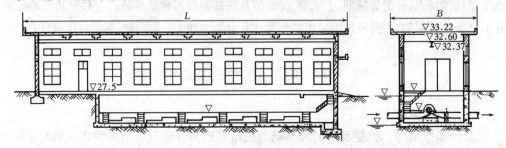

图 7-3　矩形干室型泵房剖面图

168

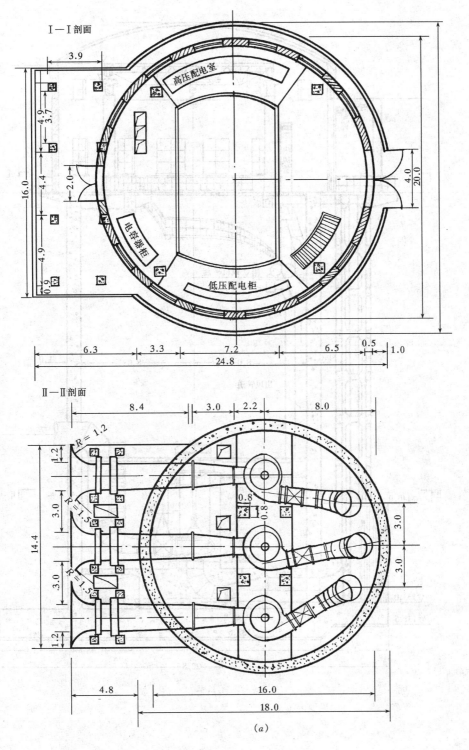

图 7-4　圆筒形干室型泵房平、剖面图（单位：m）（一）

（a）平面图

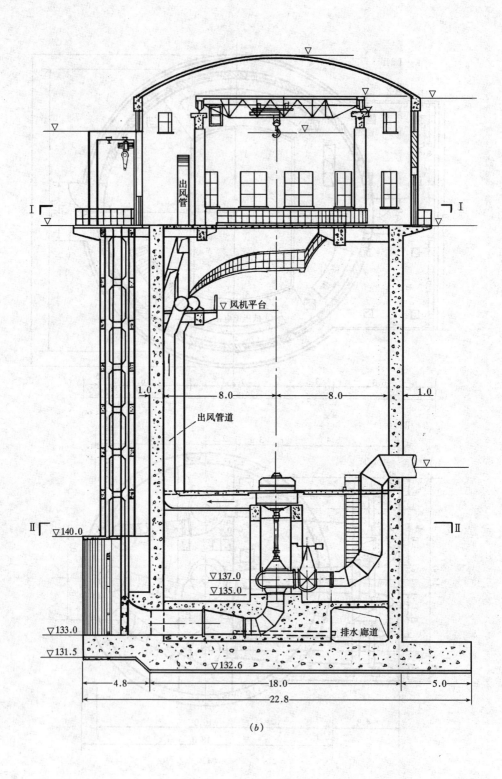

图 7-4　圆筒形干室型泵房平、剖面图（单位：m）（二）

（b）剖面图

干室型泵房一般适应以下场合：

（1）建立在河岸边，直接从河流中取水，安装有卧式离心泵，蜗壳式混流泵和卧式轴流泵的固定式泵站，且水源水位变幅大于水泵的有效吸程。

（2）建立于海拔高程较高地区的大、中型卧式离心泵站。这里虽水源水位变幅不大，但水泵的允许吸上真空高度经大气校核后很小或为负值，为此选建干室型泵房，不仅泵房内部具有良好的防渗、防潮条件，而且泵房的地基稳定。

（3）泵房所在地区的地下水位较高或者地质条件较差。

干室型泵房的平面形状常见的有矩形和圆筒形两种，如图7-3和图7-4。前者适用于多机组，后者适用于机组较少的情况。在水源水位变幅很大的情况下，泵房高度较大，为了充分利用空间，减少泵房的面积，往往筑有楼板，将泵房分为上下两层，配电设备安装在上层，主机组安装在下层。如采用立式机组，则电动机安装在上层。

对于建在地质条件较差处的干室型泵房，为了泵房的稳定，需在地板下设置混凝土井柱群，柱脚必须伸入坚实的地质层内。

水泵吸水管及出水管上均需设置闸阀，以便高水位时检修水泵。为了泄空管路和水泵中积水，还需设置泄水管和控制阀，管中积水可泄入集水井内。

由于干室型泵房的进水池水位高于泵房地坪，所以必须充分注意泵房内的排水和通风以及泵房基础的防渗处理。泵房内的积水通过布设在室内四周的集水沟流入集水井，由设在集水井内的排水泵排入前池。若泵房外地下水位较高，必要时应排除地下水以降低地下水位。为了防止管涌，一般应在泵房四周设置带孔的混凝土管，将水导入集水井，再通过排水泵排入前池。泵房内的潮湿空气以及电动机排出的热风，对于大、中型泵站，一般要由专门装设的机械通风设备加以排除。至于泵房的防渗，可视具体情况，按水工建筑物的防渗有关规定进行处理即可。

第二节 泵 房 的 布 置

泵站的厂房一般由三部分组成，即主厂房——主要布设主机组；副厂房——布设电器设备包括中控室；检修间——检修机组及电气设备等。泵房的布置内容主要包括以上三部分相对位置的确定及其内部的布设。对于分基型泵房和干室型泵房，基本上都安装卧式机组，所以其泵房布置基本相同。

一、泵房相对位置的确定

对于小型泵站的泵房，其电气设备布置在主机组旁，机组就地检修，所以不再专设副厂房和检修间。而大、中型泵站，为了电气设备的防潮、防尘，并且能给运行管理人员有一个比较良好的运行管理环境，一般都专设高压开关室和中控室，对于大、中型机组，必须设专用场地检修。因此，就使泵房有主厂房、副厂房和检修间三部分之分。这三部分相对位置主要根据泵站的地形、地质条件，高压线路的来向，进厂公路的位置等加以确定。

泵房的检修间不仅平时供机组检修之用，而且建站时，运送机组及其电气设备的汽车要进入其中，所以其位置主要是根据进厂公路的来向加以确定，一般布置在主厂房的左端或右端。

副厂房与主厂房的相对位置一般有以下两种形式。

1．一端布置

一端布置，即副厂房布置在主厂房的右端或左端，但必须与检修间错开，如图7–5所示。这种布置形式的优点是可减小泵房的跨度，且主厂房的进、出水侧可以开窗，有利于自然通风和采光。缺点是当机组台数较多而主厂房的纵向长度较长时，运行管理工作人员不便监视远离中控室的主机组运行及突发事故的处理。另外，由于主、副厂房的纵向长度过长，对于处在深挖方区的泵站，将会增大开挖工程量，使泵站的建设投资增加。

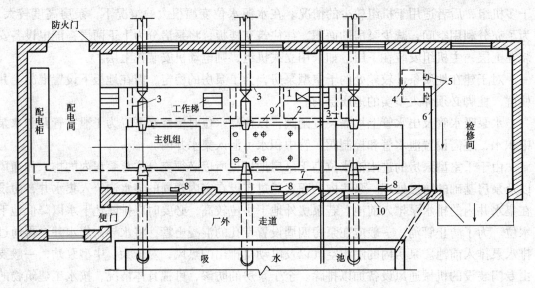

图 7–5 单层泵房布置示意图之一

1—真空泵；2—真空管路；3—排水沟；4—集水池；5—排水泵；6—排水
泵出水管；7—电缆沟；8—启动器；9—技术供水管路；10—窗户

2．一侧布置

一侧布置，副厂房布置在主厂房的出水侧，如图7–6所示。一般情况下不要将副厂房布设在主厂房的进水侧。因为这不仅增长了吸水管的长度而使管路损失加大，降低水泵的安装高程，而且也不利于配电设备的防潮。

一侧布置的优点是可缩短泵房的长度，便于运行管理工作人员监视主机组的运行，同时也可缩短通向主机组的电缆。其缺点是主厂房出水侧无法开窗，影响了泵房的自然通风和采光。

二、泵房内部布置

泵房内部布置主要是主厂房内的主机组、排水沟、交通道、充水系统、技术供水等的布设。

(一) 主机组的布置

1．一列式布置（图7–7）

172

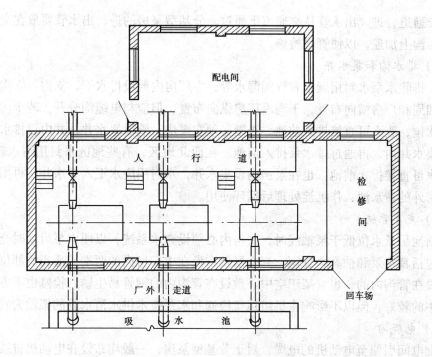

图 7-6　单层泵房布置示意图之二

一列式布置，即主机组位于同一条直线上。优点是布设整齐，主厂房跨度小。缺点是当机组数目较多时，主厂房的长度过长，这在泵站的地质较差或者沿泵房纵向长度地质有差异时，将不利于泵房的基础稳定。

2. 双列交错排列式布置

当机组数目较多时，为了缩短主厂房的长度，一般都采用双列交错排列式布置形式，如图 7-8 所示。优点是对处在深挖方的泵站，因泵房的长度的缩短，可大大减小开挖工程量。缺点是增加了主厂房的跨度，泵房内部也显得不整齐，运行管理也较不便。

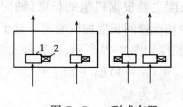

图 7-7　一列式布置
1—水泵；2—电动机

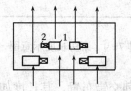

7-8　双列交错排列布置
1—水泵；2—电动机

另外，在机组台数更多的情况下，为了缩短前池的宽度，改善水流条件和减小工程开挖量，亦可采用水泵调向双列交错布置。这样布置须在机组订货时，事先向水泵厂家说明。

（二）交通道

安装机组的主厂房一般地坪都低于检修间和副厂房的地坪。为了便于运行管理人员来回巡视，于进水侧或出水侧设有交通道。干室型泵房直接在箱型基础的前、后墙上设悬臂结构作交通道，进、出水管从交通道下通过。分基型泵房的进、出水管要放在交通道下的沟槽内，沟上加盖，以便管道检修。

（三）排水沟和集水井

为了排除水泵水封用废水和管阀漏水等，主厂房内要设排水干、支沟。支沟一般沿机组基础四周和厂房横向布置，干沟沿厂房纵向布置，但应与电缆沟分开。若干沟底高于前池最高水位，废水可直接排入前池。否则必须在泵房一端设集水井，井内设排水泵，废水汇集于集水井内，再通过排水泵排入前池。在西北地区，有些地区水封用清水较缺乏时，即使废水可直接排入前池，也在泵房内设集水井，水封用废水汇入集水井，再用水泵抽入设在泵房外的清水池，作沉淀处理后循环使用。

（四）充水系统

若前池最低水位低于泵轴线时，泵房内必须设充水系统，以便水泵启动时充水用。充水系统包括真空泵和抽真空管网。真空泵就布设在主厂房内的两端或适当的部位，真空管路有敷设在管沟内的，也有架于空中。敷设在管沟内的钢管易生锈，检修也不方便，所以架于空中的较好，但以不影响主机组运行检修和水泵技术供水清水管的架设为宜。

（五）电缆沟

从配电间引伸至电动机的电缆，对于分基型泵房，一般均布设在电动机进线盒一侧的人行过道下的电缆沟内，电缆沟必须防水、防潮。而干室型泵房的电缆一般直接架在泵房箱型基础的前墙或后墙上。

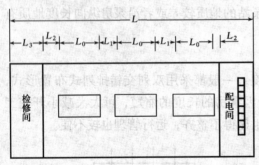

图 7-9 泵房长度示意图

三、泵房尺寸的确定

确定泵房尺寸，主要是根据设备的合理布置，并满足设备的安全运行要求和泵房的稳定条件定出其跨度和长度；根据机组及其起吊设备等条件决定出泵房的高度。

（一）泵房长度（主厂房）

泵房长度主要根据机组的长度（轴向）、机组之间间距和检修间长度加以确定。对于一列式布置，其长度如图 7-9 所示，计算公式为

$$L = nL_0 + (n-1)L_1 + 2L_2 + L_3 \quad (7-1)$$

机组双列交错布置，其长度如图 7-10 所示，计算公式为

$$L = nL_0 + 2L_2 + L_3 \qquad (7-2)$$

式中　n——机组台数；

　　L_0——机组长度（从样本中查）；

　　L_1——机组之间间距（据表 7-1 确定）；

　　L_2——机组顶端到副厂房和检修间距离（据表 7-1 确定）；

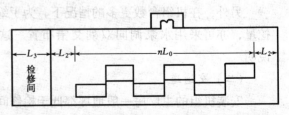

图 7-10 双列交错排列式布置时泵房尺寸计算图

174

L_3——检修间长度。

泵站的主厂房一般按工业单层厂房标准设计，柱距为6m。所以若计算出长度 L 不是 6 的倍数时，可用检修间长度 L_3 加以适当的调整。使设计尽量标准化。

表 7-1　　　　　　　　　泵房内设备之间的间距　　　　　　　　　（单位：m）

间　距	图　例	机　组　流　量　（L/s）		
		＜500	500～1000	＞1000
机组顶端与墙间距		0.7	1.0	1.2
机组与机组间距		0.8～1.0	1.0～1.2	1.2～1.5
机组与墙间距		1.0	1.25	1.5
平行机组间距		1.0～1.2	1.2～1.5	1.5～2.0
立式电动机组间距		＜1.5	1.5～1.75	2.0～2.5

（二）泵房的跨度

泵房跨度系指两侧墙定位轴线之间的距离。它是根据泵房内进、出水管路、阀件、水泵横向长度及安装检修必须的距离而定。按图 7-11 所示，计算公式为

$$B = b_1 + b_2 + b_3 + b_4 + b_5 + b_6 + b_7 \qquad (7-3)$$

式中各符号如图 7-11 所示。其中 b_2、b_3、b_4、b_5 可从有关样本中查得。而 b_1、b_7 可根据检修、安装方便而定，一般为 0.5～2m。

计算出的跨度 B 也尽可能和单层工业厂房建筑标准中的 9m、12m、15m、18m 跨度相符。如不符且相差不大，可用 b_1、b_7 加以调正。

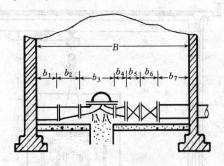

图 7-11　泵房宽度示意图

（三）泵房内各部分高程

水泵的安装高程确定后，泵房内各部分高程在此基础上就相应的定出。

1. 泵房地面高程 $\nabla_{地}$（图 7-12）

$$\nabla_{地} = \nabla_{泵} - h_1 - h_2 \qquad (7-4)$$

式中　$\nabla_{泵}$——水泵安装高程；

　　　h_1——泵轴线至泵底座的距离，可从泵产品样本中查知；

　　　h_2——机组基础顶面至地坪的距离，一般为 0.2～0.3m。

2. 检修间高程 ∇_1（对于分基型泵房）

$$\nabla_1 = \nabla_{地} + Z \qquad (7-5)$$

式中 Z ——检修间高出泵房地坪的高度，视具体情况而定。

对于干室型泵房，一般根据前池的侧墙高程定出泵房外地坪高程，或回车场高程，再加上 $0.2\sim0.3m$，即为检修间地坪高程。

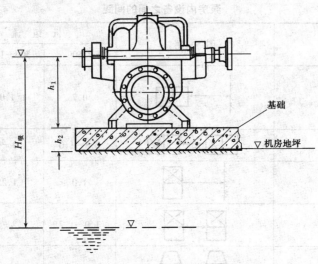

图 7-12 卧式泵泵房地面示意图

3. 副厂房和交通道高程

一般情况下与检修间高程相同。

（四）泵房高度

大、中型泵站一般屋顶都为板、梁结构，运送机组的大型卡车要从泵房大门进入检修

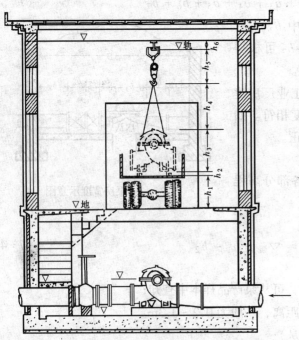

图 7-13 确定泵房高度示意图

间。所以泵房的高度 H 是指从检修间地坪到屋面大梁底缘的垂直距离。高度 H 应同时满足起吊机组最大部件和泵房墙开窗自然通风要求。具体可用下式计算，参阅图 7-13。

$$H = h_1 + h_2 + h_3 + h_4 + h_5 + h_6$$
$$(7-6)$$

式中 h_1 ——汽车货箱底至检修间地坪高度；

h_2 ——垫块高度；

h_3 ——最大设备部件的吊环至设备底的高度，查样本；

h_4 ——吊绳的最小长度；

h_5 ——吊车钩至吊车顶的高度，可从吊车样本中查知；

h_6 ——吊车顶至屋面大梁下缘的安全高度，查样本。

为了加强泵房的自然通风，一般泵房的前后墙都要布置高、低窗。所以从上式计算出的 H 值如果不能满足开高窗的要求时（主要是因吊车梁顶至屋顶圈梁下缘的距离较小），还应调正 h_6，最后定出泵房的高度。

大、中型泵站所专设的副厂房，无论布置在主厂房的一侧还是一端，一般其结构形式和高度都与主厂房不同，所以长度、跨度、高度等尺寸必须根据配电设备和中控室的要求另行加以确定。

第三节 泵房建筑及结构设计

泵房布置及各部分尺寸确定后，就可着手进行泵房的建筑及结构设计，包括结构计算。

分基型泵房与干室型泵房结构上的区别仅是基础结构不同。前者是墙、柱以及机组基础分开设置；而后者是墙、柱、机组基础以及泵房地坪现浇成一个箱型整体基础。两者的上部结构完全相同，一般都为钢筋混凝土单层排架结构。

一、泵房结构组成和受力特点

泵房的结构构件主要有屋面板、屋架（或屋面梁）、吊车梁、柱、抗风柱、墙、墙梁（即圈梁）、基础等。对于分基型泵房，有柱基础、墙基础或基础梁。而干室型泵房的柱和墙分别固接和砌筑在箱型基础上。

作用在泵房结构上的荷载，除了结构构件的自重和墙体围护部分重量以外，还有下列荷载。

（1）吊车荷载，包括吊车在起吊时的竖向荷载以及吊车起动、运行和制动时产生的横向水平荷载和纵向水平荷载。

（2）风荷载，包括作用在屋面以及纵墙上的横向风载和作用在山墙上的纵向风荷载。

（3）屋面活荷载，包括积雪和施工荷载等。

（4）如果房屋所在地区地震烈度超过 8 度时，还应考虑地震荷载。

图 7‑14 为一泵房结构示意图。一般屋架或钢筋混凝土屋面梁通过预埋铁件焊接在柱顶，屋面板又焊接或直接架在屋架或屋面梁上。柱与基础固接，墙梁固接在柱上。所以严格说来，泵房结构是一个空间结构，只要某一局部受到荷载的作用，整个结构中的构件都要受到一定的影响，产生一些内力，因此分析它的实际受力情况是一个非常复杂的问题。但是如果抓住主要的方面，忽略一些次要因素，即可将这一复杂的空间结构力系近似地简化成几个简单的平面力系，进行分析计算，将会大大简化结构计算。实际计算结果也说明这样的简化计算完全能满足计算精度要求，与实际情况基本相符。

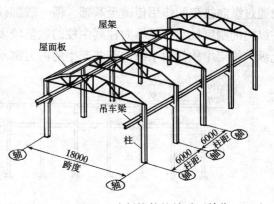

1．屋面和墙体围护结构

图 7‑14 柱网尺寸与构件的关系（单位：mm）

屋盖本身自重及其承受的积雪、施工荷载是通过屋面板传给屋面大梁，再由大梁传到柱上。墙体围护结构包括外墙、抗风柱、墙梁、基础梁等。这些构件所承受的荷载，主要是墙体和构件的自重以及作用在墙面上的风荷载。

在泵房中，常设基础梁承受墙体重量，并传给柱基础，以消除可能产生的柱与墙的沉降差异。但当地基条件较好时，也可白设墙基础，墙体重量可直接由其基础传到地基上。泵房的墙梁一般设两道，且固接于吊车柱上，所以一部分墙体重量，将通过墙梁传到柱上。

作用在纵墙上的风荷载，一部分由墙体直接传到柱上，另一部分则先由墙体传到墙梁，再由墙梁传到柱上。

由于泵房山墙一般很高很宽，所以需在山墙上设置抗风柱。这样山墙上的大部分风荷载先传到抗风柱上，然后由抗风柱上下两端支承点，分别传到屋盖和抗风柱的基础上。

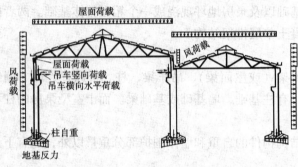

图 7-15 横向排架受力示意图

2. 横向排架结构

如图 7-15 所示，是一泵房的横向排架结构（副厂房布置在主厂房的出水侧）。下面分析其受力情况。

所有作用在屋盖上竖向和横向荷载都通过屋架（或屋面梁）传到柱上，再通过排架作用传到基础和地基中去。

吊车的竖向荷载和横向水平荷载，由吊车梁传到柱上，再通过排架作用传到基础和地基中去。

前面提到，作用在纵向外墙面上风荷载，通过墙体和墙梁传到排架柱上，有一部分墙体重也可能利用墙梁传到柱上，所有这些荷载也将通过横向排架的作用传给基础，再传到地基中去。

3. 纵向排架结构

泵房中的纵向柱列（连同基础）通过吊车梁、柱间支撑等构件形成一个纵向排架，如图 7-16 所示。纵向排架一般仅受作用在山墙上的风荷载和吊车的纵向水平荷载，这些荷载通过纵向排架的作用传递至基础，但一般都较小，而泵房的长度比宽度大得多，虽然柱在纵向的刚度较小，但纵向柱列中柱的数量较多，并有吊车梁和连系梁等的多道联系，因此纵向排架中构件由于纵向荷载产生的内力都不大，往往不需进行力学计算。

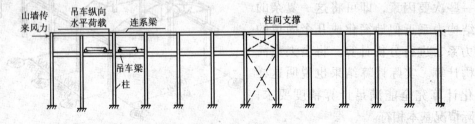

图 7-16 纵向排架受力示意图

通过以上分析，可以清楚地看出，在一般的泵房中，横向排架是主要的承重构件，而屋架（或屋面梁）、吊车梁、柱和基础是泵房中的主要承重构件。设计时，不但应使它们具有足够的承载力，还须有足够的刚度，以保证泵房的安全。

二、柱网布置

泵房建筑平面设计，应合理地选择柱网尺寸。柱网由泵房的跨度和柱距组成，如图 7-14 所示，其主要构件——屋架（或屋面梁）、屋面板、吊车梁等尺寸与柱网尺寸密切相关。在泵房设计中，尽量与《单层工业厂房建筑标准》相适应，使设计标准化，以便于构件的预制、安装和加快施工速度。

泵房的跨度一般采用 3m 的倍数，即 9m、12m、15m、18m。目前普通使用的屋架（或屋面梁）大多为 6m，屋面板也大多为 6m，所以就采用 6m 的柱距。对砖石结构的泵房也可采用 4m 的柱距。泵房的高度，一般影响因素较多，变化多，所以泵房的柱子多数是非标准化构件，不严格统一要求。

三、构件选择

泵房的构件主要有屋面板、屋架、柱、吊车梁、基础或基础梁。选择时，要从整个泵房全局出发，综合考虑建筑、结构、施工、设备等方面的要求和条件，并仔细地进行经济比较，尽可能节约材料用量和降低造价。

（1）屋面板：目前泵房中应用较多的是预应力钢筋混凝土屋面板，其外型尺寸常用的是 1.5m×6m，为配合屋架尺寸，还有 0.9m×6m 的嵌板，可根据实际需要，查国家或地方《建筑标准构件》图集。

（2）屋架：屋架是屋盖结构的主要承重构件，它直接承受屋面荷载，有些泵房的屋架还要承受悬挂吊车的荷载，另外，屋架对于保证泵房的刚度起着重要的作用。屋架选择得使否合理，对于泵房的安全、耐久性、经济性和施工速度有很大影响。

一般屋架按其型式可分为屋面梁、两铰（或三铰）拱屋架、桁架式屋架三大类。目前泵房中屋架用的较多的是屋面梁。屋面梁外形有单坡和双坡两种，梁的截面可做成 T 形或工字形。

有时为了节省材料，可用两铰（或三铰）拱轻型结构代替比较笨重的屋面梁，但其刚度较差。

当泵房的跨度较大时，采用桁架式屋架较经济。其外形有三角形、梯形、拱形、折线形等几种。

以上屋架构件如表 7-2 所示，详细结构可从有关建筑标准构件图集中查取。

（3）柱：柱是泵房结构中重要构件之一，它主要承受屋盖和吊车梁等竖向荷载、风荷载及吊车产生的纵向和横向水平荷载，有时还承受墙重等荷载。

柱的形式很多，基本可分为单肢柱和双肢柱，如表 7-3 所示，而泵房一般常用的是单肢柱。单肢柱又可分为矩形柱和工字形柱。矩形柱外形简单，施工容易，但不能充分发挥混凝土的承载能力，自重大、材料费，经济指标差。而工字形柱在材料的使用上比矩形柱合理，它省去了受力较小的腹壁部分的混凝土，而对承载力和刚度几乎没有影响，制作也不复杂，所以，采用工字型柱较为合适。

表 7－2   **常 用 屋 架 形 式**

序 号	构 件 名 称	型 式	材 料
1	双坡Ⅰ字形腹梁		预应力混凝土跨度 12～15m
2	空腹屋面梁		预应力混凝土跨度 12～15m
3	拱式屋架		预应力混凝土跨度 9、12、15m
4	二铰拱屋架		钢筋混凝土跨度 9、12、15m
5	三角形屋架		木、钢木、钢筋混凝土屋架
			型钢屋架
6	折线形屋架		钢筋混凝土跨度 15、18m

表 7－3   **钢筋混凝土柱类型表**

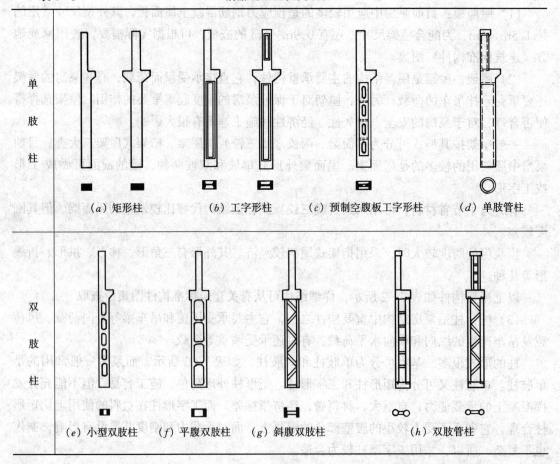

单肢柱

(*a*) 矩形柱   (*b*) 工字形柱   (*c*) 预制空腹板工字形柱   (*d*) 单肢管柱

双肢柱

(*e*) 小型双肢柱   (*f*) 平腹双肢柱   (*g*) 斜腹双肢柱   (*h*) 双肢管柱

柱可根据屋盖，吊车等荷载从建筑标准构件图集中查取，或通过结构计算加以确定。

（4）吊车梁：吊车梁直接承受吊车起重、运行、制动时产生的各种往复移动荷载，因此，除了要满足一般梁的强度、刚度等要求外，还要满足疲劳强度要求。同时，吊车梁还有传递泵房纵向荷载（如山墙上的风荷载），保证泵房纵向刚度等作用。目前泵房大多采用6m的柱距，所以吊车梁一般可根据吊车的起重吨位、泵房的跨度等从建筑标准构件图集中直接查取。

吊车梁形状一般为T形梁。分轻级制、中级制和重级制三种，主要依据是吊车操作百分数。而在泵房中，吊车主要是在机组停止运行检修机组时使用，而使用时间较短，所以均按轻级制设计。

（5）基础和基础梁：

1）分基型泵房的柱基础和墙基础分开设置。柱基础主要承载由柱传递来的屋架、吊车荷载以及由墙梁或基础梁传来的墙荷载。常用的柱基础有如表7-4所示的杯形基础、阶梯形基础、条形基础。杯形基础一般为预制。而阶梯形基础、条形基础一般为现浇。基础的截面尺寸可根据有关荷载从建筑标准构件图集中查得，也可通过结构计算确定。

表 7-4　　　　　　　　　常 用 基 础 类 型

序　号	名　　称	剖 面 形 式	材　料	适 用 条 件
1	砖基础		粘土砖不低于75号，水泥砂浆不低于50号	墙下常用的基础形式
2	灰土基础	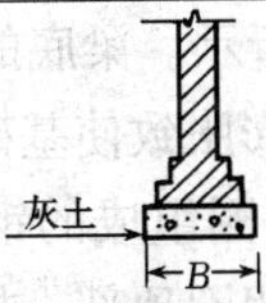 灰土	石灰：粘土＝3:7～2:8	当地下水位高于垫层时不宜采用
3	混凝土基础		75号或100号混凝土	地下水位较高，上部结构荷载较大
4	毛石基础	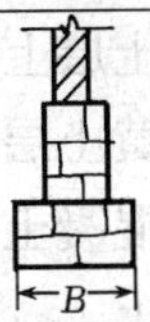	用30号或50号砂浆砌筑	一般用于产石区
5	钢筋混凝土基础		一般用150号混凝土	上部结构荷载较大，地基承载力较低，所需基础较大、较深
6	钢筋混凝土杯形基础	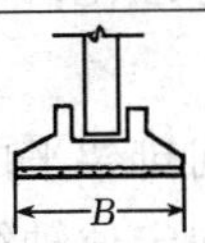	一般用150号混凝土	地基土质较均匀，预制柱下基础

墙基础主要支承泵房墙的全部重量或部分重量，一般用块石或砖砌成条形基础。基础断面尺寸、构造及设置深度，应根据土壤承载力、地下水位及墙壁荷重而定，但在任何情况下，基础砌置深度距设计地表面不得小于 0.5m。对于建立在盐碱化土壤中的泵站墙基础，须要用混凝土浇筑，尽量不要用砖砌筑，以避免砖被盐碱侵蚀而破坏基础。墙基础如图 7 - 17 所示。

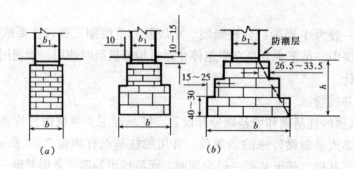

图 7 - 17　带形基础（单位：cm）
(a) 长方形基础；(b) 阶梯形基础

当泵房地基土壤层理构造复杂，压缩性不均匀，地质条件较差时，可用基础梁代替条形基础，基础梁两端搁置在柱基础的杯口上，这样可使外墙与柱一起沉降，从而避免因地基不均匀沉陷而导致墙破裂。如柱基础埋置深度较大时，基础梁可搁置在柱基础杯口上加设的混凝土垫块上。

基础梁顶面一般应低于室内地坪，以免影响开门，梁的底面宜低于室外地坪。基础梁可放在柱子外边，也可放在柱中间，如图 7 - 18 所示。梁底的回填土一般不夯实，使基础梁可随柱基础一起沉降，也可防止冬季土壤冻结膨胀致使基础梁隆起而破裂。

2）干室型泵房　一般采用整片式底板和封闭圈组成的钢筋混凝土箱型整体结构。柱子底部与封闭圈顶部固接，泵房墙直接砌筑在封闭圈顶部，机组基础直接与底板现浇成一个整体。箱型基础只在主厂房范围内设置，通过左右两端基础墙与检修间和副厂房（当副厂房布置在主厂房一端时）分开，检修间和副厂房单独设置基础，形式与分基型泵房同。

西北地区有相当一部分泵站是建在强湿陷性黄土层上，对于这类泵站除地基要认真地处理外，还应加强泵房的基础处置。特别在湿陷性黄土层比较厚的情况下，采用干室型泵房。各地区比较成功的经验是在箱型基础底部设置混凝土井柱桩，桩脚必须深入非湿陷性黄土层 0.5～1m。有条件时，还可直接座在基岩层上。

四、定位轴线与沉陷缝

为了表示柱网尺寸，确定泵房承重结构的相互联结的位置，便于预留孔洞、结构预埋件以及厂房施工放线和设备安装，并使泵房设计标准化，一般需要在建筑图和结构图上表示出定位轴线。

定位轴线一般有横向、纵向之分。与泵房横向排架平面相平行的轴线，称为横向定位轴线；与其垂直的轴线，称为纵向定位轴线。横向定位轴线，一般以①②③…来表示，在

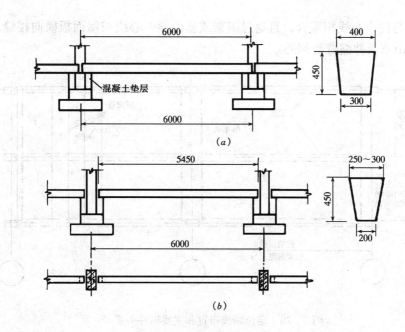

图 7-18 基础梁尺寸（单位：mm）
(a) 柱外基础梁；(b) 柱间基础梁

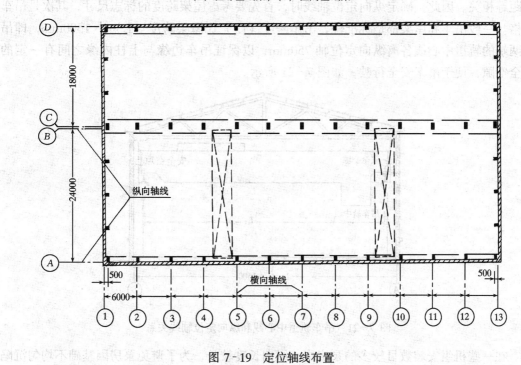

图 7-19 定位轴线布置

图纸上，通常是由左向右顺序地编写，而纵向定位轴线，一般是以 Ⓐ Ⓑ Ⓒ … 表示的，在图纸上，通常是由下而上顺序编写。如图 7-19 所示。

与横向定位轴线有关的承重构件，主要是屋面板、吊车梁、基础梁等构件有关。因此，横向定位轴线与柱距方向的屋面板、吊车梁等构件的标志尺寸应相一致，也就是说，横向定位轴线与柱中心线相重合,且通过屋架或屋面梁中心线与屋面板横向接缝。如图7-20所示。但山墙及伸缩缝处例外。

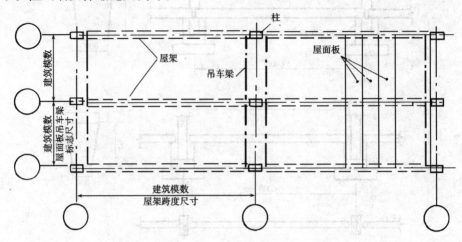

图7-20 定位轴线布置和主要构件关系

与纵向定位轴线有关的承重构件,主要是屋架。此外,还有吊车规格、吊车起重量和柱距等相关。因此,确定纵向定位轴线时,首先要考虑屋架跨度的标志尺寸,其次是吊车规格。一般吊车和屋架都是标准件,吊车跨度(L_k)比屋架跨度(L)小 1500mm,即吊车两端的轨道中心线各离纵向定位轴 750mm,以保证吊车边缘与上柱内缘之间有一定的安全空隙,便于吊车安全行驶,如图7-21所示。

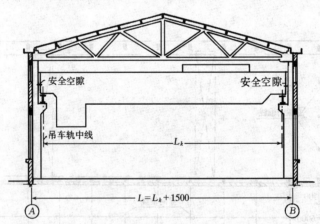

图7-21 吊车轨道中心线和纵向定位轴线关系

在一些机组安装数目较多的泵房中,纵向长度较长,为了避免泵房因基础不均匀沉陷而引起泵房某些部位开裂、损坏,需在适当部位设沉陷缝。另外,在建筑结构(或基础)类型不同处,地基土压缩性有显著差异处,泵房高度差异处等,也需设置沉陷缝。

五、泵房整体稳定分析

泵房的设备布置及尺寸初步确定后,须进行整体稳定分析,以验证地基应力和抗滑、抗浮稳定性。必要时，应修改泵房布置和尺寸，直到满足要求为止。

分基型泵房只需进行地基应力验算。而干室型泵房，在一定情况下，除作地基应力校核外，还需进行抗滑、抗浮稳定校核。下面仅就干室型泵房加以说明。

（一）地基应力校核

地基应力校核时，取泵房土建完毕，机组已经安装及进水池为设计最低水位。若机组台数较少，可取整个泵房作为计算单元，否则可沿泵房长度方向，取一台机组或两个永久沉陷缝之间作为计算单元，如图7-22所示。荷载一般分垂直荷载和水平荷载。其中垂直荷载有泵房结构构件自重，机电设备重量，进、出水管重量（包括管内水重），浮托力及人群荷载，吊车荷载，雪荷载等。水平荷载计有泵房进、出水侧水压力和土压力以及风荷载。有时还要考虑地震荷载。荷载组合应根据使用过程中可能同时作用的荷载进行分析。

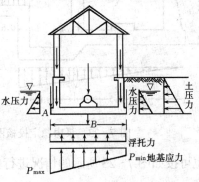

图7-22　地基应力计算图

地基应力可按下式进行计算

$$p^{max}_{min} = \frac{\Sigma N}{BL}\left(1 \pm \frac{6e}{B}\right) \tag{7-7}$$

$$e = \frac{B}{2} - \frac{\Sigma M_A}{\Sigma N} \tag{7-8}$$

式中　p_{max}——基础底面最大地基应力（kPa）；

　　　p_{min}——基础底面最小应力（kPa）；

　　　ΣN——计算单元内所有垂直力之和（N）；

　　　B——计算底板宽度（m）；

　　　L——计算单元长度（m）；

　　　e——偏心距（m）；

　　ΣM_A——计算单元内所有外力对边缘 A 点之力矩和（N·m）。

据《工业与民用建筑地基基础设计规范》有关规定，按容许承载力计算地基，应符合下式要求

$$p \leqslant R \tag{7-9}$$

式中　p——基础底面的平均压力（kPa）；

　　　R——修正后的地基允许承载力（当基础宽度大于 3m 或埋置深度大于 1.5m 时，R 应修正）。

受偏心荷载作用时，除满足上式要求外，尚应符合下式要求：

$$p_{max} \leqslant 1.2R \tag{7-10}$$

另外，当地基为软基时，还应满足 e 小于或等于 $\frac{B}{6}$ 值，以保证地基不出现拉应力。

（二）抗浮稳定校核

北方地区有相当一部分大、中型抽水灌区一级泵站建立在河岸边，直接从河流中取

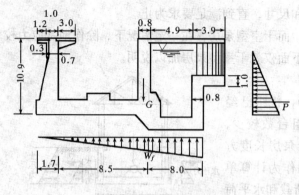

图 7‑23　泵房稳定校核图

水，且为干室型泵房。由于干室不允许进水，高水位时承受较大浮力，故应验算泵房的抗浮稳定性。计算工况一般选择土建完毕，机组尚未安装，干室四周未回填土，但水位已达设计最高水位之情况。有时也因这类泵房必须在当年枯水期开始施工，土建工期又较长，在第二年洪水到来之前无法完成整个泵房土建，而只能将泵房的箱型基础抢修到设计最高水位，这时也可按如图 7‑23 所示的情况进行验算。

$$K_{浮} = \frac{\Sigma G}{W_f} \tag{7-11}$$

式中　ΣG——泵房土建部分自重力（N）；

$\qquad W_f$——作用于底板上的浮力（N）；

$\qquad K_{浮}$——允许抗浮安全系数，一般为 1.10～1.20。

（三）抗滑稳定校核

可按下式进行计算，计算工况与上边同。

$$K_c = \frac{(\Sigma G - W_f)f}{\Sigma P} \tag{7-12}$$

式中　f——摩擦系数；

$\qquad \Sigma P$——水平力总和（N）；

$\qquad \Sigma G$——泵房土建部分自重力（N）；

$\qquad K_c$——抗滑安全系数。

第四节　其它类型泵房

在灌溉和排涝泵站中，泵房的类型很多，除以上介绍的分基型泵房和干室型泵房外，在我国南方地区常见的泵房类型有湿室型泵房和块基型泵房。

一、湿室型泵房

湿室型泵房的结构特点是，将泵站的进水池直接设于泵房下部，形成一个充水的地下室。一般分为两层，下层湿室是安装水泵和吸水管的进水室，上层安装电机和电气设备，称为电机层。有时采用封闭的进水室，则可分为三层，下层为湿室，中层为水泵层，上层为电机层。

湿室型泵房在我国南方的平原及易涝区应用很广。主要适用于安装口径 900mm 以下的立式轴流泵、混流泵和离心泵。可适用于较大的水位变幅及站址处地下水位较高的情况。

186

湿室型泵房按其结构形式的不同，又可分为墩墙式、排架式和污工泵房三种。

（一）墩墙式

泵房下部除进水侧外，其它三面建有挡土墙，每台水泵之间用隔墩分开，形成单独的进水室，支承水泵和电机的大梁直接搁置在隔墩和边墙上，如图7-24所示。

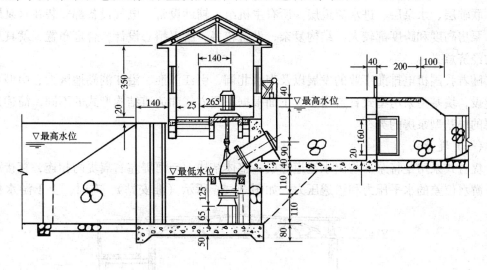

图7-24 墩墙式泵房（单位：cm）

这种结构形式优点是每台泵有单独的进水室，水流条件好；进水室可设闸门和拦污栅，便于单台检修；墩墙及底板可采用浆砌石结构，可就地取材，施工简单。缺点是，泵房水下部分断面尺寸大，增大了地基应力，也费材料；和排架式泵房相比，墙后填土增加了土压力，不利于泵房的整体稳定，投资较多。

（二）排架式

泵房下部为钢筋混凝土排架结构，四面临水，泵房用桥与岸上联接，出水管可敷设于桥上，也可沿岸坡敷设。这种泵房结构较轻，钢筋混凝土用量少，地基应力小而均匀。由于没有侧向压力，所以不必考虑抗滑稳定问题。缺点是水泵检修不便，护坡工程量大。另外如水位变幅较大时，水泵轴较长，安装运行都不方便。此种泵房适用于安装中、小型机组，水源水位变幅在5～8m范围，地基条件较好的场合，如图7-25所示。

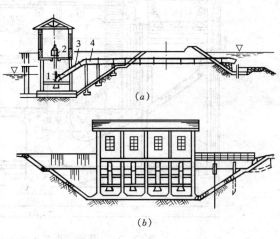

图7-25 排架式泵房
（a）剖面图；（b）立面图

1—水泵；2—电动机；3—出水管；4—穿堤函管

二、块基型泵房

安装大型立式轴流泵或混流泵的大型泵站，由于流量较大，所以对进水流态要求较高。为了创造良好的进水条件，必须现场浇筑钢筋混凝土进水管道。同时将机组基础及泵房底板与进水流道现浇成一钢筋混凝土整体块基结构，以满足大型泵房的基础稳定要求，故称为块基型泵房，每台机组设有单独的进水流道，呈封闭的有压进水。泵房一般分电机层、联轴层、水泵层、进水流道层。所有主机组、辅助设备、电气设备都安装在水泵层以上，泵房高度和跨度都较大，结构复杂，设备较多，所以精心设计，合理布置，就具有重要的经济意义。

随着我国机电排灌事业的发展以及南水北调、引江济淮、沿江滨湖地区大、中型泵站的建设，块基型泵房型式日益增多。下面根据布置方式和流道结构型式的不同，简述几种主要的块基型泵房的类型。

(一) 堤身式

堤身式泵房是将泵房与出水流道建成一整体结构，与河堤左右翼堤防相连，直接承受上下游水位差的水平压力和渗透压力，如图7-26所示（淮安站），有时，上下游水位差

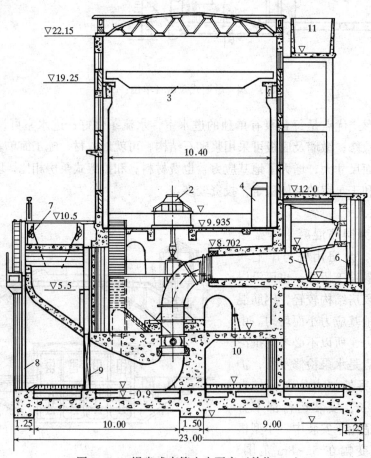

图 7-26 堤身式直管出水泵房（单位：m）

1—轴流泵 64ZLB-50；2—同步电动机 800kW24p；3—桥式吊车；4—高压开
关柜；5—拍门；6—油压闸门；7—工作桥；8—拦污栅；9—检修闸门；
10—集水廊道；11—水箱

较大，为了减小泵房的压力，以及降低泵房的防洪设计标准，在枢纽布置上采用闸站分建式，即在堤防上建防洪闸，挡外江高水，而将泵房建于防洪闸之后，挡出水池排灌水位，这种形式的泵房亦属于堤身式。

堤身式泵房出水流道短，建筑等级高，一般与防洪标准一致，因直接挡外河水位，通风采光受到一定限制。

堤身泵房一般适用于安装低扬程（大约在 5m 以下）大流量的立式泵。

（二）堤后式

泵房建于防洪堤后，靠堤防防洪，泵房不直接承受内外水位差而产生的水平压力和渗透压力。因泵房建在堤后，可与出水流道分开建筑，又可称为堤后分段式泵房如图 7-27 所示。

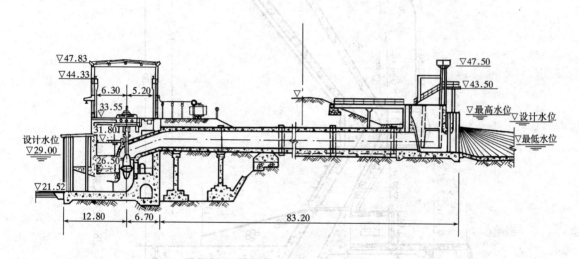

图 7-27 堤后式泵房（单位：m）

堤后式泵房无防洪要求，建筑物级别可低于防洪标准，又因水平推力小，地基应力均匀，容易满足稳定和抗渗要求，出水流道可与泵房分开浇筑，施工容易安排，工程质量容易保证。一般扬程在 10m 以上时，建堤后式泵房较堤身式经济。

按出水流道的形式及断流方式，块基型泵房又可分为以下两种。

1. 虹吸式

把出水流道做成虹吸管型式，停机时，打开虹吸管驼峰顶上的真空破坏阀，放进空气破坏虹吸作用，隔断驼峰两边的水流，防止机组倒转，如图 7-28 所示。

2. 直管式

出水流道是平直管或向上倾斜的直管，直管出口处设置拍门（或快速闸门），停机时，拍门自动关闭，靠出水池中水压力作用把拍门合于止水橡皮上防止倒流，这种结构的出水流道管路短，可以减小泵房的高度，节省工程投资，如前图 7-27 所示。

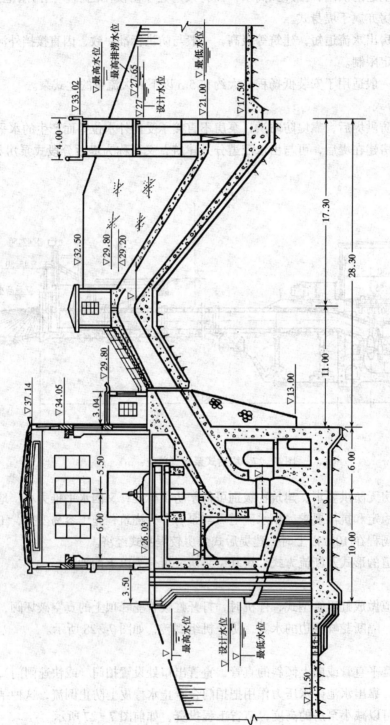

图 7-28 虹吸式泵房 (单位：m)

第五节 机组基础及动力特性

机组基础分卧式机组和立式机组两种不同类型。卧式机组基础大部分为块状混凝土结构,静力设计只校核其地基承载力是否满足要求,设计较简单。而立式机组基础结构较复杂,其基础的静力设计可参阅水电站立式机组机墩的设计。

另外,机组在运转过程中所产生的振动,会引起机组基础的强迫振动,这种振动在一定条件下会危及基础的安全,以致使其破坏。因此必须计算基础的强迫振动频率和基础的自振频率,校核是否发生共振。此外,还要验算发生的最大振幅是否超过允许值。

一、卧式机组基础尺寸的确定

基础平面尺寸及高度应根据机组安装尺寸而定。如图 7-29 所示。

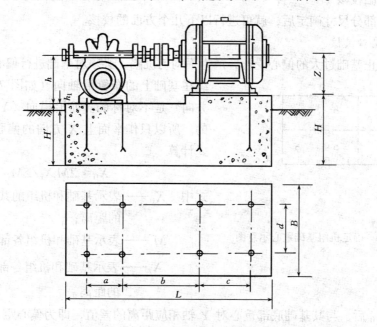

图 7-29 Sh 型离心泵机组基础

1. 基础长度

$$L = a + b + c + 0.60 \quad (\text{m}) \tag{7-13}$$

式中 a、b、c——表示机组产品样本中所提供的水泵、电动机轴向螺丝孔间的距离。

2. 基础的宽度

$$B = d + 0.5 \quad (\text{m}) \tag{7-14}$$

或

$$B = f + 0.5 \quad (\text{m}) \tag{7-15}$$

取其两式中计算出的 B 值较大的作为基础的宽度。式中 d 和 f 值分别表示电动机和水泵纵向地脚螺丝孔间的距离。

基础的厚度 H 分水泵部分和电动机部分，分别计算如下。

(1) 水泵部分：

$$H' = L_{螺} - (0.05 \sim 0.08) + (0.2 \sim 0.3) \qquad (7 - 16)$$

式中　$L_{螺}$——水泵螺杆长度 (m)。

(2) 电动机部分：

$$H = H' + h - Z \ (m) \qquad (7 - 17)$$

式中　h——水泵轴心至基础顶面高度；

　　　Z——电动机轴心至基础顶面高度。

基础水泵部分的顶面高出泵房地面 h_1 一般为 20～30cm。

二、基础校核

基础各部分尺寸确定后，就可进行以下几个方面的校核。

(一) 偏心校核

为了防止基础过大的偏心受压，产生不均匀沉陷，必须对基础进行偏心校核。因为机组在基础上的布置沿轴向（如图 7 - 30 所示的 X 方向）是不对称的。而沿横向（Y 方向）是对称的。所以只作平面上 X 方向的偏心校核。可按下式计算

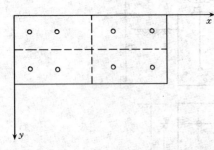

图 7 - 30　确定机组基础重心示意图

$$X_0 = \Sigma M_i X_i / \Sigma M_i \qquad (7 - 18)$$

式中　X_0——表示基础和机组的共同重心距 Y 轴的距离；

　　　M_i——表示基础和机组各部分质量；

　　　X_i——表示基础和机组各部分质心对 Y 轴的距离。

求出 X_0 后，与其基础底部重心对 Y 轴相应距离的差值，即为偏心距 e。根据基础下土壤的承压能力情况，偏心距不应超过下列范围，否则应加大基础的宽度。

(1) 如土壤的允许承压能力 $\sigma \leqslant 150\mathrm{kPa}$ 时偏心值 $e \leqslant 3\% s$。

(2) 如土壤允许承压能力 $\sigma \geqslant 150\mathrm{kPa}$ 时，偏心值 $e \leqslant 5\% s$。

(二) 地基承载力校核

实践证明地基在动荷作用下产生的沉降比只承受静荷作用时大，为此在校核地基应力时，应采用比静荷作用时要低的地基承载力，降低的程度与振动加速度的大小有关，但实际上很难估计地基动力的影响，通常近似地按下式验算动力基础底面承载力。

$$p \leqslant \psi R \qquad (7 - 19)$$

式中　p——基础底面压力 (kPa)；

　　　ψ——动力影响折减系数，对于电动机机组基础采用 0.8；

　　　R——修正后的静荷作用下的地基允许承载力 (kPa)。

（三）共振校核

1. 强迫振动频率

在机组正常运行时，由于机组转子的不平衡产生的振动，即安装时机组轴线不垂直或转子制造不匀使得其转动部分的重心不与转动中心相重合，因此机组运转时，就产生一个回转离心力，这个离心力引起机组基础发生水平横向振动和回转振动，其强迫振动频率 ω 与机组转速 n 有关。即

$$\omega = 2\pi \frac{n}{60} = 0.105n \quad (\text{s}^{-1}) \tag{7-20}$$

式中　ω——机组强迫振动频率；

　　　n——机组转数（r/min）。

2. 基础自振频率

混凝土块基型基础在机组动力的作用下，将产生垂直及水平方向的振动，所以必须计算垂直和水平两个方向的自振频率。计算时，将基础的振动可作为一个自由度的结构，在无阻尼情况下的振动问题来考虑，其垂直方向的自振频率为

$$\lambda_z = \sqrt{\frac{C_z F}{m}} \tag{7-21}$$

式中　λ_z——基础垂直自振频率（s^{-1}）；

　　　F——基础底面面积（m^2）；

　　　m——机组和基础质量和（t）；

　　　C_z——地基弹性均布压变位系数。

3. 水平自振频率

$$\lambda_x = \sqrt{\frac{C_x F}{m}} \tag{7-22}$$

式中　λ_x——基础水平自振频率（s^{-1}）；

　　　C_x——地基弹性均布剪变位系数；

其它符号同前。

上两式中的 C_z 和 C_x 值可由试验或查有关规范得知，也可由下式计算

$$C_z = bE\left(1 + \sqrt{\frac{10}{F}}\right) \tag{7-23}$$

式中　b——系数，对粘土取 1.5，对亚粘土和亚砂土取 1.2，对砂土取 1.0（m^{-1}）；

　　　E——地基弹性模量；

　　　F——基础底面面积（m^2）。

C_x 值近似的取 $0.7C_z$ 即可。

求出基础的强迫振动频率和自振频率后，就可进行共振校核。当 ω 接近于 λ_z 和 λ_x 时，将发生共振，基础应力和变形将急剧增加，以致危害基础之安全。故 ω 和 λ_z、λ_x 应

有足够的差值，规定差值应在 20%～30% 以上，即 $\frac{\lambda-\omega}{\lambda}>20\%～30\%$，如果不满足上述条件，则应修改基础尺寸，直到满足为止。

（四）振幅校核

基础垂直强迫阻尼振动振幅 A_z 值可由下式求得

$$A_z = \frac{P}{m\sqrt{(\lambda_z^2-\omega^2)^2+0.2\lambda_z^2\omega^2}} \tag{7-24}$$

式中　P——离心力，按式 $P=em\omega^2$ 计算（N）；

　　　e——机组转动质量中心与转动中心的偏差值，由制造及安装精度确定，通常不同转速下的 e 值如表 7-5 所列；

　　　m——机组转动部分的质量（t）；

表 7-5

转速（r/min）	e（mm）
3000	0.05
1500	0.2
<750	0.3～0.8

其它符号同前。

计算出 A_z 值后，按规范要求 A_z 不大于 0.15mm。

以上基础动力特性的计算是采用无阻尼明置基础的理论及计算公式，但是泵站机组基础有相当一部分是埋置在土体中，而且国内有关单位在这方面的试验资料表明，埋置基础的实际振幅与明置基础的理论计算振幅相差很大，其规律是随着基础埋置深度的增加，共振振幅迅速减小，有试验表明，有一基础当埋置深度由 0.75m 增加到 1.5m 时，相应的共振振幅由 6.2×10^{-5}m/t 减小到 2.08×10^{-5}m/t。其原因主要是由于阻尼的作用，由此可见，回填土对基础振动系统阻尼的增加，有着重要的作用。

不同基础埋置深度对基础垂直共振频率亦有影响，但其影响较小，其主要原因是基础周围土体在垂直振动下的抗剪作用是较小的。

第六节　给 水 泵 站

水泵站不仅在农田排灌中发挥着巨大的作用，而且也是城乡给水工程中必不可少的组成部分，通常是整个给水系统正常运转的枢纽。下面就城乡给水工程的泵站类型、结构特点作简要的叙述。

一、泵站分类

按泵站在给水系统中的作用分为如下三类。

（一）取水泵站（也称一级泵站）

取水泵站（图 7-31）一般从水源取水，将水送到净水构筑物。由于这种泵站直接建在江河及湖泊岸边，因受水源水位变幅影响的限制，往往都建成干室型泵站或浮动式泵站，结构复杂，工程造价高。

在工业企业中，有时同一泵站内可能安装既输水给净水构筑物又直接将原水输给某些车间水泵，其工艺流程为

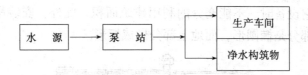

(二）送水泵站

送水泵站将净水构筑物（或自来水厂）净化后的水输送给用户，通常建在水厂内。由于输送的是清水，所以又叫清水泵站。其工艺流程为

这类泵站因直接从清水池中取水，且均安装卧式离心泵，所以泵房一般建成分基型泵房。因其供水情况直接受用户用水条件的影响，所以泵站输送的流量和扬程在一日中的各个时段内有变化。这样为了适应用户水量和水压的变化，而不得不在送水泵站增加水泵的台数或设置不同型号的水泵，从而导致泵站的建筑面积增大，并使运行管理复杂，特别是在大、中城市给水系统中由于一般不设水塔，上述矛盾更为突出。

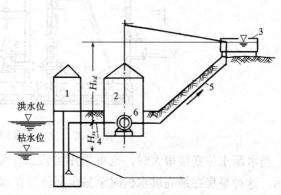

图 7‑31　一级泵站供水到净水构筑物的流程
1—进水井；2—泵站；3—净化构筑物；
4—吸水管路；5—压水管路；6—水泵

（三）加压泵站（也称中途泵站）

在一个给水区域内，某一地区（地段）或某些个别建筑物（例如大型工厂、高层建筑等）要求水压特别高时采用；有时当输配水管线很长或供水对象所在地地势很高时亦采用。这样可以降低给水系统的压力或便于采用低压输水管道。其工艺流程一般为

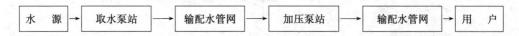

二、给水泵站的结构特点和要求

（一）一级泵站

如前所述，一级取水泵站，为了适应较大的水源水位变幅，一般都要建成地下式或半地下式的干室型泵房或者建成浮动式泵站。

1．一级取水泵站

当水源水位变幅相对较小，且泵房内布置机组较多，平面尺寸较大时，可建成本章第一节中所述的矩形干室型泵房。当水源水位变幅较大，泵房内机组台数较少，平面尺寸较小时，可建成圆形干室型泵房，如图 7‑32 所示。它在结构上能承受较大的土压力和水压力。可节约工程投资。同时在地质条件许可时，采用沉井法施工，可加快施工进度。其缺

点是布置机组及其它设备时，不能充分的利用建筑面积，此外，安装吊车也有一定困难。因此有时泵房地下部分是椭圆形，而地上部分做成矩形。

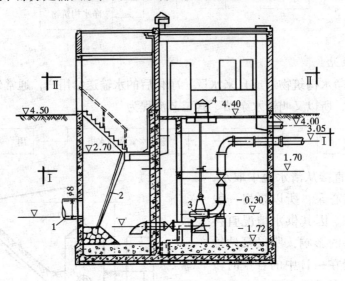

图7-32 立式水泵的圆形泵站

当水源水位变幅很大时，也可采用潜没式干室型泵房（即地下式泵房）。如图7-33所示。这种泵房在最高洪水位时泵房全部淹没在水下。和其它固定式泵房相比，由于潜没水下有利于抗浮稳定，泵房内可不考虑检修等场地，所以空间小，节省材料，与移动式泵房相比，操作简便，运行可靠。

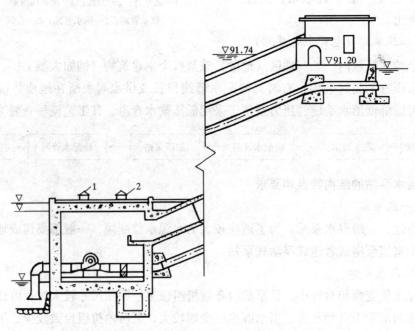

图7-33 潜没式干室型泵房剖面图
1—雨帽；2—天窗

以上所述的两种圆筒形泵房的高度很大，为了充分利用泵房空间，减小泵房平面尺寸，最好采用立式机组，并将立式机组的电机及配电设备安装在上层楼板上。压水管路上的附件，如逆止阀、闸阀、水锤消除器等一般设在泵房外的闸阀井（或称切换井）。这样不仅可以减小泵房的建筑面积，而且当压水管道损坏时，水流不至于向泵房内倒灌而淹没泵房。泵房与切换井间的管道应敷设在支墩或钢筋混凝土底板上，以免不均匀沉陷。泵房与吸水井合建时，吸水管常设在钢筋混凝土暗沟内，暗沟上应留出入人孔，暗沟的尺寸应保证工人可以进入检修和换管道为准。暗沟与泵房连接处应设沉陷缝，以防因不均沉陷而导致管道破裂。

圆筒形泵房的缺点是泵房内散热条件差、通风不良、潮湿、影响机组寿命，非特殊情况工作人员都不必进入泵房，而在岸上控制。为了保证供水，要求在非运行期对机组及其它辅助设备进行维修保养。

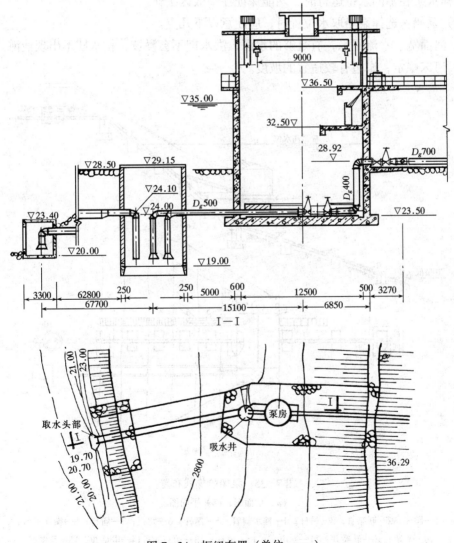

图 7-34 枢纽布置（单位：mm）

图 7‑34 所示的某化工厂地下式取水泵房。安装卧式机组，沿横向有集水井、吸水池、泵房和切换井等。

2. 浮动式泵站

在水源水位变幅很大，建固定式泵站投资大、工期长、施工困难的场合建站，应优先考虑建浮动式泵站——泵船和泵车。因为它具有较大的灵活性，没有构造复杂的水下建筑结构，所以施工期短，收效快，投资少。缺点是泵房的移动及输水管接头的改换比较麻烦；活动构件多；需要的管理人员多；维修、养护工作量大；泵房空间小，工作条件差。

浮动式泵站装机容量较大时，一般将变电站、配电设备布置在岸上，泵房内仅安放水泵机组、真空泵和电机启动设备。容量较小的泵站，可将配电设备布设于泵房内。

这类泵站为了适应较大的水源水位变幅，尽量选用 Q - H 曲线下降斜率大的水泵，可使扬程变化对流量影响小。另外，所选水泵应考虑变速调节，或者配用几个不同直径的叶轮，这样水泵在不同水位运行时，均能保证在高效区工作。

（1）泵船：选择泵船取水位置时，应注意以下几点。

1）河面宽、水流平稳，有足够的水深，洪水期不会漫坡，枯水期不出现浅滩。

2）河床稳定，岸边有较适宜的坡度。

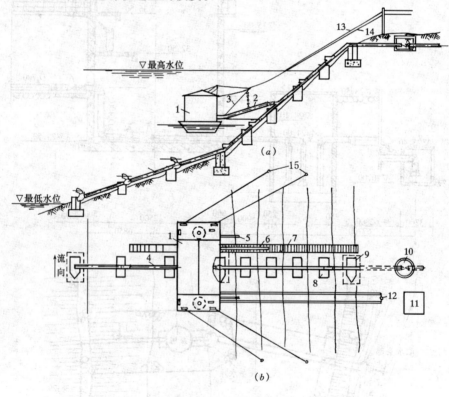

图 7‑35　泵船阶梯式布置

（a）剖面图；（b）平面图

1—囤船；2—联络管；3—吊杆；4—输水斜管；5—撑杆；6—跳板；7—阶梯；8—操作平台；

9—立墩；10—转换井；11—变电室；12—电杆；13—动力线；14—电话线；15—系缆桩

3）在通航及放筏的河道中，泵船与主航道应保持一定距离，防止撞击泵船。

4）应避开大回流区，以免大量飘浮物聚集在进水口，影响进水。

5）为了便于泵船定期检修，应考虑附近有较平坦的河岸作为检修场地。

目前泵船大多采用钢板焊接或预应力钢筋混凝土预制，即钢船和预应力钢筋混凝土船。特别是预应力钢筋混凝土船耐久性好，使用年限长，重心低，稳定性好，近年来被广泛采用。以上两种船可根据实际需要自行设计，也可直接查阅《给排水标准设计图集》中的泵船部分。

泵船与岸上出水管道连接形式一般有阶梯式和摇臂式两种，如图 7-35 和图 7-36 所示。

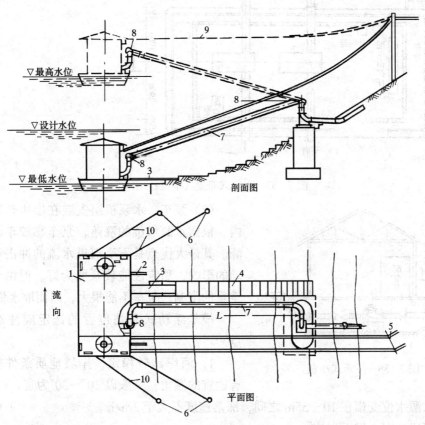

图 7-36　泵船摇臂式布置

1—囤船；2—撑杆；3—跳板；4—阶梯；5—电杆；6—系缆桩；

7—摇臂联络管；8—活动接头；9—电缆；10—锚缆

泵船的平面布置，主要包括设备间和船首、船尾等部分。设备间一般可分为上承式与下承式两种。

上承式布置系指水泵机组，进出水道安装在甲板上，如图 7-37 所示。优点是通风较好，管理方便，结构简单。缺点是重心高，振动大，稳定性差。而下承式布置是指将水泵机组安装在船底，进、出水管须穿越两侧舷板，如图 7-38 所示。优点是重心低，振动小，稳定性好，水泵可自动充水，不需另设真空泵。缺点是通风条件差，维修、管理不便，舷板穿管处须用填料止水，结构复杂。

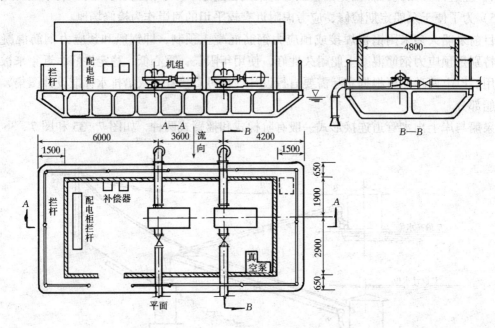

图 7‑37　上承式布置（单位：mm）

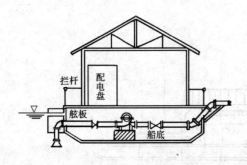

图 7‑38　下承式布置

（2）泵车：水泵机组安装在岸边轨道的车子内，根据水源水位的涨落，泵车靠绞车沿轨道升降。其最大优点是不受河道水流的冲击和风浪波动的影响，稳定性能较泵船为好。但由于受绞车重量的限制，泵车不能很大，因而取水量较小。

缆车浮动式泵站位置的选定应注意以下几点。

1）河岸比较稳定，岸坡地质条件较好；且有适宜的倾角，一般以 10°～30°为宜。

2）水源水位变幅在 10～35m 之间，涨落速度不大于 2m/h。

3）河段顺直，靠近主流。

4）河流飘浮物少，无浮冰，不易受漂木、浮筏、船只的撞击。

5）取水流量小，单车流量多在 1m³/s 以下。

缆车型泵站由泵车房、管路、电缆、坡道、绞车房、配电间、变电站、管理间等部分组成，如图 7‑39 所示。

泵车主要布设主机组和吸水管。要求车体重量轻、刚度大、稳定性好。设备重心应与泵车重心位于同一轴线上。泵车一般用钢板与型钢焊接而成。

水源岸边的坡道应根据地质情况设计，要有足够的强度和稳定性。同时也要考虑当坡道过陡，需要的牵引设备则大，过缓则坡道过长。所以在地质情况允许的前提下，一般坡道倾角以 20°左右为宜。坡道上通常设有输水斜管、轨道、电缆沟、人行道及平台等。

(二) 二级泵站

二级泵站一般机组台数较多，泵房平面尺寸大。一般建成分基型泵房或干室型泵房，其结构特点大多数为单层钢筋混凝土排架结构，也有建成砖混结构的。其建筑与结构已在本章第二节叙述，这里不再赘述。

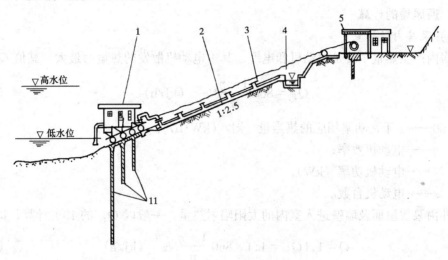

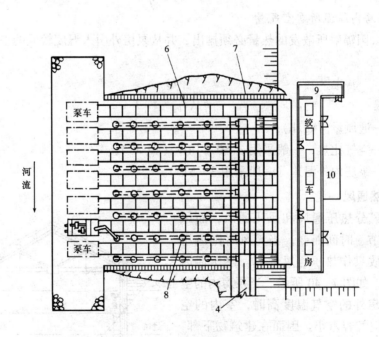

图 7-39　滑轨式移动泵站枢纽布置图

1—泵车；2—压力水管；3—牵引钢丝绳；4—出水池；5—绞车房；6—泵车轨道；

7—人行阶梯；8—叉接头；9—配电间；10—变电站；11—管柱基础

第七节 泵房内的通风降温

泵房温度过高，不仅有损运行人员健康，而且使机电设备功效下降，因此在泵房设计中，要考虑通风降温问题。

一、通风量的计算

（一）泵房内散热量

泵房内产生热量主要是电动机和电缆，其中电动机散发的热量为最大，其值 $Q_{机}$ 为

$$Q_{机} = 860 \frac{1-\eta}{\eta} Nz \quad （kJ/h） \tag{7-25}$$

式中　860——1千瓦功率相应的热当量 $[kJ/（kW·h）]$；

　　　η——电动机效率；

　　　N——电动机功率（kW）；

　　　z——电动机台数。

另外由泵房屋面及墙壁进入室内的太阳辐射热量，一般以 $Q_{机}$ 的10％计算，即

$$Q = 1.1 Q_{机} = 1.1 \times 860 \frac{1-\eta}{\eta} Nz \quad （kJ/h） \tag{7-26}$$

（二）泵房内降温所需空气量

电机及太阳辐射所散发的热量必须排出，并从泵房外引入温度较低的空气，所需空气量为

$$G = \frac{Q}{c（t_{内} - t_{外}）} \tag{7-27}$$

式中　G——通风量（kg/h）；

　　　c——空气比热，一般采用 $c = 0.24 kJ/（kg·℃）$；

　$t_{内} - t_{外}$——泵房内外温差（一般采用3～5℃）。

二、自然通风

自然通风分热压通风和风压通风，而风压通风随季节、时间而变，当无风时则风压不能保证。故只作热压通风计算。热压通风的工作原理，如图7-40所示。当泵房内的空气温度比泵房外的空气温度高时，室内的空气比室外的空气容重小。因而在建筑物下部，室外空气柱所形成的压力，也要比室内空气柱所形成的压力大。由于存在着这种因温度差而形成的压力差，室外的空气就会从建筑物的下部窗口进入泵房内，同时迫使室内温度较高的空气经上部窗口排出。

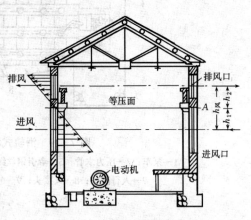

图7-40　热压通风示意图

设有一室内外压力差等于零的中和面 A-A，该面上压力为 p_a，h_2 和 h_1 分别为上、下窗口中心至中和面的距离即

$$h_风 = h_1 + h_2 \tag{7-28}$$

在下部窗口 1 处的压力差为

$$\Delta p_1 = (p_a + h_1 \gamma_外) - (p_a + h_1 \gamma_内) = h_1 (\gamma_外 - \gamma_内) \quad (\text{kg/m}^2)$$

在上部窗口 2 处的压力差为

$$\Delta p_2 = (p_a - h_2 \gamma_内) - (p_a - h_2 \gamma_外) = h_2 (\gamma_外 - \gamma_内) \tag{7-29}$$

由流体空气动力学原理可求出上、下窗口的风速 w_2 和 w_1 分别为

$$w_1 = \sqrt{\frac{2gh_1 (\gamma_外 - \gamma_内)}{\gamma_外}} \quad (\text{m/s}) \tag{7-30}$$

$$w_2 = \sqrt{\frac{2gh_2 (\gamma_外 - \gamma_内)}{\gamma_内}} \quad (\text{m/s}) \tag{7-31}$$

再由假定单位时间内进入泵房内的空气量，等于在同一时间内从泵房排出的空气量，可求出 h_1 和 h_2 值为

$$h_2 = \frac{F_2^2}{F_1^2 + F_2^2} \quad (\text{m}) \tag{7-32}$$

$$h_1 = \frac{F_1^2}{F_1^2 + F_2^2} \quad (\text{m}) \tag{7-33}$$

式中　F_1、F_2——进、排风窗面积。

求出 h_1、h_2 后，即可根据空气动力学公式，计算出进风窗和排风窗的进、出空气量

$$G_1 = \mu_1 F_1 \sqrt{2gh_1 (\gamma_外 - \gamma_内) \gamma_外} \quad (\text{kg/s})$$

$$G_2 = \mu_2 F_2 \sqrt{2gh_2 (\gamma_外 - \gamma_内) \gamma_内} \quad (\text{kg/s})$$

式中　μ_1——进风窗流量系数；

μ_2——出风窗流量系数；

$\gamma_外$——室外空气容重（kg/m^3）；

$\gamma_内$——室内空气容重（kg/m^3）。

当计算出的进、出排风量 G_1、G_2 与前面泵房内所需冷却空气量 G 化成同一单位后相等，说明自然通风可满足泵房内通风降温要求。否则应考虑加大窗户面积或机械通风方式。

另外，在北方地区有相当一部分泵站处在深挖方区，因受泵房四周高崖的影响，自然通风不畅，以上计算误差较大。还有一部分泵站在夏季灌溉时风沙较大。为了电气设备和机组的防尘要求，不得不关窗运行，自然通风无法进行。因此对于北方地区一部分泵站，即就是计算出的理论自然通风量能满足要求，仍要考虑机械通风。

三、机械通风

机械通风的方式，有局部通风和全面通风两种。全面通风是在墙上进风或排风位置上设置通风机，进行通风，使全室达到降温的目的。局部通风是把通风管直接通到电动机，

使热量通过管道排出室外。若电机产生的风压不能克服风道系统的全部阻力时，可根据风量和需要压力，选择合适的风机，装在排风管内，以增大排风的压力。两种方式中又各有抽风式和送风式两种型式。前者是依靠通风机所产生的负压从室内或热源抽出热空气，后者是依靠通风机产生的正压力向室内或热源送入冷空气。

1. 机械通风计算

(1) 在先定出管道截面及布置情况下，计算出总的压力损失，再根据总压力损失和通风量来选择风机型式及台数。

(2) 已知通风机型式和台数，再根据初步确定的管道截面及其布置和各段空气流量求出总的管道压力损失，该值应略小于所选用通风机的工作压力，否则应对截面或布置进行修改以至符合要求。

在机械通风设计中，风道中的风速选取应慎重。在风量一定的情况下，风速大、管道截面小、造价低，但管道阻力大、所选风机功率大、耗电量多；反之若风速小、管道截面大、管道阻力小、所选风机功率小、耗电量少，但管道造价高。所以应定出一个经济合理的流速，以确定管道截面。一般风速采用 $3 \sim 12\text{m/s}$ 为宜。在离风机最远一段采用 $1 \sim 4\text{m/s}$，距风机最近一段采用 $6 \sim 12\text{m/s}$。

通风管道一般用 $2 \sim 5\text{mm}$ 的薄钢板或镀锌钢板、铝板、金属软管或塑料等材料制成的光滑管，也可用砖砌或混凝土现浇管。但必须慎重计算其阻力损失。管道截面有矩形和正方形，也有圆形的。一般截面比较大的管道，为了加工和施工上的方便，都做成矩形的。

2. 管道阻力计算

空气在管道中流动时，产生两种阻力损失，一种是沿程阻力损失，一种是空气流经管道配件（如弯头、扩大管、渐缩管、三通管等）而引起的损失即局部损失。

(1) 沿程阻力 $\Delta H_{沿}$ 的计算：从流体力学知，对于圆形光滑管其沿程阻力损失 $\Delta H_{沿}$ 为

$$\Delta H_{沿} = \lambda \frac{L}{d} \frac{\rho w^2}{2} \quad (\text{Pa}) \tag{7-34}$$

式中　λ——摩阻系数；

　　　L——风管的长度（m）；

　　　d——圆管直径（m）；

　　　w——空气流动速度（m/s）；

　　　ρ——空气密度（kg/m³）。

单位管长沿程阻力损失 $R_{沿}$ 为

$$R_{沿} = \frac{\lambda}{d} \frac{\rho w^2}{2} \tag{7-35}$$

那么 $\Delta H_{沿}$ 就为

$$\Delta H_{沿} = R_{沿} L \tag{7-36}$$

对于粗糙管应按下式进行修正

$$R'_{沿} = (kw)^{0.25} R_{沿} \tag{7-37}$$

式中　k——绝对粗糙度（mm），可参照表 7-6 中的数值。

为了简化计算，在实际工作中，单位管长的阻力损失 $R_{沿}$ 利用上式编制成的诺模图，可根据风管的直径及通风量从图上查出 $R_{沿}$，再由管长求出 $\Delta H_{沿}$。

若为矩形通风管道，可通过当量直径求出沿程损失，所谓"当量直径" d，就是当圆管风道中空气流动的速度与矩形（或其它形状）风道中的流速相等，且在 1m 长度风道中两者的沿程损失相等，则此圆形风道的直径就称为矩形风道的"速度当量直径"，以 d_w 表示。如果两者通过的风量相等，且单位沿程损失相等，则圆形风道的直径就称为矩形风道的"流量当量直径"以 d_G 表示。

表 7-6	不同材料管道的 k 值
通风管道名称	k 值
新钢板或全部焊接管	0.046
镀锌钢板风道管	0.152
普通混凝土管	0.915
矿渣混凝土风道	1.50
砖砌风道	3~6

根据推算可得

$$d_w = \frac{2ab}{(a+b)} \quad (\text{mm}) \tag{7-38}$$

$$d_G = 1.27 \frac{(a \cdot b)^{0.625}}{(a+b)^{0.25}} \quad (\text{mm}) \tag{7-39}$$

式中　a——矩形风道一边的长度（mm）；

　　　b——矩形风道另一边长度（mm）。

（2）局部阻力损失 $\Delta H_{局}$：

$$\Delta H_{局} = \Sigma\xi \frac{\rho w^2}{2} \quad (\text{Pa}) \tag{7-40}$$

式中　$\Sigma\xi$——风道中局部阻力系数之和，可从有关资料中查得。

通风管的总阻力损失 ΔH 为

$$\Delta H = \Delta H_{沿} + \Delta H_{局} \tag{7-41}$$

计算出通风管的总阻力损失之后，再根据所需的通风量，可从风机样本中查得所需要的风机。

在大型泵站中，过去电机主体都放在电机层楼板以上，因而电机散发的热量直接排到泵房中，致使泵房温度过高。如将电机底座高程降低，在电机四周做成风道，再连接直风道通到进水侧墙外，如图 7-41 所示。在直风道中装置通风机，电机运转时，把环形风道上的盖板盖上，通风机将电机散发出的热量，直接从风道中排出泵房。这种通风方式效果很好，已为很多泵站采用。

在北方一些地区，泵站处在深挖方中，夏季室外温度本身就很高，即就采用自然通风或机械通风能满足风量要求，但泵房内温度仍无法降低，有时高达 40℃ 左右。基于这个原因，有些泵站利用过去在其四周挖的防空洞，用风道和通风机将防空洞中的冷空气从泵房下部引入泵房，再用通风机将热风从泵房上部排出，这种通风降温方式效果很好，值得推广。

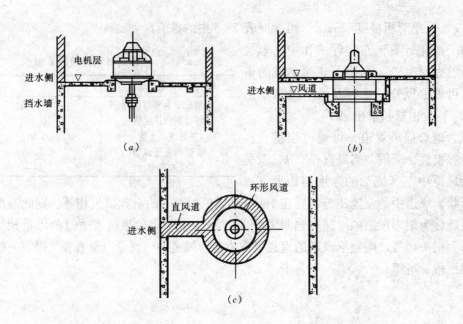

图 7-41　设风道前后结构布置对比

(a) 未设通风管道前；(b) 设通风管道剖面布置；(c) 设通风管道平面布置

第八章 泵站进出水建筑物

泵站进出水建筑物一般包括前池、进水池和出水池（或压力水箱），对大型块基型泵站还包括进出水流道。

进出水建筑物的布置型式和尺寸直接影响水泵性能、装置效率、工程造价以及运行管理等。为保证泵站安全经济运行，除满足一般水工建筑物强度、刚度、稳定性和结构简单、施工方便、便于维修养护外，还应满足水力条件良好，进出水流应平顺，流速分布均匀，流道尽量减少突变和弯曲，进水建筑物中应尽量避免回流和出现漩涡。出水建筑物应避免冲刷，出流应淹没等。在满足水力条件良好的情况下，应尽量减小建筑物的尺寸以节省工程量，降低工程造价。在多沙水源取水的泵站，进出水建筑物的布置和型式还应考虑防止泥沙淤积和冲沙措施。在寒冷地区进水口应设置拦冰设备等。

第一节 前 池

在有引渠的泵站中，为了把引渠和进水池合理地衔接起来，并为水泵吸水创造良好的水力条件，一般均要在引渠末端兴建进水建筑物，它由前池和进水池（吸水池）两部分组

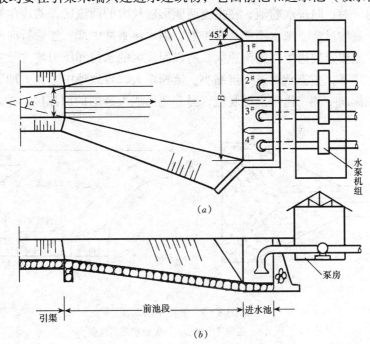

图 8-1 泵站前池和进水池示意图
(a) 平面图；(b) 剖面图

成。前池位于引渠和进水池之间，进水池靠近泵房或位于泵房之下，泵的进水管和进水喇叭口直接从进水池中吸水，如图8-1所示。对梯级泵站为防止水流漫顶，往往在前池一侧设溢流堰。在引渠较短的泵站中，一般将引渠开挖得和进水池一样宽，即引渠和前池合而为一。

一、前池的类型

前池是衔接引渠和进水池的水工建筑物。根据水流方向可将前池分为两大类，即正向进水前池和侧向进水前池。所谓正向进水是指：前池的来水方向和进水池的进水方向一致，前池的过流断面是逐渐扩散的，如图8-1所示；而侧向进水是指两者的水流方向是正交或斜交的，如图8-2所示。

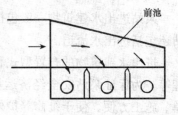

图8-2 侧向进水前池示意图

正向进水前池型式简单，施工方便，池中水流也比较平稳，但有时由于地形条件的限制和机组数目较多时，可能使池长、池宽过大而导致工程量的增加。这时，采用侧向进水前池往往是经济合理的。侧向进水前池中的水流条件较差，由于流向的改变，容易形成回流、漩涡、流速分布不均等，影响水泵吸水。当设计不良时，会使最里面的水泵进水条件恶化，甚至无法吸水，因此，在实际中较少采用。

二、正向进水前池水流情况分析

前池的几何形状和尺寸应满足池中水流畅顺，断面流速分布均匀，沿池长流速变化坡度平滑等水力条件。避免主流脱壁、偏折、回流和漩涡。图8-3是不良的水流分布示意图。可以看出，对正向进水前池，在主流两侧形成较大的回流区，两边角处产生漩涡。如果池长偏短，底坡过陡，来水不能及时扩散，则水流直冲中部，然后折向两侧，引起边侧回流。由于主流流速较边侧回流流速大，所以回流区的水位和压力均大于中部主流区，在这种压力差作用下，主流断面进一步缩小，流速增大，导致池中水流更加恶化。对侧向进水前池，主流偏向一侧，边壁出现脱流，另一侧形成大范围的回流区，进水紊乱，如图8-3(b)所示。

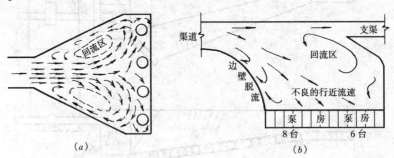

图8-3 前池中的回流
(a)正向进水流态；(b)侧向进水流态

试验和现场观测表明，前池水流状态对水泵性能有较大的影响。例如，前池的回流可能波及到进水池，前池中形成的漩涡也会随水流向进水池方向游动，甚至将空气带入水泵中，使池中水流紊乱，进水条件恶化，水泵效率降低，严重时将引起水泵汽蚀，振动和噪音等。

图 8-4（a）是不良水流流态的一个实例，当边侧 1# 水泵（型号为 2BA-6）运行时，引起主流偏向一侧并形成两个大小不等的回流区，这时该泵效率降低，其特性如图 8-4（b）曲线①所示。当把该泵移到 2# 进水池运行时，水流较为对称，主流居中，水泵效率也有所提高，Q-H 曲线上升，如曲线②所示，在同样扬程 $H = 33.38m$ 的情况下，曲线 1 对应的流量为 3.4L/s，而曲线②所对应的流量为 3.51L/s，流量提高 3.2%。

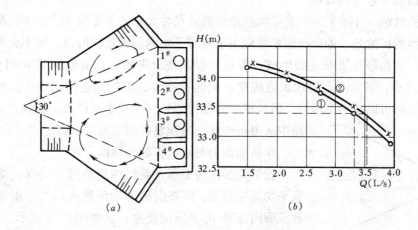

图 8-4　偏流对水泵性能的影响

（a）不对称回流；（b）实测泵的特性曲线

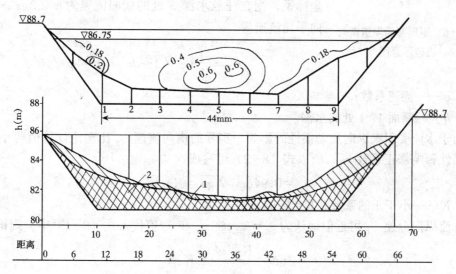

图 8-5　前池过水断面流速分布和淤积情况

1—1974 年淤积部分；2—1969 年淤积部分

此外，不良的水力条件还可能引起前池的冲刷和淤积。例如，对多泥沙的水源，在前池的回流区，由于流速低，泥沙沉降形成淤积，特别是当部分机组运行时，淤积更加严重，因此要增设防淤措施。图8-5为某泵站前池断面的流速分布和淤积情况。可以看出，在边侧回流区个别部位淤积已达4m。

综上所述可见，前池的水流状态对水泵进水，泵站运行和维护影响较大；而前池的水流状态又主要取决于其形状和尺寸。因此各有关几何尺寸的正确确定，就成为泵站设计中的重要问题之一。

三、前池扩散角的确定

前池扩散角 α（图8-1）是影响前池流态及尺寸大小的主要因素。水流在渐变段流动时有其天然的扩散角，如果前池扩散角小于或等于水流的天然扩散角，则不会产生水流的脱壁现象，从而避免了回流的生成。但从工程经济上考虑，当前池底宽 b 和 B 确定时，如 α 取得过小，虽然不会出现水流脱壁，但池长增大，工程量也因而增大；反之，如 α 值过大，虽然可以减小工程量，但池中水力条件恶化，影响水泵进水。所以，α 值应根据池中水力条件好、工程量省的原则加以确定。

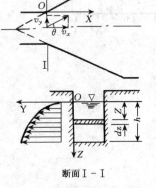

图8-6　矩形断面渠道横向流速示意图

今从理论上对水流扩散角加以研究。

设引渠断面为矩形，前池四周边壁为直立，渠末断面水流平均流速为 v，则在引渠末端前池入口处，水流流速可分解成横向流速 v_y 和纵向流速 v_x，如图8-6所示。可得

$$\text{tg}\,\theta = \frac{v_y}{v_x} \tag{8-1}$$

式中　θ——水流扩散角。

从水力学原理知，横向流速 v_y 决定于水深。如取 YOZ 坐标系，则在任意水深 z 处的横向流速为 $\varphi\sqrt{2gz}$，所以横向平均流速为

$$v_y = \frac{1}{h}\int_0^h \varphi\sqrt{2gz}\,dz = 0.94\varphi\sqrt{gh} \tag{8-2}$$

式中　φ——流速系数；

h——断面 1-1 处的水深。

由于水流受引渠纵向流动惯性的影响，实际的横向流速 v_y 比理论计算值要小，故应乘以惯性影响修正系数 φ_1，所以式（8-2）可写成

$$v_y = 0.94\varphi\varphi_1\sqrt{gh} = K\sqrt{gh} \tag{8-3}$$

式中　K——小于1的系数，$K = 0.94\varphi\varphi_1$。

水流纵向分速 v_x 可近似地认为 $v_x = v$，将 v_y 和 v_x 值代入式（8-1）中，则得

$$\text{tg}\,\theta = \frac{K\sqrt{gh}}{v} = K\frac{1}{F_r} \tag{8-4}$$

式中　F_r——引渠末端断面水流的佛汝德数 $F_r = \dfrac{v}{\sqrt{gh}}$。

从公式（8-4）可以看出：

（1）当渠末流速 v、水深 h 一定，即 F_r 一定时，则其水流扩散角 θ 为定值。这个角度就是此 F_r 值时水流最大的天然扩散角，可称水流的临界扩散角。如果前池扩散角 $\alpha \leqslant 2\theta$，就不会发生水流脱壁现象，否则将发生脱壁。

（2）引渠末端流速越大，水流临界扩散角越小，它和流速的一次方成反比。

（3）引渠末端水深越深，水流临界扩散角越大，并和水深的平方根成正比。可见水深对扩散角的影响较流速为小。

（4）随着前池水流的不断扩散，流速减小，水深增大。所以水流扩散角是沿池长逐渐加大的，这样，前池的扩散角 α 也可沿池长相应加大，仍不致形成脱壁。

上述结论只是定性地说明了水流扩散角和各水力要素之间的关系；同时公式（8-4）中的系数 K 需要用试验方法加以确定，尚不能直接用于实际中。为此，参照了有关资料，导出计算水流临界扩散角的公式如下

$$\mathrm{tg}\,\theta = 0.065\,\frac{1}{F_r} + 0.107 = 0.204\,\frac{\sqrt{h}}{v} + 0.107 \tag{8-5}$$

式中符号意义同前。

比较式（8-4）和式（8-5）可以看出，两者除差一常数项外，型式完全相同，也就是说理论和实际是相符的，如果将 $F_r = 1$（即水流处于缓流和急流之间的临界状态）代入式（8-5）中得

$$\mathrm{tg}\,\theta = 0.172 \quad \text{即} \quad \theta = 9.75°$$

这时边壁不发生脱壁的扩散角 $\alpha = 2\theta \approx 20°$，这和水力学中关于急流流态要求 $\alpha < 20°$ 的试验所得结论完全吻合。

由于引渠和前池中水流一般均为缓流，所以其边壁扩散角可大于 $20°$。根据有关试验和实际经验，前池扩散角应为

$$\alpha = 20° \sim 40° \tag{8-6}$$

四、正向进水前池各部尺寸的确定

（一）前池池长 L 及边壁形式

当引渠末端底宽 b 和进水池宽度 B 已知时，前池长度仅和扩散角 α 有关，可用下式计算，图 8-7（a）：

$$L = \frac{B - b}{2\,\mathrm{tg}\,\dfrac{\alpha}{2}} \tag{8-7}$$

但从前述可知，水流临界扩散角 θ 可沿池长而增加，所以为了缩短池长，节省工程量，可采用复式扩散角，边壁为折线型的前池，如图 8-7（b）所示。即在前池 L_1 段内扩散角为 α_1，在 L_2 段内扩散角为 α_2，这样既保证水流平顺又缩短了池长。如果所取的前池计算段数继续增加，池长还可再度减小，当计算段数无限增多时，前池边壁折线就变成一条曲线，如图 8-7（c）所示，这就是池长最短的曲线扩散型前池。根据理论分析和试验，该曲线为一自然对数底 e 的指数函数曲线。

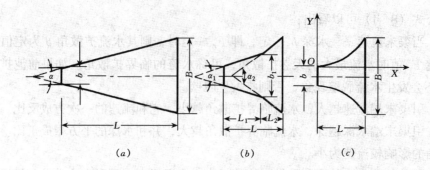

图 8-7 前池边壁扩散型式

(a) 直线扩散；(b) 折线扩散；(c) 曲线扩散

一组模型试验表明，前池边壁线型采用下列数学模型。

$$y = e^{0.00802 x^{2.8}} - 1 \qquad (8-8)$$

在同样条件下较直线型、三次抛物线型、四次抛物线型水流流速分布均匀，池中无回流发生（式中 x、y 分别为沿池长和池宽方向）。

（二）池底纵向坡度 i

引渠末端高程一般比进水池底高，因此当前池和进水池连接时，前池除进行平面扩散外，往往有一向进水池方向倾斜的纵坡，当此坡度贯穿在整个前池时，可按下式确定

$$i = \frac{\Delta H}{L} \qquad (8-9)$$

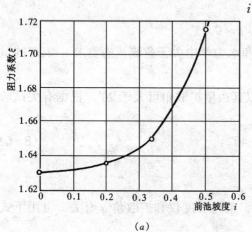

式中　ΔH——引渠末端渠底高程和进水池底高程差；

　　　L——前池长度。

如果前池较长，亦可将此纵坡只设置在靠近进水池一段长度内。这时，进水池中水流将随底坡斜度的增大而变坏。图 8-8 是试验所得曲线，可见，随着 i 的增大，吸水管口的水力阻力系数 ξ 也随之增加。例如，当 $i=0$ 时（平底），$\xi=1.63$；当 $i=0.5$ 时，$\xi=1.71$。即入口阻力系数增加了 3.5%。

另一方面，前池坡度越缓，土方开挖量也越大，所以从工程经济观点来看，i 值选得大些较好。

综合水力和工程条件，池底坡度可采用 $i = \frac{1}{3} \sim \frac{1}{5}$。

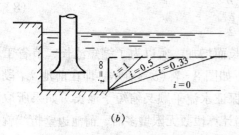

图 8-8 前池池底坡度的比较

(a)底坡 i 与管口阻力系数 ξ 关系曲线；(b)前池底坡示意图

（三）前池翼墙型式

翼墙多建成直立式并和前池中心线成

45°夹角（图8-1），此型翼墙便于施工，水流条件也较好。亦可采用扭坡、斜坡和圆弧形翼墙。

五、侧向进水前池

侧向进水前池有单侧向（图8-9）和双侧向（图8-10）两类。一般机组数超过10台以上时，多采用双侧向进水前池。

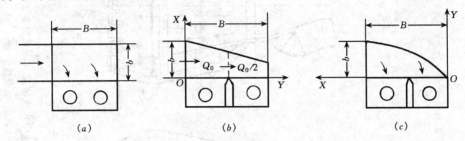

图8-9 侧向进水前池示意图
(a) 矩形；(b) 锥形；(c) 曲线形

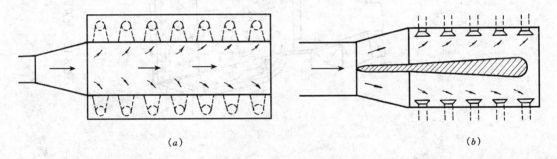

图8-10 双侧向前池示意图
(a) 无隔墩；(b) 有隔墩

根据边壁形状，侧向进水前池又可分为矩形、锥形和曲线形三种（图8-9）。

矩形侧向进水前池结构简单、施工容易，但工程量较大，同时流速沿池长渐减，将在前池后部形成泥沙淤积。此型前池长度 L 等于进水池宽度 B。前池宽度 b 可取等于引渠设计流量的水面宽度。曲线形边壁可用抛物线、椭圆形等。

六、前池水流条件的改善

为改善前池水流条件，可采取以下措施。

（1）池中增设隔墩。加设隔墩，实际上减小了前池的扩散角 α，这样不仅可避免回流、偏流，而且可缩短池长，同时加隔墩后，减小了前池的有效过水断面面积，增大池中流速，防止泥沙沉积。隔墩可设在前池部分（称半隔墩）或一直沿伸至后墙（称全隔墩，见图8-11），隔墩将机组分开单独进水，墩端设闸门，当机组部分运行时对不运行的机组阻断水源，防止泥沙淤积。

（2）前池设置底坎和立柱。可降低池中流速，防止回流。图8-12是某泵站在加设底坎前后池中水流流态对比。可以看出，加设底坎和隔墩后，基本上消除了前池大范围的回流区，同时据观测还有效地减小了该泵站机组的振动和噪音。图8-13为正向进水前池加

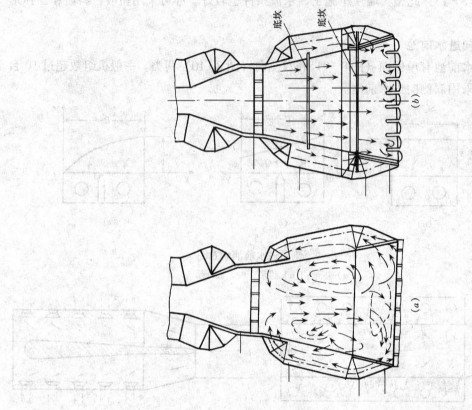

图 8-12 设置底坎前后池中水流情况（距水面 0.2h 深度处）

$Q = 68.25 \text{m}^3/\text{s}$；机组数 $Z = 9$

(a) 设置底坎前；(b) 设置底坎后

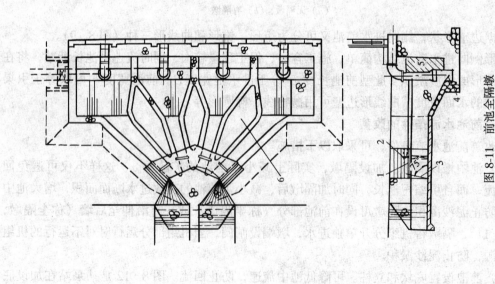

图 8-11 前池全隔墩

1—工作桥盖板；2—闸门；3—拦污栅；4—冲沙廊道；5—隔板（防漩涡）；6—隔墩

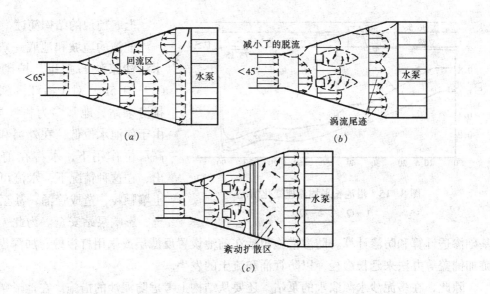

图 8‑13　正向进水前池流态
(a) 无措施；(b) 设立柱；(c) 设立柱和底坎

设立柱和底坎，改善前池流态实例。立柱作用是使水流收缩而均匀地流向两侧再扩散到边壁，以防止脱流。图 8‑14 是侧向进水前池加设底坎和立柱联合作用的池中水流流态，此时底坎的作用是使水流过坎后形成立面漩滚，进一步破坏边壁回流以及在立柱后生成的卡门漩涡，形成紊动扩散区，以便使流速重新均匀分布。

(3) 改变前池底坡或断面尺寸，使沿池长的纵向流速变化均匀。图 8‑15 为某泵站改善后的前池纵向流速图，变化比较均匀，水流条件变好。

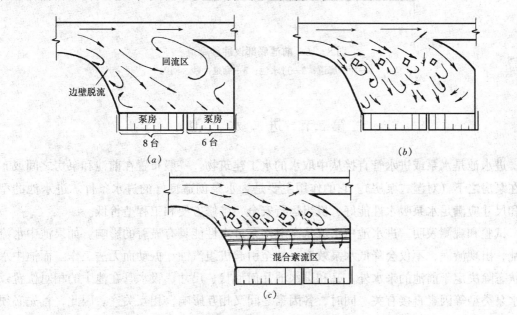

图 8‑14　侧向进水前池流态
(a) 无措施；(b) 设立柱；(c) 设立柱和底坎

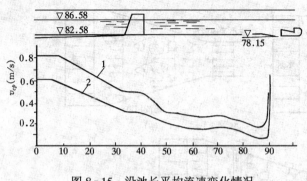

图 8-15　沿池长平均流速变化情况

1—Q_{max}；2—Q_{min}

七、前池的结构简述

前池的边坡和池底一般用 50# 水泥沙浆块石护砌，护砌厚度为 0.3～0.5m。对于沿江滨湖地区的排涝泵站，地基多为粉沙质土壤，由于前池水位低，在外河和出水池高水位作用下，水将在前池中渗出，在这种情况下，水流可能带出土壤颗粒，造成管涌，甚至引起流土，影响泵站安全。为此，应进行基础渗透计算和防渗计算。防渗措施包括在前池设置反滤层或采用打板桩、加深齿墙、上游加铺盖等办法来延长渗径，以防管涌和流土的发生。

除此，在多泥沙水源取水的泵站，还要从结构上考虑防泥沙的措施。在地形条件许可的情况下，可在前池底部或边侧设冲沙孔或冲沙廊道，如图 8-11 和图 8-16 所示。

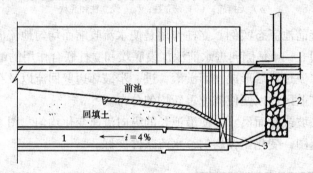

图 8-16　前池底部设冲沙廊道

1—冲沙廊道；2—进水池；3—廊道冲沙、闸门

第二节　进　水　池

进水池是水泵或进水管直接从中取水的水工建筑物。一般布置在前池和泵房之间或布置在泵房之下（对湿式泵房）。它的作用主要是为水泵创造良好的进水条件。进水池的型式和尺寸应满足水泵吸水性能好、机组运行安全、维修方便和工程造价低。

试验和观测表明，进水池中水流状态对水泵进水性能具有显著的影响。如果池中水流紊乱，出现漩涡，不仅会降低水泵效率，甚至引起机组汽蚀、振动而无法工作。而池中水流状态除决定于前池的来水外，又和进水池几何形状、尺寸、吸水管在池中的相对位置以及水泵类型等因素直接有关。同时，各因素之间又相互影响，相互关连。因此，首先必须对各种影响池中水流的因素进行分析，然后再综合比较，才能定出合理的进水池的形式和尺寸。

一、进水池的边壁形式

主要应满足水力条件良好并结合考虑工程经济，施工方便。一般有矩形、多边形、半圆形、圆形、双弧线形和蜗壳形几种，如图8-17所示。

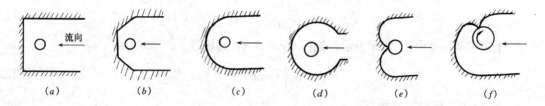

图8-17 各种进水池边壁型式

(a) 矩形；(b) 多边形；(c) 流线型和半圆形；(d) 圆形；(e) 弧线形；(f) 蜗壳形

下面对几种边壁形式作一分析。

(一) 流线型和半圆形边壁

进水池中水流比较稳定，根据流体力学可近似视为平面有势流动，这样可把来水看成流速为 v_0 的平面平行的等速流动，而进水管入口可视为一向心汇点，因此池中水流是上述两种有势流动的叠加（图8-18），即

$$\psi = \psi_1 + \psi_2 = v_0 y - Q\frac{\theta}{2\pi} \tag{8-10}$$

式中　ψ_1——来水的流函数；

ψ_2——进水口吸水流函数，即汇点的流函数；

v_0——进水池起始断面流速；

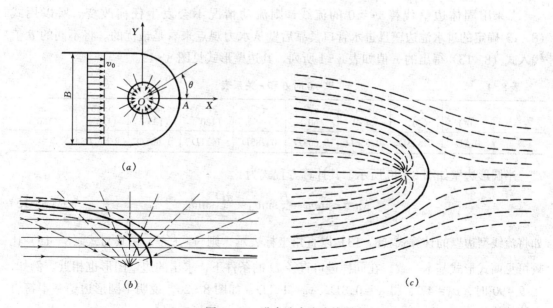

图8-18 进水池水流流线图

(a) 平面流和汇点；(b) 流线合成原理图；(c) 叠加后的流线图

217

Q——来水平面流量，而 $Q = Bv_0$（B 为池宽）；

y、θ——进水池中任一点的直角坐标和极坐标值。

一般池宽 $B = \pi D$，所以式（8-10）可写成

$$\psi = v_0 y - \frac{\pi D v_0}{2\pi}\theta = v_0\left(y - \frac{D}{2}\theta\right) \qquad (8\text{-}11)$$

上式中的 y 如用极坐标表示，则 $y = r\sin\theta$（r 为极径）

$$\psi = v_0\left(r\sin\theta - \frac{D}{2}\theta\right) \qquad (8\text{-}12)$$

当 $\psi = 0$，即对零流线有：

$$r = \frac{D}{2}\frac{\theta}{\sin\theta} \qquad (8\text{-}13)$$

下面求 $\psi = 0$ 流线顶点 A 即驻点的坐标值。

因池中水流流线上任意一点的径向分速和切向分速分别为：$v_r = \dfrac{1}{r}\dfrac{\partial\psi}{\partial\theta}$ 和 $v_\theta = -\dfrac{\partial\psi}{\partial r}$，由式（8-12）可得：

$$\frac{\partial\psi}{\partial r} = v_0\sin\theta, \quad \frac{\partial\psi}{\partial\theta} = v_0 r\cos\theta - v_0\frac{D}{2}$$

对驻点 A 有 $v_r = v_\theta = 0$，所以 $\dfrac{1}{r}v_0\left(r\cos\theta - \dfrac{D}{2}\right) = -v_0\sin\theta$，或 $\left(\cos\theta - \dfrac{D}{2r} + \sin\theta\right) = 0$，当 $\theta = 0$ 时得

$$r = \frac{D}{2} \qquad (8\text{-}14)$$

即 A 点的坐标为 $\theta = 0$ 和 $r = \dfrac{D}{2}$。

如果用固体边壁代替 $\psi = 0$ 的流线，则流动情况不会发生任何改变。所以用式（8-13）确定的进水池边壁且进水管口紧靠后壁从水力观点来看是最优的。将不同的 θ 值代入式（8-13）得出的 r 值如表 8-1 所列，其边壁形式见图 8-19。

表 8-1 　　　　　　　　　　　　　　$\Psi = 0$ 时 θ 和 r 关系表

θ	0 (0°)	π/6 (30°)	π/4 (45°)	π/3 (60°)	π/2 (90°)	2π/3 (120°)	3π/4 (135°)	5π/6 (150°)	π (180°)
r	0.5D	0.523D	0.556D	0.603D	0.785D	1.21D	1.665D	2.617D	∞

半圆形边壁如图 8-20 所示，其计算方程式为

$$y_0 = r\sin\theta_0 = \frac{B}{2}\sin\theta_0 = \frac{\pi D}{2}\sin\theta_0 \qquad (8\text{-}15)$$

如将流线型边壁的计算式（8-13）以直角坐标表示，则 $y = \dfrac{D}{2}\theta$，将其与式（8-15）比较可见两式形式基本一致，在同样进口直径 D 的条件下，求出的边壁图形也相近。例如，当 $\theta = 90°$ 时，$\theta_0 = 47°$，得 $y = 0.8D$，$y_0 = 1.1D$，如图 8-20，说明半圆形边壁基本符合水流流线。

（二）圆形边壁进水池

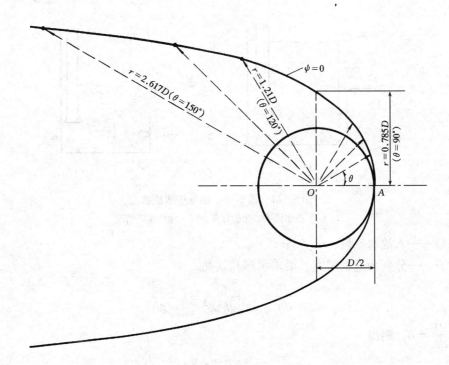

图 8‑19　流线型进水池边壁的绘制

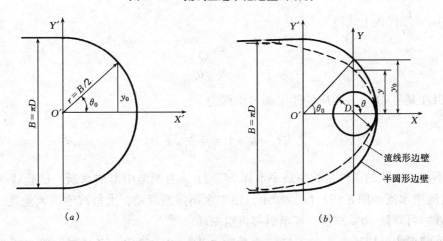

图 8‑20　流线型边壁和半圆型边壁比较

（a）半圆型边壁符号图；（b）边壁方程计算图

　　圆形进水池一般是由引渠直接进水，或在前池中设全隔墩单独进水，所以这种边壁形式水流特点是前面没有或有扩散角较小的前池，而水流在进水池的入口扩散，进水池入口有台坎或底坡。由于进口的水流突然扩散和台坎的影响，如池中水深过浅，可能在池中形成水跃影响水泵吸水，所以在设计和运行中应保证池中水深大于临界水深，其临界水深可用下法求得，如图 8‑21（a）所示。入口处水池比能 E 为

$$E = h + P + \frac{Q^2}{2gb^2h^2} \tag{8-16}$$

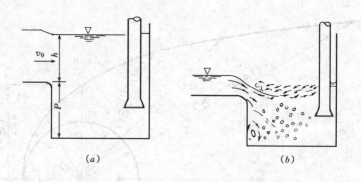

图 8‑21　圆形进水池池中水流流态
（a）进水池入口比能计算；（b）池中水跃情况

式中　Q——入池水流量（m^3/s）；

b、h、P——分别为进水渠宽、渠末水深和坎高。

$$\frac{dE}{dh} = 1 - \frac{Q^2}{gb^2h^3} = 1 - \frac{v_0^2}{gh}$$

令 $\frac{dE}{dh} = 0$，则得

$$v_0 = \sqrt{gh} = 3.13\sqrt{h}$$

将 $v_0 = \frac{Q}{bh}$ 代入上式得

$$h = \sqrt[3]{\frac{Q^2}{gb^2}} \tag{8‑17}$$

所以在某一 Q 下，相应的池中临界水深为

$$H_k = h + P = \sqrt[3]{\frac{Q^2}{gb^2}} + P \tag{8‑18}$$

即不产生水跃的条件是池中最小水深 $H \geqslant H_k$，否则池中形成水跃。试验表明，当 $H < H_k$ 时池中水流如图 8‑21（b）所示，池中水面强烈紊动，大量汽泡带入池底，吸入水泵，泵效率可降低 10% 左右，甚至引起机组振动。

另外圆形边壁较半圆形的入口阻力系数 ξ 大。进水池水力条件差，管口入口水力阻力系数较半圆形大 12%，但圆池形式简单，便于施工，受力条件较好，可节省工程量。又由于池底没有死水区以及在台坎下形成以水平线为轴线的旋滚区，对含沙水流起搅拌作用。由于旋滚的挤压，使进水喇叭口下水流流速较大，挟沙能力增强，所以圆形边壁进水池，也是解决泥沙淤积的一种好形式。圆形进水池的直径 $D_池$ 从水力条件考虑，一般可采用：

$$D_池 = (4\sim6)D \tag{8‑19}$$

式中　D——进水管入口直径。

利用上式计算池径时，对单池单进水管采用小值，单池双进水管时采用大值。

(三) 蜗壳形边壁

蜗壳形进水池，部分水流从进水管口前部直接流入，而其后部则沿螺旋线型边壁流入，如图8-22所示。

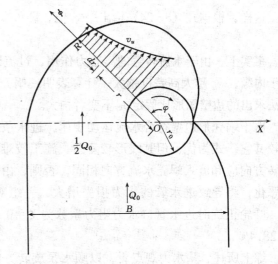

当水在池中的流向改变时，水流流动符合速度矩常数定律即

$$v_u r = K \qquad (8-20)$$

式中　v_u——水流转弯时，过流断面某点的切线分速度；

　　　r——该点水流的弯曲半径；

　　　K——常数。

也就是说，水流在进水池转向流入进水管口时，断面流速分布符合双曲线变化规律。在螺旋线形进水池中，由于流量沿流程减小，如果其过流断面按这一水流运动规律而渐减，则当水流流入进水管口时，流量将沿进水管口边长均匀分配流入，保证了良好的进水条件。现根据这一变化规律确定其边壁形线。

图8-22　蜗壳形进水边壁计算图

今假定来水流量 Q_0，进水管口直径 D（$=2r_0$）和池宽 B（$=3D$）已知，从曲线末端算起至蜗壳进口的角度为 $\varphi_0 = 180°$（即蜗壳的最大包角），池中水深为 h，并假定沿蜗壳其值不变。今取任一过水断面，其上任意点的极坐标为 φ、r，则包角为 φ 的过水断面的流量为

$$Q_\varphi = \frac{1}{2} Q_0 \frac{\varphi}{\varphi_0} \qquad (8-21)$$

又知

$$Q_\varphi = \int v_u h dr = Kh \int_{r_0}^{R} \frac{dr}{r} = Kh \ln\left(\frac{R}{r_0}\right) \qquad (8-22)$$

从式（8-21）和式（8-22）得

$$\varphi = \frac{2\varphi_0}{Q_0} Kh \ln\left(\frac{R}{r_0}\right) \qquad (8-23)$$

根据边界条件，$\varphi = \varphi_0 = 180°$ 时 $R = R_0 = 2D$ 可求出 K 值为

$$K = \frac{Q_0}{2h\ln 4}$$

将 K 值代入式（8-23）经整理后得

$$\varphi = \frac{\varphi_0}{\ln 4} \ln\left(\frac{2R}{D}\right)$$

解之最后可得

$$R = \frac{D}{2} \times 4^{\left(\frac{\varphi}{180^\circ}\right)} \quad (0 \leqslant \varphi \leqslant 180^\circ) \tag{8-24}$$

这样，根据式（8-24）给出一 φ 值，即可求出一 R 值，从而可绘出其蜗壳形边壁形线。

事实上，由于水流转弯的离心力作用，过流断面水深 h 是变化的，断面外边缘水深大于内缘，v_u 越大高差也越大。计算表明，蜗壳中水深变化对边壁尺寸影响不大，用变深法求出的边壁图形比假定 h 不变者稍大。

由于蜗壳形边壁符合水流运动规律，进水条件良好，试验和实践也表明，蜗壳形边壁较其它形式为优，但其线形较复杂，施工较难，当进水管较短或用于轴流泵时，叶轮旋转方向应和流入蜗壳水流方向相同，否则，由于池中水流受叶轮反旋的影响，进水条件恶化，将导致进水管的水力损失增大，一组对比试验显示，在边壁线形相同的情况下，叶轮正旋时进水管口水力阻力系数为 $\xi = 0.236$，反旋时 $\xi = 0.303$，阻力系数增大了 28.4%。

综上所述，从水力观点看，以顺水泵旋转方向的蜗壳形和流线形进水边壁形式为最佳，半圆形次之，但由于矩形、多边形和圆形施工简单在中小型泵站中采用较多。

二、进水管口至池底的距离

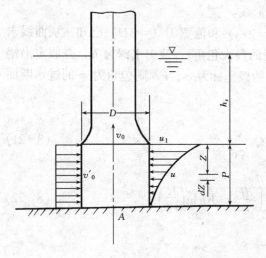

图 8-23 悬空高（底距）P 的确定

进水管口至池底的高度（即悬空高度 P，参看图 2-23）在满足水力条件良好和防止泥沙淤积管口的情况下，应尽量减小，以降低工程造价。

根据水流连续定律：通过进水口至池底间圆柱表面的流量，应该等于通过进水管入口断面的流量，即

$$\pi D P v_0' = \frac{\pi}{4} D^2 v_0 \tag{8-25}$$

式中　v_0'——进水管口下圆柱表面上的水流平均流速；

　　　v_0——进水管口断面平均流速。

过去均假定 $v_0' = v_0$，将此关系式代入（8-25）中，得悬空高为

$$P = \frac{D}{4} = 0.25D \tag{8-26}$$

应该指出，这一假定与实际出入颇大，所求 P 值偏小，影响水泵正常进水。

事实上，吸水区的过水断面基本为球形，进水口下圆柱表面的流速分布为双曲线，据此可求出 $P = 0.62D$。图 8-24 为三组试验曲线，虽然试验条件不同，但当 $P/D < 0.6$ 时进口阻力系 ξ 均明显增大，所以从水力观点看，悬空高可采用

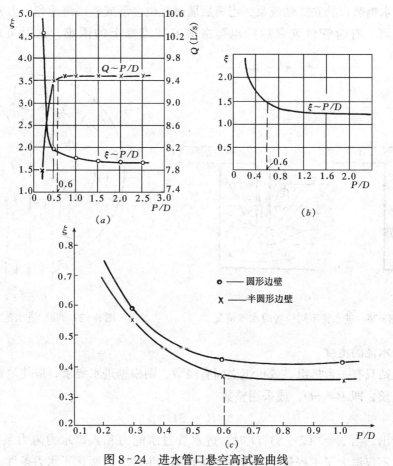

图 8‑24　进水管口悬空高试验曲线

（a）、（c）国内试验；（b）国外试验

$$P = （0.5\sim0.6）D \qquad (8\text{-}27)$$

三、进水管口至后墙的距离

试验和理论研究证明，进水管口靠近后墙较好。从图 8‑25 的一组试验曲线可以看出，对各种边壁形式，其进水管入口阻力系数 ξ 均随比值 T/D 的减小而减小，当 $T/D = 0$ 时（即紧靠后墙）ξ 值最小，如对矩形边壁进水池，当从 $T/D = 2$ 减至 $T/D = 0$ 时，ξ 值下降近 10%，从图 8‑26 的水流对比中也可明显看出 $T = 0$ 时水流情况较 $T > 0$ 时者为优。

对圆形边壁，由于进水直冲进水管口，当与池后壁相碰后又折回形成底部边侧回流区如图 8‑27 所示。所以，当管口靠近后壁时进水条件恶化，根据试验以 $T/D = 0.5$ 为最优。对

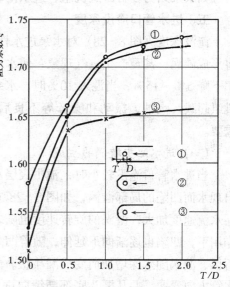

图 8‑25　T/D‑ξ 关系曲线

叶轮靠近进水喇叭口的立式轴流泵，当离后墙过近也会形成进口流速和压力分布不均，引起泵效率下降。有时管口紧靠后壁也会造成安装维修上的困难，这时可采用 $T/D = 0.3\sim0.5$。

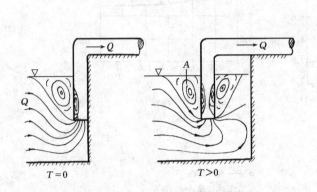 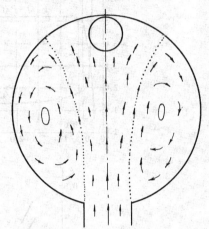

图 8-26　进水管不同位置时水流情况　　图 8-27　圆形进水池水流示意图

四、进水池的宽度

如果泵站只有一台机组，或机组之间有隔墩，则根据进水要求，应使池宽等于进水管入口的圆周长，即 $B = \pi D$，或采用整数

$$B = 3D \qquad\qquad (8\text{-}28)$$

试验指出，当 $B = (2\sim5) D$ 时，进水管过水能力和入口水力阻力系数相差不大，过大的池宽不仅增大了工程量，而且可促使漩涡的生成，而恶化了水力条件。

如果泵站为多台卧式机组，进水池的宽度一般决定于机组的间距。

五、进水管口淹没深度

淹没深度（图 8-28）对水泵进水性能具有决定性的影响，如果此值确定不当，池中将形成漩涡，甚至产生进气现象，使水泵效率降低。例如当水中混有 1% 空气时，水泵效率下降 5%～15%，当混入 10% 时，水泵就不能工作了。除此，漩涡的出现，还可能引起机组超载、汽蚀、振动和噪音等不良后果。可见，淹没深度 h_s 的正确确定，显得十分重要。

（一）进水池中漩涡的生成

当进水管口淹没较小时，池中表层水流流速增大，水流紊乱，并在池中后部水域首先出现水面凹陷的局部漩涡，如图 8-28（a）所示。当 h_s 减小时（保持流量 Q 不变），表层水流速度加大，漩涡的旋转速度也随之加大，漩涡区的压力进一步减小。因此在大气压作用下，凹陷也逐渐向下延伸，随着凹陷的加深，四周水流对其作用的压力也随之增大。所以，漩涡随水深增加而变成漏斗状。由于空气漏斗尾部受进水管吸力的影响，开始向进水管方向弯曲，并从漏斗底部断续向进水管进气，如图 8-28（b）所示，这时的淹没深度称为临界淹没深度。此后如果再减小 h_s 值，就会形成连续向进水管进气的漏斗管状漩

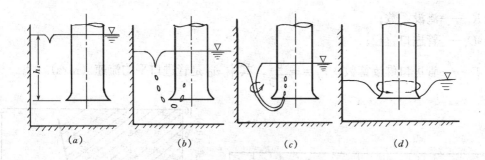

图 8-28　不同的漩涡形态

涡，如图 8-28 (c) 所示。

只有当表面流速很大，h_s 很小时，才会出现如图 8-27 (d) 所示的绕进水管周围旋转的柱状漩涡。也就是说，当进水管周围的速度水头大于 h_s 值时，空气才会从管口四周吸入。所以，形成这种柱状漩涡的临界条件是 $h_s = v_0^2/2g$ （v_0 是进口断面平均流速），或

$$v_0 = \sqrt{2gh_s} \qquad (8-29)$$

显然，为了保证泵站正常运行，应以池中不形成图 8-28 (b) 所示的断续进气的漩涡为准则，即管口的淹没深度应等于或大于其临界淹没深度。

近些年来的研究表明，池中除可能出现上述水面漩涡外，在吸水池底部，由于回流引起的附底涡（又称涡带），和表层水回流接触池壁水面，再向进口喇叭口加速而形成的附壁涡如图 8-29。

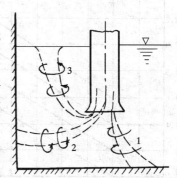

图 8-29　进水池中的漩涡
1—附底漩涡；2—附壁漩涡；
3—水面漩涡

（二）进水管口垂直向下时淹没深度 h_s 的确定

影响临界淹没深度的因素比较复杂，它不仅和池中流速有关，而且和进口直径 D、后墙距 T、悬空高 P、池宽 B 以及机组运行台数有关，即

$$h_s = f(v、D、P、T、B、g)$$

当 P、T、B 一定时，则 $h_s = f(v、D、g)$，根据因次分析可得

$$\frac{h_s}{D} = f\left(\frac{v}{\sqrt{gD}}\right) = f(F_r) \qquad (8-30)$$

即 h_s 是佛汝德数 F_r 的函数，试验说明，临界淹没深度随 F_r 的增大而增大，并随后墙距 T 的减小，悬空高 P 的增大而减小，国内外对淹没深度曾进行过很多试验研究，提出了不同的确定临界淹没深度的方法。各种方法求出的 h_s 值出入较大，因此在选用时必须注意其试验条件，现介绍几种确定临界淹没深度 h_s 的方法如下。

（1）原陕西工业大学水泵试验室资料。如图 8-30 所示或根据下式计算

$$h_s = K_s D \qquad (8-31)$$

而

$$K_s = 0.64\left(F_r^2 + 0.65\frac{T}{D} + 0.15\right) \qquad (8-32)$$

式中　K_s——淹没系数；

　　　D——管进口直径；

　　　F_r——管进口佛汝德数，$F_r = \dfrac{v_0}{\sqrt{gD}}$，其中 v_0 是管进口平均流速（m/s）。

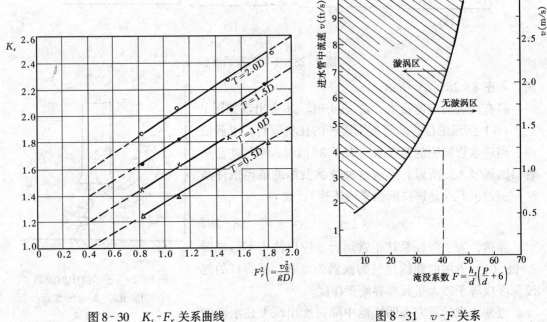

图 8-30　K_s-F_r 关系曲线　　　　　　　图 8-31　v-F 关系

　　公式（8-31）的适用范围是 $F_r = 0.3 \sim 1.8$，$T/D = 0.5 \sim 2.0$，并且有正值吸上高卧式的离心泵和混流泵。

　　（2）根据美国垦务局设计标准临界淹没深度 h_s：

$$
\left.
\begin{array}{ll}
对卧式泵 & h_s = 1.5D \\
对立式泵 & h_s = 2D
\end{array}
\right\}
\tag{8-33}
$$

　　（3）安全淹没深度系数法。如图 8-31 所示，图中横坐标 F 值称安全淹没深度系数，

即
$$
F = \frac{h_s}{d}\left(\frac{P}{d} + 6\right) \tag{8-34}
$$

式中　d、P——进水管直径（不是管口直径）和悬空高。

　　如果根据 F 和进水管中流速 v 定出的点落在该图曲线的右方，就表示池中不会形成漩涡。如果点子恰好落在曲线上，说明处于临界情况，这时的 F 值称临界安全淹没系数。用此法求出 h_s 值，一般较其它方法为大。

　　（4）对圆形进水池，由于池中水流的紊动对池中生成漩涡的抑制作用，其临界淹没深度，应结合水流流态综合考虑，根据对圆形进水池的试验，其值可采用

$$
h_s = (2.8 - 3.2)D \tag{8-35}
$$

对单池单进水管可采用小值，对单池双进水管可采用大值。

（三）进水管水平、管口朝 前时淹没深度的确定

水平进水管的淹没深度是指，从进水池水面至管口上缘的垂直距离，如图 8-32 所示。当淹深不足时，在进水口附近水面也会出现漩涡，当开始出现断续进气时的淹没深度称临界淹没深度。国内一组试验表明，h_s 随进口流速 v 的增大而增大，并得出下列计算临界淹没深度的经验公式为

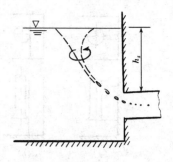

图 8-32 水平进水
管淹没深度

$$h_s/D = 1.33 + 0.827 \lg v \qquad (8\text{-}36)$$

式中　v——管进水口的平均流速（m/s）。

又根据早年罗马尼亚水工研究所在 1:7 的水力模型上进行的泵站水平进水管进水试验研究，当管口平均流速 $v = 1$m/s 时得临界淹深为

$$\left.\begin{array}{l} l = 48.6\text{cm}, h_s = 1.55 D_{吸} \\ l = 21.0\text{cm}, h_s = 1.65 D_{吸} \end{array}\right\} \qquad (8\text{-}37)$$

式中　l——管口伸出池中的长度；

　　　$D_{吸}$——吸水管的直径。

国内一组模型试验在 $l = 10$cm 和 $v = 1$m/s 时得出：

$$h_s = 1.33 D \quad （D \text{ 为管口直径}） \qquad (8\text{-}38)$$

综上所述，对水平进水管口的临界淹没深度建议为：

$$h_s = (1.2 \sim 1.4) D \qquad (8\text{-}39)$$

（四）消除池中漩涡的措施

除在泵站设计时合理确定进水池尺寸和进水管相对位置外，还可采取如下措施。

（1）如果管口淹没深度 h_s 不足而出现漩涡时，可在进水管上加盖板或采取其它措施，如图 8-33 所示。

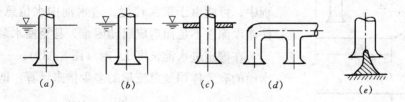

图 8-33 防涡措施之一

（a）水下盖板；（b）水下盖箱；（c）水上盖板；（d）双进水口；（e）加导水锥

另外，也可在进水池中不同部位加设挡板，如图 8-34 所示。

试验指出，图 8-34（e）所示的倾斜隔板可显著降低临界淹没深度 h_s 值。图 8-35 为试验所得曲线，曲线 1 是无防涡措施时的 h_s/D-v 关系。曲线 2、3 和 4 分别代表图 8-34（c）、（d）和（e）的 h_s/D-v 关系曲线，可以看出，带倾斜隔板的防涡措施，h_s 值可大幅度降低。

227

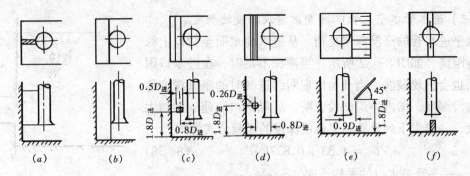

图 8‑34　防涡措施之二

(a) 后墙隔板；(b) 管后隔板；(c) 水下隔板；
(d) 水下隔柱；(e) 倾斜隔板；(f) 池底隔板

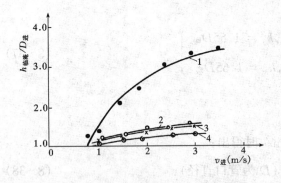

图 8‑35　各种防止漩涡方式的效果曲线

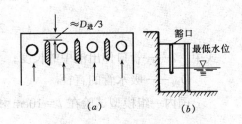

图 8‑36　进水池隔墩

(a) 隔墩；(b) 墩壁开豁口

(2) 对多机组泵站，可在进水池中加设隔墩以稳定水流，防止漩涡。如图 8‑36 所示。试验指出，隔墩应稍离后墙 [图 8‑36 (a)] 或在墩壁开豁口 [图 8‑36 (b)]，使各池水流相通，能较好地改善池中水流条件。

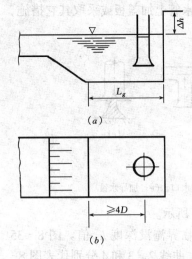

图 8‑37　进水池长度示意图

(a) 剖面图；(b) 平面图

六、进水池长度和深度

进水池必须有足够的有效容积，否则水泵在启动过程中，可能由于来水较慢，进水池中水位急速下降，致使淹没深度不足而造成启动困难，甚至使水泵无法启动。

在确定进水池长度 L_g 时（图 8‑37），一般均根据进水池的有效体积是总流量的多少倍来计算。即

$$h_s B L_g = KQ$$

$$L_g = \frac{KQ}{h_s B} \tag{8-40}$$

式中　L_g——进水池最小长度（m）；

　　　Q——泵站总流量（m³/s）；

　　　K——流量倍数（又称秒换水系数）；

其它符号意义同前。

228

当 $Q < 0.5 \text{m}^3/\text{s}$ 时，$K = 25 \sim 30$

当 $Q > 0.5 \text{m}^3/\text{s}$ 时，$K = 15 \sim 20$

一般规定，在任何情况下，应保证从进水管中心至进水池进口有 $4D$ 的距离（图 8-37）。

进水池的深度除满足进水要求外，还要留有一定的超高 Δh，其值大小除考虑风浪影响因素外，对大型泵站还应考虑突然停泵时所形成的涌浪。特别是对具有长引渠和梯级联合运行的泵站。由于引渠和上级泵站连续来水，可能招致前池和进水池漫顶，淹没站房等事故。因此，应设置溢流设施，或增大安全超高。涌浪高度可根据明渠不稳定流理论计算，如图 8-38 所示。

设停泵前过流断面 A_0 的来水水深为 h_0，流速为 v_0，停泵后紧靠进水口断面 A_1 的流速为 v_1（如全部停机 $v_1 = 0$），水深为 h_1。设涌浪向来水方向传播的绝对速度为 ω。

为计算方便，可在与涌浪的反向叠加一个速度为 ω 的流动，使涌浪波静止，即将这一不稳定流动变为稳定流来处理 [图 8-38（b）]。

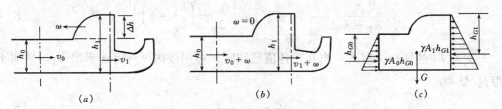

图 8-38 涌浪高计算图

（a）涌浪传播示意图；（b）加反向涌浪波速后流动图；（c）水体受力图

根据水流连续方程有：

$$A_0(v_0 + \omega) = A_1(v_1 + \omega) \tag{8-41}$$

根据水流动量方程可得：

$$\int_{A_0} p_0 \mathrm{d}A - \int_{A_1} p_1 \mathrm{d}A = \rho A_0(v_0 + \omega)[(v_1 + \omega) - (v_0 + \omega)] \tag{8-42}$$

或

$$\gamma(h_{G0}A_0 - h_{G1}A_1) = \rho A_0(v_0 + \omega)(v_1 - v_0) \tag{8-43}$$

$$A_0(v_0 + \omega)(v_1 - v_0) = g(h_{G0}A_0 - h_{G1}A_1) \tag{8-44}$$

式中　p_0、p_1——断面 A_0 和 A_1 的水力压强；

h_{G0}、h_{G1}——分别为从水面到 A_0 和 A_1 形心处的水深。

由式（8-41）和式（8-44）可得

$$c = \omega + v_0 = \sqrt{gh_{G0}} \sqrt{\frac{\dfrac{h_{G1}}{h_{G0}}\dfrac{A_1}{A_0} - 1}{1 - \dfrac{A_0}{A_1}}} \tag{8-45}$$

式中　c——涌浪对液流的相对波速。

对矩形过水断面有 $h_G = \dfrac{h}{2}$，所以式（8-45）可变为

$$\omega = -v_0 + \sqrt{gh_0}\sqrt{\frac{1}{2}\frac{h_1}{h_0}\left(\frac{h_1}{h_0}+1\right)} \tag{8-46}$$

另外，根据连续方程式（8-41）知

$$\omega = \frac{h_0 v_0 - h_1 v_1}{h_1 - h_0} \tag{8-47}$$

当 $v_1 = 0$ 即泵站全部停机，则

$$\omega = \frac{h_0 v_0}{h_1 - h_0} \tag{8-48}$$

根据式（8-46）和式（8-48），消去 ω 从而可得

$$\frac{h_0 v_0}{h_1 - h_0} = -v_0 + \sqrt{gh_0}\left[\frac{1}{2}\frac{h_1}{h_0}\left(\frac{h_1}{h_0}+1\right)\right]^{1/2} \tag{8-49}$$

上式为 h_1 的 4 次方程式，当其它各值已知时，可用逐次试算方法求出 h_1，从而求出涌浪高 Δh 为

$$\Delta h = h_1 - h_0 \tag{8-50}$$

用类似方程亦可求出泵站开机时进水池水面的突降值（即负涌浪），以保证机组正常启动。

七、进水池的构造

进水池多为浆砌块石圬工结构，池壁一般为立式箱形，池底采用不小于 10cm 厚的水泥沙浆抹面，以防冲刷和便于清淤。对从多泥沙取水的泵站，进水池中还应考虑防沙设施（如冲沙闸、冲沙廊道、涵管等），在池中最低部位应设集水坑，以便检修时排净池中积水。

进水池后墙，侧墙除采用立式外，还可采用斜坡式或直斜混合式。直立式边墙可采用浆砌石挡土墙结构，斜坡式可用浆砌石护坡。多机组的进水池之间一般应设隔墩，墩厚为 30~50cm 的浆砌石。

第三节 出 水 建 筑 物

出水建筑物分出水池和压力水箱两种结构型式。出水池是一座联接压力管路和灌排干渠的扩散型水池，主要起消能稳流作用，把压力水管射出的水流平顺而均匀地引入干渠中，以免冲刷渠道。压力水箱多用于排水泵站中，它位于压力管路和压水涵管之间，并把各管路的来水汇集起来再由排水压力涵管输送到排水区去。现将出水池的类型、尺寸确定方法及其结构等分述如下。

一、出水池的类型

(一) 根据水流方向分类

1. 正向出水池

正向出水池是指管口出流方向和池中水流方向一致,如图 8-39(a)所示。由于出水流畅,因此在实际工程中采用较多。

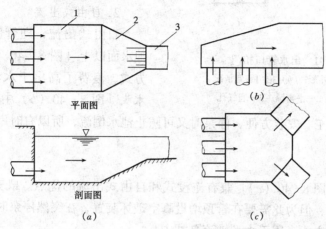

图 8-39 正向和侧向出水池示意图

(a) 正向出水池;(b)、(c) 侧向出水池

1—出水池;2—过渡段;3—干渠

2. 侧向出水池

侧向出水池是指管口出流方向和池中水流方向正交[图 8-39(b)]或斜交[图 8-39(c)]。由于出流改变方向,水流交叉、掺混、流态紊乱,不便池渠衔接,所以一般只在地形条件限制情况下采用。

(二) 根据出水管出流方式不同分类

1. 淹没式出流出水池

淹没式出流出水池指管路出口淹没在池中水面以下,管出口可以是水平的[图 8-39(a)],也可以是倾斜的[图 8-40(a)]。为了防止正常或事故停泵时渠水倒流,在出口有时增设拍门、蝶阀或在池中修挡水溢流堰。

出口拍门(图 8-41)在停泵时靠自重可自动关闭,截断水流,而正常运行时被水流冲动自动升起。一般可在拍门上连接平衡锤,避免阀门拍动影响出流[图 8-41(b)]。

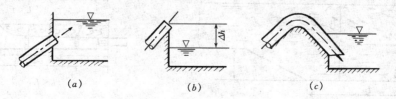

图 8-40 出水管不同的出流方式

(a) 倾斜淹没式出流;(b) 自由式出流;(c) 虹吸式出流

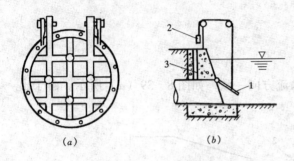

图 8-41 出水管口拍门

(a) 拍门外形；(b) 拍门装置情况

1—拍门；2—平衡锤；3—通气孔

为了防止关阀时管中出现真空，阀后应设通气孔，其直径为管径的 $1/5 \sim 1/6$。这种截流设施，由于结构简单，水力阻力也较小，因此在实际中应用得较为广泛。

2. 自由式出流

自由式出流，即管路出口位于出水池水面以上 [图 8-40 (b)]。这种出流方式，浪费了高出于水池水面的那部分水头 [图 8-40 (b) 中的 Δh]，减小了出水量。但由于施工、安装方便，停泵时又可防止池水倒流，所以有时用于临时性或小型泵站中。

3. 虹吸式出流

虹吸式出流 [图 8-40 (c)] 兼有淹没式和自由式出流的优点。既充分利用了水头，又可防止水的倒流，但为此需要在管顶增设真空破坏装置，在突然停泵时，放入空气，截断水流，这种截流方式多用于大型轴流泵站中。

二、出水池各部尺寸的确定

(一) 正向出水池

1. 水平出流池长 L 的计算

(1) 水面漩滚法：出水池中表面水滚的长度及其强度是管口淹没出流的主要特征，但滚长 L 主要决定于以管口上缘为基线的管口出流的比能 E（$= C + v_0^2/2g$）和水池的边界条件（如台坎位置、型式和尺寸），故滚长可用函数式表示（图 8-42），即：

$$L = f(C、B、h_P、m、L_0、v_0、P、D_0、g) \tag{8-51}$$

由于水滚后的水流基本趋于平稳，因此可把水滚长度作为池长，以求出池长与各水力要素和几何条件之间的关系。

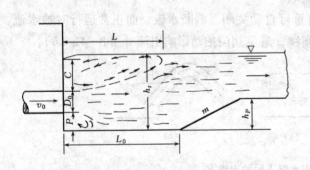

图 8-42 出水池各部位尺寸符号图

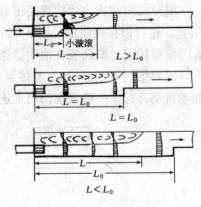

图 8-43 表面水滚长与台坎位置关系

232

试验指出，当池中不设台坎时，表面水滚较长，加台坎后（坎高应大于管口下缘至池底的距离，即 $h_P > P$）滚长变短，其缩短程度随 h_P、m 及 L_0 的不同而不同。在一定的水力和边界条件下，如台坎距管口较近，则滚长延至坎后，此时有 $L > L_0$，如图 8-43 所示，如坎较远，则水滚位于池中，此时 $L < L_0$（图 8-43），可见其中必有这样一台坎位置，此时 L_0 恰与滚长 L 相等（图 8-43），如将此时滚长定为池长 L_K，则 $L_K = L = L_0$。

实际上，池中水面漩滚可视为水跃长 L。由水力学知 L 主要取决于跃后水深 h'' 和跃前水深 h' 之差，即 $L = K_1(h'' - h')$，对管口淹没的出水池相应可写成

$$L = K_2[h_1 - (D_0 + P)] = K_2C \tag{8-52}$$

式中 K_1、K_2 为经验系数，其它符号见图 8-42，即滚长和淹没深度 C 成直线关系。

另一方面，如果管口出流的动能 $\dfrac{v_0^2}{2g}$ 越大，池中水流紊动加剧，水滚增长。因此，当其它条件不变时，滚长函数式（8-51）可写成

$$L = f\left(C, \frac{v_0^2}{2g}\right) \tag{8-53}$$

从量纲和谐性分析，L 不可能是 C 和 $\left(\dfrac{v_0}{2g}\right)^m$ 的乘积，只有当指数 $m = 1$ 且取 $\left(C + \dfrac{v_0^2}{2g}\right)$ 的形式才能满足函数式（8-53）两端的量纲相同，故可得

$$L_K = K\left(C + \frac{v_0^2}{2g}\right) \tag{8-54}$$

式中 K 为取决于水池边界条件系数，可由试验决定，如图 8-44 所示，或由该图导出的下式确定

$$K = 7 - \left(\frac{h_P}{D_0} - 0.5\right)\frac{2.4}{1 + \dfrac{0.5}{m^2}} \tag{8-55}$$

所以，最后可得计算池长公式为

$$L_K = \left[7 - \left(\frac{h_P}{D_0} - 0.5\right)\frac{2.4}{1 + \dfrac{0.5}{m^2}}\right]\left(C + \frac{v_0^2}{2g}\right) \tag{8-56}$$

（2）淹没射流法：即假定管口出流符合无限空间射流规律，认为水流在池中逐渐扩散，沿池长的断面平均流速逐渐减小（图 8-45），当断面平均流速等于渠中流速 $v_渠$ 时，此段长度即为出水池长。据此原则求出池长计算公式为

$$L = 2.9\left(\frac{v_0}{v_渠} - 1\right)D_0 \tag{8-57}$$

式中　v_0——管出口平均流速。

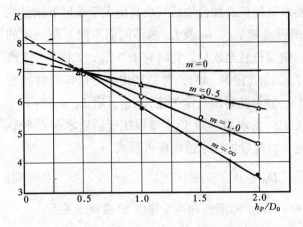
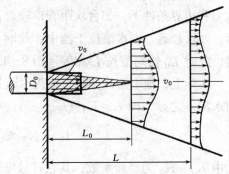

图 8 - 44　试验系数 K 与台坎高 h_P/D_0 关系图　　　　图 8 - 45　淹没射流法确定出水池长度

此法计算简便，但由于管口流速较小，射出水流沿程又受池水阻挡，所以和无限空间淹没射流理论出入颇大。一般按此法求出的池长偏短。为此保加利亚波波夫等人根据淹没射流理论在试验的基础上，提出了下列计算池长公式：

$$L = 3.58 \left[\left(\frac{v_0}{v_渠} \right)^2 - 1 \right]^{0.41} D_0 \qquad (8 - 58)$$

2. 倾斜出流时出水池长度确定

试验指出，倾斜出流水流流态（图 8 - 46）和水平式出流有显著差别。这时，不仅有表面漩滚，而且形成范围较长的底部漩滚，池中水流较为紊乱，但当在池中加设消能垂直台坎时，底滚长度显著减小。如果以底滚长 L_1 加上其后的稳定段长 L_2 作为池长，则可得如下计算公式

$$L = L_1 + L_2$$

从图 8 - 46 可以看出

$$L_1 = \frac{h_P - P}{tg\alpha} \qquad (8 - 59)$$

L_2 的长度决定于坎后稳流段长度，试验指出，L_2 随 h_P 的减小而增加，并成直线关系，即

$$L_2 = 2(3D_0 - h_P) \qquad (8 - 60)$$

$$L = L_1 + L_2 = \frac{h_P - P}{tg\alpha} + 2(3D_0 - h_P) \qquad (8 - 61)$$

式中 α 如小于 15°，可按水平出流公式（8 - 56）计算。

当池中不设垂直台坎时，底滚加长，这时池长也增大，计算公式为

$$L = 3.5(2.7 + C) - 0.2\alpha \qquad (8 - 62)$$

式中　α——管口出流倾斜角度。

234

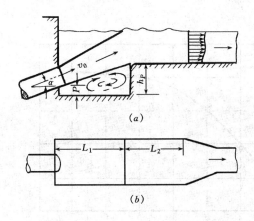

图 8‑46　淹没式倾斜出流出水池长计算图

(a) 剖面图；(b) 平面图

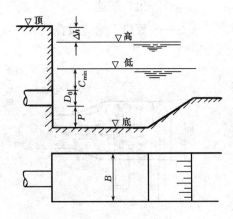

图 8‑47　出水池深的确定

3. 出水池其它尺寸的确定

(1) 管口下缘至池底的距离 P：此段距离主要用以防止池中泥沙或杂物等淤塞出水口，一般采用：$P = 10 \sim 20 \text{cm}$。

(2) 管口上缘最小淹没深度：一般采用

$$C_{\min} = (1 \sim 2) \frac{v_0^2}{2g} \tag{8-63}$$

(3) 出水池宽度 B：从施工和水力条件考虑，最小单管出流宽度为

$$B \geqslant (2 \sim 3) D_0 \tag{8-64}$$

(4) 出水池底板高程：如图 8‑47 所示，它是根据干渠最低水位 ▽低 来确定的，即

$$\nabla_底 = \nabla_低 - (C_{\min} + D_0 + P) \tag{8-65}$$

式中　$C_{\min}$——最小淹没深。

(5) 出水池池顶高程：它是根据干渠最高水位加上安全超高 Δh 确定（图 8‑47），即

$$\nabla_顶 = \nabla_高 + \Delta h$$

当 $Q < 1 \text{m}^3/\text{s}$ 时，$\Delta h = 0.4 \text{m}$

当 $Q > 1 \text{m}^3/\text{s}$ 时，$\Delta h = 0.5 \text{m}$

(二) 侧向出水池尺寸的确定

1. 池宽 B 的确定

如图 8‑48 所示，侧向出流，受到对面壁面的阻挡而形成反向回流，使出流不畅。壁面距管口越近，出流所受阻力越大，出流流量越小。图 8‑49 是一组试验曲线，可以看出，当池宽 $B > 4D_0$ 时，池宽对出流流量 Q 已无明显影响。

如果考虑出口流速、水深等对池宽的影响，可采用下列经验公式计算池宽：

$$\frac{B}{D_0} = 2\sqrt{5F_r^2 - \frac{C}{D_0}} \tag{8-66}$$

$$F_r = \frac{v_0}{\sqrt{gD_0}}$$

式中　F_r——管口水流佛汝德数；

　　　v_0——出口流速；

　　　C——管口上缘淹没深度。

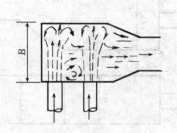

图 8-48　侧向出流示意图

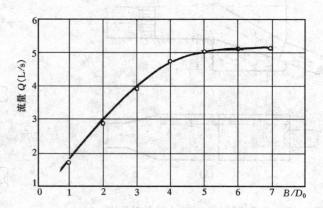

图 8-49　流量 Q 与侧向出水池宽 B/D_0 关系曲线

对单管出流，一般可采用

$$B = (4 \sim 5)D_0 \tag{8-67}$$

对多管侧向出流，池宽应随汇入流量的增大而适当加宽，如图 8-50 所示。不同断面池宽可采用：1-1 断面：$B_1 = (4\sim5)D_0$；2-2 断面：$B_2 = B_1 + D_0$；3-3 断面：$B_3 = B_1 + 2D_0 \cdots\cdots$。

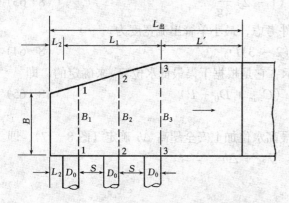

图 8-50　多管侧向出流出水池尺寸图

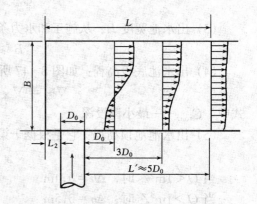

图 8-51　侧向出流水流流速分布图

2. 池长的确定

对单管侧向出流试验表明，水流沿池长的流速分布，当 $L \approx 5D_0$ 时已趋均匀，如图 8-51 所示。所以对单管侧向出流的池长为

$$L = L_2 + D_0 + L' = L_2 + (5 \sim 6)D_0 \tag{8-68}$$

式中　L_2——管口外缘至池边距离。

对多管侧向出流（图 8-50）：

$$L = L_2 + L_1 + L' = D_0 + [nD_0 + (n-1)S] + 5D_0$$

$$= (n+6)D_0 + (n-1)S \tag{8-69}$$

236

式中　n——管道根数；

　　　　S——管路间净距；

其它符号意义同前。

（三）出水池和干渠的衔接（图 8-52）

一般，出水池都比渠道宽，因此在二者之间有一过渡段。

收缩角通常采用 $\alpha = 30°\sim 45°$，最大不要超过 $60°$。

过渡段长可根据池宽 B 和渠宽 b 按下式计算

$$L_g = \frac{B-b}{2\mathrm{tg}\dfrac{\alpha}{2}} \qquad (8-70)$$

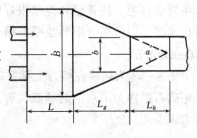

图 8-52　出水池过渡段长度

在紧靠过渡段的一段干渠中，由于水流紊乱，可能形成冲刷，因此，该段应进行护砌，其长度为

$$L_h = (4\sim 5)h_{渠} \qquad (8-71)$$

式中　$h_{渠}$——干渠设计水深。

三、出水池的结构

出水池周壁可采用浆砌石圬工结构，按重力式或圬工挡土墙设计，池底和边坡通常为 $40\sim 50\mathrm{cm}$ 厚的浆砌块石。池后渠首段，可用混凝土板或块石护砌。出水口之间若设有隔墩或检修闸门，则应通过应力与稳定计算，确定其断面尺寸。若断面厚度较大，可考虑采用钢筋混凝土结构。

对地基承载能力较差，建筑重力式挡土墙和隔墩有困难时，池壁可采用钢筋混凝土结构，其结构可为扶壁式或整体的开敞式箱形结构。

出水池尽可能修建在挖方上，如因地形条件限制出水池必须修在高填方上时，要严格控制土方质量，并将出水池做成整体结构型式，或加大砌置深度，或回填块石处理。尤其注意防渗和排水措施的计算，确保出水池结构安全。

对渗透性较大的地基，要注意基础的防渗和侧向绕渗的处理。对基础要进行防渗计算，并通过加深齿墙、刺墙，采用粘土混凝土底板作为止水设施等办法处理。在池后的渠

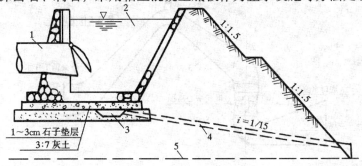

图 8-53　出水池基础防渗措施

1—出水管；2—侧向出水池；3—排水槽；4—$\varphi 20$ 陶土管；5—原地面线

首段也可采用加设粘土铺盖等措施。

对穿越出水池壁的出水管段防渗问题也应予注意，如果出水管为预制钢筋混凝土管，可将管壁打毛，使管壁和池壁很好地结合在一起。若为预埋钢管，可在钢管外壁焊接一径向止水环，以增强管道和池壁的结合。止水环可用厚度为 6mm 以上的钢板制成，环宽约 150～200mm。

图 8-53 为兴建在填方上某泵站出水池防渗结构的实例，可供参考。此外，有些地区采用砌石拱作为出水池的基础代替大填方，从而减小填方时挖压农田，在有条件的地区，可考虑采用。

第四节　泵站进、出水流道

对大中型立式泵，为了把水平顺的引入和排出，需要修建从泵站前池引水的有压进水流道和从泵排入出水池或排泄区的有压出水流道。为使流道有一定长度以稳定水流和减少工程开挖量，进水流道一般设计成水平进水再转 90° 后垂直进入泵中的弯曲形（图 8-54）；出水流道多设计成虹吸型（图 8-55）。

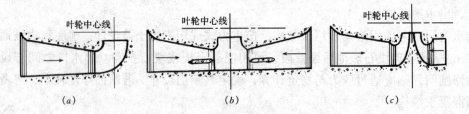

图 8-54　进水流道的几种型式

（a）肘形；（b）双向进水；（c）钟形

对卧式贯流式泵，多采用贯流式进出水流道，如图 8-56 所示。

进出水流道一般均与泵房由混凝土整体浇筑成型，它的形式和尺寸对泵装置效率、工程投资和安全运行影响很大，因此在设计时应满足以下几点要求：

（1）流道内水流速度、压力的变化和分布要均匀，避免突变以减少水力损失、保证水

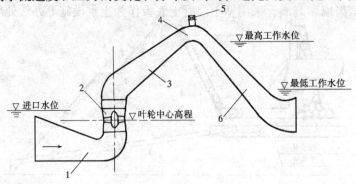

图 8-55　虹吸式出水流道

1—进水流道；2—泵体；3—上升段；4—驼峰；5—真空破坏阀；6—下降段

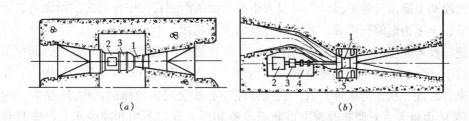

图 8‑56 安装贯流泵的进出水流道

(a) 灯泡式；(b) 轴伸式

1—贯流泵；2—电动机；3—齿轮箱；4—电机井；5—水泵井

流平顺引入和排出水泵，节约能源。

（2）在泵的各种工况下，流道内不产生漩涡。

（3）流道造型应简单，便于施工，并在水力条件良好的情况下，尽量减小其尺寸，以节省工程投资。

一、进水流道

对大型立式泵，按流道内水流方向分有单向进水和双向进水两种。单向进水按型式的不同又可分为肘形和钟形（图 8‑57 和图 8‑58）。

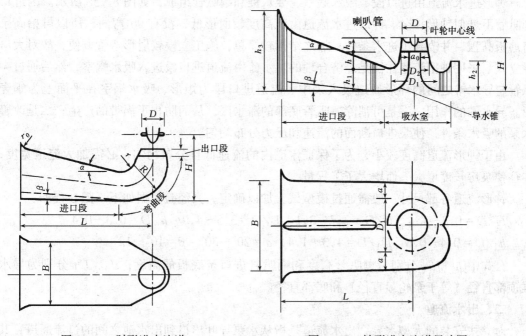

图 8‑57 肘形进水流道   图 8‑58 钟形进水流道尺寸图

对水平安装的低扬程大型泵采用的贯流式流道，水流基本上都在同一水平层内流动或略有弯曲成 S 形，所以水流平顺，工程量也小，是一种良好的流道形式。

（一）肘形流道

肘形流道是块基型泵房最常用的一种进水形式。一般由三部分组成，即进口水平段、中部弯曲段和上部出口锥形段。进口段为矩形断面的渐缩管,中部弯曲段断面为由矩形过渡为圆形,上部为渐缩圆锥管,其出口与泵的座环相接。

水流流经弯曲段时,由于离心力的影响,靠弯道外侧流速和压力均较大,而弯道内侧常发生脱壁回流。不仅增大了能量损失,而且可能产生汽穴引起水泵振动和噪声,使泵的效率下降。因此,从水力条件来看,从泵叶轮中心线至底板顶面的高度 H 越大,弯管段曲率半径 R 也越大,对调整改善出口断面流速和压力分布不均和减少水力损失具有显著效果。但从工程造价方面看,则希望 H 和流道进口宽度 B 越小越好。另外有时为了减少开挖工程,可将流道进口段的底部翘起。当进口宽度较大时,可在进口段增设隔墩以改善结构受力条件,并减小检修闸门的跨度。

根据模型试验和工程实践,肘形进水流道尺寸范围如下(图 8-57):

$H/D=1.5\sim1.85$ $B/D=2.0\sim2.3$ $L/D=3.5\sim4.5$

$\alpha\leqslant20°\sim25°$ $R/D=0.8\sim1$ $r_0/D=0.5\sim0.7$

$\beta<10°\sim12°$(一般为平底 $\beta=0$) $r/D=0.2\sim0.5$

流道进口流速为 $0.5\sim1.0\text{m/s}$,并按此确定进口高度,要求进口上缘的淹没深度 $h_s>0.5\text{m}$。

(二)钟形进水流道

钟形进水流道由进口段、吸水蜗室、导水锥和喇叭管组成,如图 8-58 所示。因进口喇叭管下悬似钟形故名。钟形进水流道由于高度较肘形低,没有 90°弯曲,所以可抬高泵房地板高程,并改善了进水条件;加之结构较简单,施工立模较肘形弯管方便,故对大口径立式泵采用钟型流道往往是经济合理的。水流由流道进口段进入吸水蜗室,然后通过喇叭管与导水锥之间的环形通道吸入泵中。流道进口段为矩形、吸水蜗室在平面上为蜗壳形。导水锥的作用:一是可消除喇叭管底部的滞水区,从而防止了涡带的产生;二是改善水泵的吸水条件,使泵进口断面的流速和压力分布均匀。

由于钟形流道高度较小,为了保证流道内的流速低且分布均匀,必需加大流道宽度,往往使泵房长度增大,而增大了工程量。

钟形流道各部尺寸一般需通过模型试验加以确定,其经验数据如下(图 8-58):

$H/D=0.8\sim1.4$ $B/D=2.7\sim3.1$ $L/D=3.5\sim4.0$ $h/D=0.3\sim0.4$

$h_1/D=0.4\sim0.6$ $D_1/D=1.3\sim1.4$ $\alpha=20°\sim30°$ $\beta=10°\sim12°$

公式中 h 和 h_1 分别为喇叭管高度和喇叭管进口至底板的高度;d_0、D_1 分别为导水锥顶部直径(等于泵轮毂直径)和底部直径。

二、出水流道

对立式安装的大型水泵,出水流道是指从水泵导叶出口到出水池之间的过流通道,其前段为泵的出水室,是泵的组成部分。常见的有弯管出水室(对立式轴流泵和混流泵)和蜗壳出水室两种,如图 8-59 所示。出水流道的后段的形式可分为虹吸式、直管式(图 8-60)、双向出水式、屈膝式、猫背式等几种如图 8-61 所示。猫背式主要用于大型卧式低扬程泵站中。

采用蜗壳出水室较弯管出水室可减小机组轴的长度,从而降低泵房高度,一般较为经

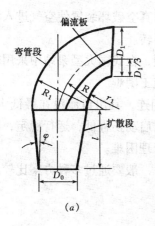

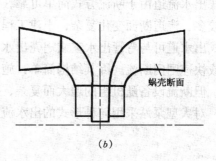

图 8‑59　弯管出水室和蜗壳形出水室

(a) 弯管出水室；(b) 蜗壳形出水室

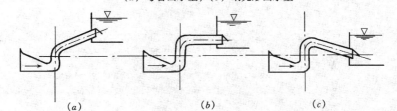

图 8‑60　直管式出水流道的几种布置形式

(a) 上升式；(b) 平管式；(c) 下降式

济。但形线较复杂、施工较难，目前采用弯管出水室较多。

虹吸式出水流道是利用虹吸原理出水的一种流道，流道进口接泵的弯管出水室，出口淹没在出水池最低水位以下，中间高起的顶部俗称"驼峰"。在正常运行时，流道形成虹

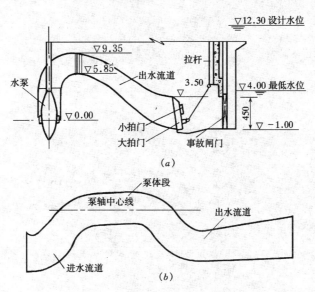

图 8‑61　屈膝式和猫背式流道布置图

(a) 屈膝式；(b) 猫背式

吸后顶部为负压,当机组停机时,及时打开装在顶部的真空破坏装置使空气进入流道破坏真空防止出流侧水倒流入进水前池中,并使机组很快停转。

虹吸式出水流道由于断流方式简单可靠,管理方便,在我国大型泵站中采用较多。但流道弯道较多,流道断面变化复杂,土建工程量大,施工困难。

直管式出水道可与弯管出水室或蜗壳出水室直接相连,其出口淹没在最低水位以下,采用拍门或快速闸门断流。因其结构简单,施工方便,启动扬程低,运行稳定,因此采用的也较多,但断流设备随机组的增大而复杂,操作、管理困难。

总之,对大型泵站采用何种形式的出水流道为宜,一般要通过多种方案比较,最后加以选定。

第九章 管 路 工 程

管路是泵站的重要组成部分，特别是我国西北地区有相当一部分泵站，扬程高、管路长。管路工程在整个泵站的建设投资中占的比重较大；因管路摩阻，消耗大量能源。所以管路的布置、铺设和设计的合理与否直接关系到泵站的造价和经济、安全运行。

泵站的管路分进水管和出水管两部分。

第一节 进 水 管

进水管系指水泵进口前的一段管路，一般采用钢管。其设计和施工应注意以下几点：

(1) 尽量减少进水管的长度及其附件，管线布置应平顺，转弯少，便于安装和减少水力损失。

(2) 管路应严密不漏气，以保证良好吸水性能。

(3) 在干室型泵房中，因前池水位高于泵轴线，进水管需设闸阀，以便机组检修。

(4) 干室型泵房的进水管穿墙部分应作成刚

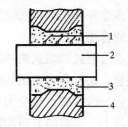

图 9-1 水管和挡水墙结合图
1—截水环；2—穿墙管；3—二期混凝土；
4—钢筋混凝土

性连接，如图 9-1 所示。施工时，预留孔的四周应作成凹凸不平的形状，在管路四周做几道截水环，以加长结合处的渗径。并严格控制二期混凝土的施工质量。

第二节 出 水 管 路

一、管道线路的选择

正确选择出水管道线路对泵站的安全运行及工程投资均有较大的影响，通常须根据地形地质条件以及泵房和出水池的位置通过多方案比较后确定，选线原则如下：

(1) 管线应尽量垂直于等高线布置，以利于管坡的稳定。

(2) 管路布置要求线路短，尽可能减少转弯和曲折，以降低管路投资和减小水头损失，节约电能。

(3) 管路应铺设在坚实的地基上，避开填方区和滑坍地带，保证管路安全运行。

(4) 管路尽量布置在压坡线以下（压坡线系指发生水锤时，管路内水压降低过程线），避免水倒流时出现水柱断裂现象，以致引起管路丧失稳定和弥合水锤而破坏。

(5) 在地形比较复杂情况下，可考虑变管坡布置，以减少工程开挖量和避开填方区，

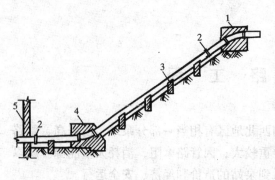

图 9-2　出水管路示意图
1—2 号镇墩；2—伸缩节；3—支墩；4—1 号镇墩；
5—泵房墙

压力管路的铺设角一般不应超过土壤的内摩擦角，一般采用 1:2.5～1:3 的管坡为宜。

（6）管道线路要尽量不受山洪的威胁，并有利于管节的运输和安装。

二、出水管路的布置及铺设

管路布置形式一般可分为：单机单管送水和多机一管联合送水即管路并联。单机单管送水其优点是管路结构简单，管路附件少，运行可靠。对于多机组、低扬程、管路短的泵站采用的较多。而在多机组、高扬程、管路长的泵站中，一般多采用多机一管联合送水。这样布置形式可节省管材，减小管床和出水池的宽度，从而减少工程量。但相应的又因管路并联，管路附件增多，局部损失加大，年耗电费增加。所以在泵站的设计中，是否采用多管并联送水，究竟几根管路并联合适，必须通过计算，进行经济比较，从而确定出较优的管路布置方案。

管路的铺设分明式和暗式两种。所谓明式铺设就是将管路放于露天。其优点是便于管路的安装和检修。缺点是管路因热胀冷缩，来回滑动频繁，减少管道的使用寿命。同时对于钢筋混凝土管，因管壁直接受太阳辐射等气温影响，在夏季，管壁内外温度相差较大，温度应力有时很大，如忽略有可能产生裂缝。另外，冬季管内存水，易于冻结，管子容易损坏。暗式铺设是将管道埋于地下，其优缺点与明式铺设相反。

一般金属管路采用明式铺设较多，为了防止管路锈腐，其外表应有良好的保护层。

对于钢筋混凝土管，因影响管壁温度应力的因素既多又复杂，迄今尚无比较成熟的计算方法，故设计中，为了避免因过大的温差而引起纵向力和冬天防冻，对于管径较大时，一般宜尽量采用地下埋管或采取保护措施。至于水管埋置深度建议采用以下最小埋深，管内直径小于 60cm 时，管顶应在冻土深度以下 20～30cm，管内径大于 60cm 时，管顶应在冻土层以下 30～50cm。对于我国南方的非冻土区，管顶埋设深度主要取决于外部荷载，如管路埋设处无耕作要求，一般管顶埋设深度大于 0.5m 即可。回填土必须按土坝施工要求认真夯实。

三、管材

目前，泵站的出水管路大多采用钢管和预应力钢筋混凝土管（国家有标准产品）。若出水管管径较大，泵站扬程较低，又无国家标准产品的情况下，可采用现浇的钢筋混凝土管。另外在少数泵站中，出水管也有采用铸铁管。

一般泵站，从水泵出口到一号镇墩处的出水管路，因附件多，为了安装上的方便，均采用钢管。在一些高扬程泵站中，为了承受较大的设计压力，出水管也多采用钢管。

钢管具有强度高、管壁薄、重量轻、管段长、接头简单和运输方便等优点。但它易生锈，使用年限短，北方有部分泵站出水钢管运行资料表明，锈蚀最严重的每年可达 1mm 左右。这样不仅增加了泵站的年折旧费，而且也威胁着泵站的安全运行。因此，对于出水

244

钢管，在安装和运行期间，必须进行认真的防锈处理，以延长管道的使用寿命。

预应力钢筋混凝土管和钢管相比，具有节省钢材、价格便宜、使用年限长、输水性能好等优点。和现浇钢筋混凝土管相比，又具有安装简便，施工期短等优点。我国目前生产的预应力钢筋混凝土管最大压力可达1.4MPa。因此在泵站设计中，在设计压力允许的情况下，尽量选用预应力钢筋混凝土管为宜。

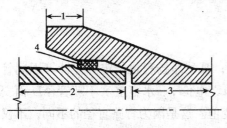

图 9-3 钢筋混凝土管承插接头

1—承口段；2—插口段；
3—管主体；4—密封橡胶圈

预应力钢筋混凝土管均采用承插式联接，用橡胶圈密封止水，如图9-3所示。接头处有时因预制时误差较大和安装时防漏处理不严，管道在输水时，往往会出现漏水现象。因此，必须提高预应力混凝土管的制造质量，加强安装时的防漏处理，避免接头处漏水，以提高管道的输水效率。

四、经济管径

泵站的出水管路对泵站的工程投资和经常性运行费用及节能均有较大的影响。特别是北方地区的一些高扬程、长管路的大型泵站，其管路工程造价往往约占整个泵站工程投资的60%左右，这个问题就更为突出。管径的增大，管路阻力减小，可降低电耗与年运行费，但管路一次性投资相应的增加，相反管径减小，虽可降低管路投资，但管路的阻力增大，年耗电费增加。因此如何确定一个经济合理的管径，以解决以上矛盾就成为当前泵站规划设计中一项十分重要的工作。

确定经济管径目前大部分采用年费用最小法。而年费用包括年耗电（油）ε_1 和年生产费（管路折旧费和维修保养费等）ε_2 值。年生产费 ε_2 是随管径的增大而增大，而年耗电费 ε_1 值是随管径的增大而减小。对于每一个给定的管径 D 可分别求出一个 ε_1 和 ε_2 值，并求出两项之和 ε 值。假定一系列管径，即可求出一系列 ε 值。其中 ε 值最小所对应的管径 D 即为经济管径，如图9-4所示。

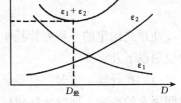

图 9-4 确定经济管径图

1. 年耗电费 ε_1 的计算

年耗电费 ε_1 值可用下式计算

$$\varepsilon_1 = \frac{f\gamma QH_{净}t}{1000\eta_{装}} \quad （元） \tag{9-1}$$

式中　f——电费价格 $[元／(kW\cdot h)]$；

　　　γ——水的重度，$\gamma = 9800N/m^3$；

　　　$H_{净}$——泵站净扬程（m）；

　　　Q——泵运行时的流量（m^3/s）；

　　　t——年运行小时（h）；

　　　$\eta_{装}$——泵站装置效率。

$$\eta_{\text{装}} = \eta_{\text{泵}} \eta_{\text{电}} \eta_{\text{管}} \qquad (9-2)$$

式中 $\eta_{\text{泵}}$——泵运行效率；

$\eta_{\text{电}}$——电机运行效率；

$\eta_{\text{管}}$——管路运行效率。

在确定经济管径 D 时，泵站的水泵型号已选定；泵站净扬程也给定。在计算不同管径的年耗电费 ε_1 值时，净扬程 $H_{\text{净}}$、年运行小时数 t、电价 f、水容重 γ 不随管径 D 而变化，是一常数。而流量 Q 和泵站装置效率 $\eta_{\text{装}}$ 是一变值。这是因为管路直径的不同，不仅会影响管路阻力的大小，而且会改变水泵的工作点，从而在泵站净扬程不变的情况下，使水泵工作参数和管路损失都会发生变化，同时也会引起电机效率的变化。这些都必须通过求解不同管径下水泵与管路联合运行时工作点参数的方法加以确定。求解过程可用图解法或数解法（具体解法见第三章）。

2. 管路年生产费 ε_2

管路总投资为 K，年生产费（包括折旧费和维修保养费等）占总投资为 $\alpha\%$ 时，则年生产费可用下式确定

$$\varepsilon_2 = \alpha K \quad (\text{元}) \qquad (9-3)$$

管路的总造价 K 值可用下式计算

$$K = WL \quad (\text{元}) \qquad (9-4)$$

式中 W——管路单位长（m）的造价（元）；

L——管路总长（m）。

对于管路中的附件，可将其计入单位管长的总造价中。

3. 年总费用可用下式确定

$$\varepsilon = \varepsilon_1 + \varepsilon_2$$

在预先给定的一系列管径中，年总费用最小值所对应的管径，即为经济管径。这里需要说明以下几点。

（1）在计算 ε 值时，有静态分析法和动态分析法。两者的差别在于静态分析法不考虑时间因素的影响，即以泵站建成全部投入运行后的第一年为设计标准年，分别计算 ε_1 值和 ε_2 值，并求出 ε 值。而动态分析法必须考虑时间因素的影响，即仍以泵站建成后的第一年为设计标准年，并将计算年的年耗电费和生产费用分别折算到标准年，再计算出年费用 ε 值。

（2）在预先给定管径时，须和国家标准系列管材产品直径相适应。

（3）对建在水源水位变幅较大的河流或水库上的泵站，须考虑泵站净扬程变化而引起泵站其它参数的变化，一般可近似地取泵站的多年平均净扬程。相应的流量取平均净扬程所对应的流量，年运行时间取多年平均值。

五、管路附件

出水管路的附件，因管路的长短、扬程的大小、铺设方式的不同其附件也不一样。一般出水管路的附件如下：

1. 正心大小接管

一般因出水管直径较泵出口直径大，需要正心大小接管连接，其长度 $L = (5\sim7)(D_{出} - D_{泵})$。

2. 闸阀

为减小水泵启动时功率和正常停机时断流，防止管内水倒流时冲动叶轮反转，需在出水管路上设置闸阀。

3. 逆止阀

在出水管路设置逆止阀，其作用是事故停机时来不及关闭阀门，则逆止阀内闸板受管内回流的冲击和本身自重作用，在短时间内即自行关闭而隔断水流，以防止水泵叶轮的倒转。

常用逆止阀有旋起式和逆止式两种，直径大约400mm的逆止阀常设有旁通阀。该阀经常打开，以减弱突然停机时，由于逆止阀板关闭产生的水锤压力，同时用以放空管路中的存水。

但是，逆止阀水流阻力损失较大，同时阀板关闭容易产生较大的水锤压力，所以一些扬程较低、管路较短的泵站均不设逆止阀。有时为了减弱逆止阀突然关闭所引起的水锤压力，同时防止水管内长时间的倒流而引起叶轮长时间倒转，而在出水管侧安置缓闭逆止阀。

4. 人孔

对于管径大于800mm而且管路又较长时，为了便于检修，常需在管路上设置人孔。孔径一般为 $500\sim600$mm。人孔间距以150m为宜。

5. 伸缩节

对于露天铺设的管路，因受气温影响而不可避免地引起纵向伸缩变形，为了消除因此形成的纵向应力，所以应在两镇墩间设置伸缩节。伸缩节的结构形式如图9-5所示。

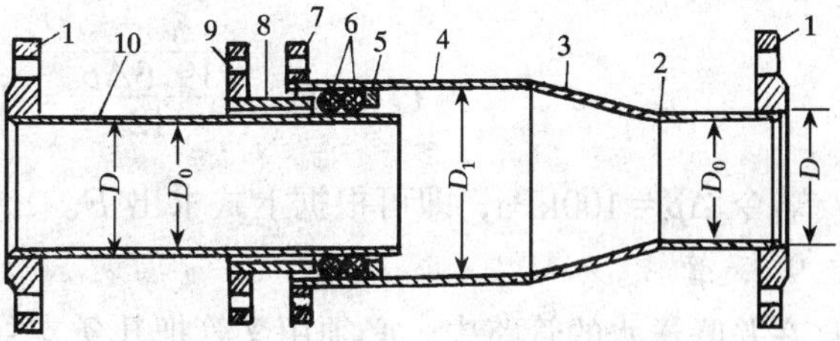

图9-5 伸缩接头

1—法兰盘；2—焊接钢管；3—异径管；4—钢制套管；
5—挡圈；6—橡胶圈；7—翼盘；8—短管；
9—翼盘；10—焊接钢管

6. 真空破坏阀

当管路变坡时，在管线变坡的逆坡处，有时往往因机组倒转时，可能出现负压，致使压力降低，管路失去稳定而破坏。对虹吸式出口的出水管路，当停泵时，因虹吸作用出水池中水将倒流。因此应设置真空破坏阀，以便在管路内部出现负压时，向管内补气，破坏真空，保证管路安全，防止倒流。

7. 拍门

当管路上不设逆止阀时，为了防止事故停泵管内水倒流而引起水泵倒转，须在出水管出口处设置拍门。为了减小拍门的阻力，常在拍门上加平衡装置。

8. 通气孔

出水管路出口处设置拍门时，在拍门前应设通气孔。通气孔的主要作用是保证管路内压力稳定；保证轴流泵不致在启动时产生超载或出现不稳定工况。在空管情况下启动水泵时，由于管路出口拍门关闭，则管内空气由于受到不断的水柱的挤压而受到压缩。这时管中压力要比水泵正常工作时的压力为高，如果不注意有时会引起管路破坏；如果是轴流泵由于压力过高可能使水泵在不稳定区运行，引起振动和响声。未装逆止阀的抽水装置在事故停泵时，由于管路中的水迅速倒泄同时出口拍门又迅速关闭，则在出水管出口附近管段内将产生负压或真空。对于大管径薄壁钢管容易失稳。为了破坏真空，通常在出水管路最高点设通气管。通气管的最小断面应当满足在允许的压力差下，进入的空气流量等于管中倒泄流量。其值可按下式计算。

$$Q = FC\sqrt{\frac{2g\Delta p}{\gamma}} \tag{9-5}$$

式中　Q——进入的空气流量（m^3/s）；

　　　F——通气孔面积（m^2）；

　　　Δp——管路内外压力差（kPa）；

　　　C——流量系数，对于阀可采用 0.5；对于管路可采用 0.7；

　　　γ——空气重度 $\gamma \approx 12N/m^3$。

整理式（9-5）得

$$Q = FC\sqrt{\frac{19.6\Delta p}{12}} = 1.278FC\sqrt{\Delta p} \tag{9-6}$$

若令 $\Delta p = 100kPa$，即可根据上式求出 F。

9. 叉管

在并联送水的管路中，必须用叉管把几条支管和干管连接起来。分叉管的形式如图 9-6 所示，可以将它们概括成对称的 Y 型分叉与不对称的 Γ 型分叉两种基本类型。Y 型分叉的特点是汇合前的支管大小相等，方向对称。Γ 型分叉的特点是干管直径沿水流方向随着支管的加多而逐渐增大。

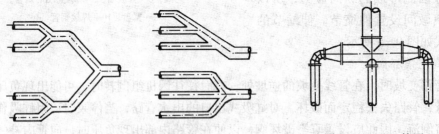

图 9-6　叉管示意图　　　　　　　　　图 9-7　90°叉管图

一般情况下叉管不宜采用如图 9-7 所示的直角交叉，分支管采用渐变型式，其夹角采用 6°~8° 为宜，干管与支管夹角一般为 30°~75°。如图 9-8 所示。

钢管在分叉段，一部分管壁被割裂，不能形成完整的圆型。这部分形成薄弱区，称不平衡区如图 9-8 中的黑点部分所示。在此薄弱区必须采用加固措施，设置特殊结构代替割裂部分的管壁，以承受内水压力如图9-9所示。加强梁断面为矩形或T形，一般为圈梁和U形梁，两者焊接成整体骨架联合作用，根据交点变形相等的条件，其内力可用结构力学方法近似求解。

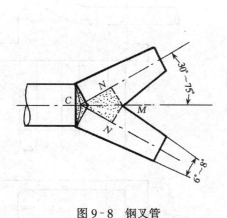

图9-8 钢叉管

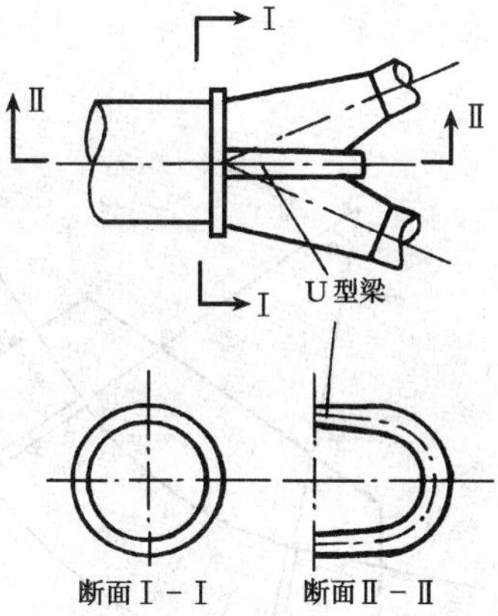

图9-9 钢叉管加强梁

第三节 管路支承结构及受力分析

水泵站出水管路的支承结构分镇墩和支墩两种。

一、镇墩

在管路的转弯处和斜坡上的长管段，为了消除管路在正常运行和事故停机时，左右、上下振动和位移，都必须设置镇墩，以维持管路的稳定。其断面尺寸可通过具体受力分析和结构计算确定。镇墩的间距除转弯处必须设置外，在长管段一般相距80~120m可设一镇墩。

镇墩有两种形式：一类为封闭式，即将弯曲管段设于镇墩之内如图9-10所示；另一类是开敞式，即将水管直接放在镇墩之上，需要时可用锚筋将水管锚固起来，如图9-11所示。水泵站的镇墩多为封闭式，封闭式镇墩与管道固定较好，而开敞式则便于检查和修理。

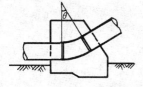

图9-10 封闭式镇墩

图9-11 开敞式镇墩

镇墩的基础，在岩基上可做成倾斜的阶梯形，如图9-12所示，以便增大镇墩的抗滑能力。在土基上，镇墩的基础一般做成水平的，且基面应在冻土线以下，为增大镇墩的抗滑能力，可在基面上铺设碎石。对于湿陷性大的黄土地基，应将基础进行严格的浸水预压处理，对于埋置于地下水内的镇墩，应考虑在基底设置桩柱固定镇墩，如图9-13所示。

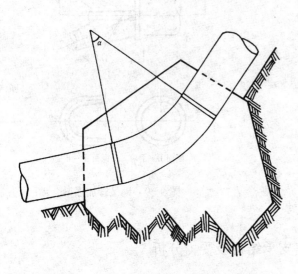

图 9‑12 阶梯形镇墩

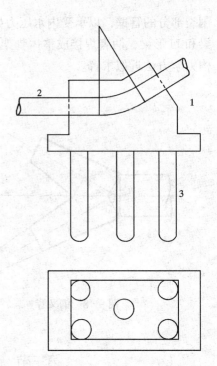

图 9‑13 桩柱形镇墩
1—镇墩；2—出水钢管；3—桩柱

桩柱的基底最好放在坚硬岩石上。

镇墩一般都做成重力式，利用其自重来维持它本身的稳定，但也可考虑基础的作用。对于岩基可利用锚筋灌浆产生的作用，对于土基可深埋基础充分利用被动土压力。

镇墩断面尺寸的设计，对于设置在钢管段和现浇的钢筋混凝土整体式管道段的镇墩必须通过结构受力分析和抗滑稳定校核加以确定。而对于设置在承插式的预应力钢筋混凝土管段的镇墩，一般按构造要求确定即可满足管路的稳定要求。镇墩的外形设计，除应使作用于墩上各力的合力在基础底面内的偏心距小，地基受力较均匀外，还应使镇墩内不产生拉应力或拉应力较小。

镇墩属重力式结构，设计计算内容包括：

（1）校核镇墩的抗滑和抗倾复稳定性。

（2）验算地基的强度及稳定性。

（3）验算镇墩的强度及稳定性。

镇墩的计算，只要将作用力分析和计算清楚，其计算方法和重力式挡土墙基本相同。还应验算地基的稳定性。即在土坡上，校核基础下土体沿某一滑弧面滑动的可能性。在岩基上，应研究岩石的层理，是否向斜坡外倾斜，有无坍滑的可能性。

二、支墩

出水管路两镇墩之间须设置支承结构，而支承结构因管材的不同而采用不同的类型。对于现浇的钢筋混凝土管，一般是敷设在连续的素混凝土底板（座垫）或浆砌石管座上，如图 9‑14 (a) 所示。其包角以 120° 为宜。有时也因当地建筑材料和地质条件所限，钢筋混凝土管也有架立在彼此分开的支墩上，而对于钢管和预应力钢筋混凝土管，一般均架立在支墩上，如图 9‑14 (b) 所示。钢管均采用彼此分开的滑动鞍式支墩支承。为了减少管道与支墩之间的摩擦力，在管径较大时，可在支墩顶部设置带注油槽的弧形钢板。当管径超过 1m 时，可直接采用滚动支座。支墩间距不宜过大，对于钢管建议 5～10m 为宜。对于预制的预应力钢筋混凝土管，因其长度大部分为每节 5m，且为承插接头，所以支墩都是每一节设两个，位置在每节管的 $\frac{1}{4}$ 和 $\frac{3}{4}$ 处。有时也采用如图 9‑15 所示的支墩。

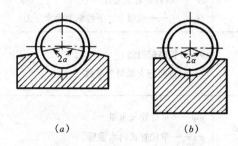

图 9‑14　管路支承结构示意图

(a) 混凝土连续管座；(b) 混凝土支墩

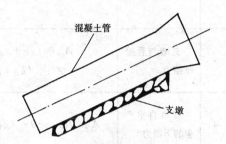

图 9‑15　浆砌块石支墩

支墩的埋置深度视其地质的好坏而定，一般为 0.2～0.3m。建在北方一些寒冷地区的泵站，其支墩基面应放在冻土线以下。对于湿陷性大的黄土地基，应将其进行严格的浸水预压处理。

三、镇墩受力分析和结构计算

目前北方地区的一些大、中型离心泵站，出水管道的布置形式大体上相同。即在靠泵房外管道爬坡处设 1 号镇墩；出水管闸阀到 1 号镇墩间的直管段上设置伸缩节；若 1 号镇墩到 2 号镇墩间的出水管为整体段钢管或现浇的钢筋混凝土管，那么必须在靠 2 号镇墩附近设一伸缩节；管路一般不设逆止阀，如前图 9‑2 所示。经分析 1 号镇墩的最不利荷载应为事故停泵，管内发生水击，管道因热胀沿支墩向离开镇墩方向滑动。下面针对 1 号镇墩作简要的受力分析和结构计算介绍。

(一) 镇墩受力分析

取如图 9‑16 所示的结构脱离体，设 A' 代表自镇墩右上方传来的作用力，A'' 代表自镇墩左边传来的作用力。在事故停泵，管道沿支墩向离开镇墩方向滑动时，作用于镇墩上的力如图 9‑17 所示。现列表 9‑1。

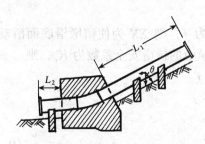

图 9‑16　管道支承结构示意图

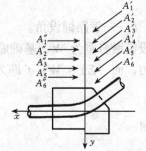

图 9‑17　镇墩受力示意图

251

表 9 - 1   镇墩上作用力类型及计算式

序号	作用力类型	计 算 公 式	备　注
1	管内内水压力	$A'_1 = A''_1 = \gamma H \cdot \dfrac{\pi D_0^2}{4}$	γ——水重度 D_0——管子内径 H——管内水压力
2	伸缩节处填料摩擦力	$A'_2 = \pi D b_h f_h \gamma H_2$ $A''_2 = \pi D b_h f_h \gamma H_1$	b_h——填料宽度 f_h——填料与管壁摩擦系数 D——填料处管道直径 $H_2,\ H_1$——镇墩上、下伸缩节处水压力
3	支墩与管壁摩擦力	$A'_3 = (g_管 + g_水)\ l_1 f \cos\theta$ $A''_3 = (g_管 + g_水)\ l_2 f$	θ——管路铺设角 f——管路与支墩摩擦系数
4	管道自重产生的下滑力	$A'_4 = l_1 g_管 \sin\theta - (g_管 + g_水)\ l_1 f \cos\theta$	$g_管$——单位管长重量 $g_水$——单位管长内水重量
5	水流作用的离心力	$A'_5 = A''_6 = \dfrac{\gamma\pi}{4g} D_0^2 v^2$ $A_5 = \dfrac{\gamma\pi}{2g} D_0^2 v^2 \sin\dfrac{\theta}{2}$	v——管内水的流速
6	伸缩接头处附加水压力	$A'_6 = \dfrac{\pi}{4}\gamma H_2\ (D_2^2 - D_0^2)$ $A''_6 = \dfrac{\pi}{4}\gamma H_1\ (D_2^2 - D_0^2)$	D_2——伸缩节直径

（二）镇墩设计

镇墩在外荷载作用下，靠本身自重抗滑和抗倾。一般情况下，为了使镇墩底面基础不出现拉应力，都要求合力作用点在基础底面的三分点之内，因此可不必进行抗倾稳定校核。镇墩的自重和断面尺寸一般是以抗滑为控制条件，作稳定校核后加以确定的。

如图 9 - 18 所示，设直角坐标系的原点在基础底面的投影与底面重合，Y 轴垂直于底面，X 轴与管轴线在同一平面内。将所有作用于镇墩诸分力分解为沿 X 轴和 Y 轴的两个分力，并将它们总和得

$$\left.\begin{array}{l}\Sigma X = \Sigma A' \cos\theta + \Sigma A'' \\ \Sigma Y = \Sigma A' \sin\theta\end{array}\right\} \tag{9-7}$$

式中　θ——管路铺设角。

设镇墩自重为 W，基础底面与地基间摩擦系数为 f，则 ΣX 为使镇墩沿底面滑动的主动力，而（$\Sigma Y + W$）f 即为抗滑的摩擦力。若设镇墩的抗滑安全系数为 K_c，则

$$K_c = \frac{(\Sigma Y + W)f}{\Sigma X}$$

由此得

$$W = \frac{K_c}{f}\Sigma X - \Sigma Y \tag{9-8}$$

252

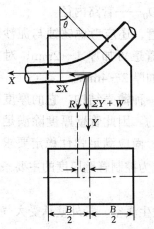

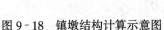

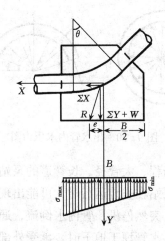

图 9-18 镇墩结构计算示意图   图 9-19 地基应力校核示意图

根据 W 值通过试算可拟定出镇墩尺寸。

拟定出镇墩尺寸后，即可进行地基强度校核。对于座落在软基上的镇墩，为了使基础面上不产生拉应力，必须使所有作用力的（包括墩身自重）合力作用点不超出底面的三分点。并按下式求出地基压应力，如图 9-19 所示。

$$\sigma_{\genfrac{}{}{0pt}{}{max}{min}} = \frac{\Sigma Y + W}{F}\left(1 \pm \frac{6e}{B}\right) \leqslant [\sigma] \tag{9-9}$$

式中　F——镇墩底面积 $F = BL$（m^2）；

　　　B——镇墩底面长度（m）；

　　$[\sigma]$——地基容许承载应力（kPa）。

四、管路结构设计

（一）钢管

1. 初拟管壁厚度

钢管在进行结构计算以前必须初拟管壁厚度。其方法如图 9-20 所示，设管壁厚度为 δ，钢板容许应力为 $[\sigma]$，那么

$$[\sigma] = \frac{N}{\delta} \tag{9-10}$$

$$2N\cos\alpha_0 = \int q\,ds = 2\gamma H_p \frac{D_0}{2}\cos\alpha_0$$

$$N = \frac{1}{2}\gamma_水 H_p D_0$$

于是可得

$$\delta = \frac{\gamma_水 H_p D_0}{2[\sigma]} \tag{9-11}$$

对于用钢板卷焊的管径较大的钢管，需加一卷焊系数 φ（φ 一般可采用 0.9）

即

$$\delta = \frac{\gamma_水 H_p D_0}{2\varphi[\sigma]} \tag{9-12}$$

式中　H_p——管路中心处压力水头；

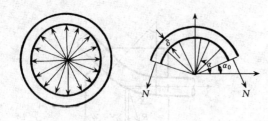

图 9-20 出水管内水压力图

D_0——管路内径。

对于钢管，还应考虑锈蚀与泥沙磨损问题，对清水管道可加厚 $1\sim2$mm；对含沙量大的管道可加厚 $2\sim4$mm。

钢管是一种薄壳结构，它的厚度同直径相比是很小的。因此管壁厚度除满足以上的应力要求外，尚应满足弹性稳定要求。特别是在低扬程、大管径、长管道的泵站中，往往弹性稳定成为控制管壁厚度的主要条件。

当泵站在安装运行时，可能出现以下情况。

（1）突然停机，管内水倒流，通气管失灵，使管内发生真空，管外壁承受大气压力。

（2）水管埋于地下时，承受外部地下水压力或土压力。

（3）当水管外部浇注混凝土时，水管承受未硬化的混凝土压力。

（4）当水管在安装时，受到冲击、震动等安装应力和运输应力或灌浆应力。

为了使钢管在上述情况下，不致丧失稳定，要求管壁有一个最小厚度。当按照应力计算得出的厚度小于最小厚度时，必须采用最小厚度。

钢管的最小厚度可从钢管的稳定平衡方程式（9-13）求出

$$Kq = \frac{2E}{1-\mu^2}\left(\frac{\delta}{D}\right)^3 \tag{9-13}$$

式中　μ——钢的泊松比；

　　　E——钢的弹性模量；

　　　q——管外临界压力（kPa）；

　　　δ——钢管厚度（m）；

　　　D——管道计算直径（m）；

　　　K——安全系数。

如果泵站的管路为明式铺设，当事故停机管内出现真空时，外部作用一个大气压力。并设此值近似等于100kPa，钢的弹性模量 $E = 220 \times 10^9$Pa、泊松比 $\mu = 0$，取安全系数 $K = 2$。则钢管的最小厚度可用下式计算

$$\delta = \frac{1}{130}D \tag{9-14}$$

在低扬程、长管路、大管径的泵站中，用式（9-14）计算出的管壁厚度是比较大的，这样耗费钢材太多，不经济。为了保证管壳能抵抗真空压力、保持稳定，在管壳上每隔一定距离，加一刚性环，用以增加管壁稳定性，从而减小管壁厚度。图 9-21 所示为带有刚性环的管壁剖面。

对于带有刚性环（图 9-21）的管路，可用下式计算临界荷载 q_{kp}

$$Kq_{kp} = \frac{3EJ}{R_k^3 l} \tag{9-15}$$

式中　l——刚性环的中距；

254

E——钢的弹性模量；

K——安全系数；

R_k——管道中心至刚性环有效面积重心的距离；

J——在 L 范围内刚性环及管壁截面对其重心轴的惯性距（应该指出：因为管壁比较长而薄，在刚性环弯曲时，只有靠近刚性环附近的一段管壁才和刚性环共同工作，因此计算 J 时只能以图 9‑21 所示的"相当有效面积"为准），刚性环两侧有效管壁长度各为 $0.78\sqrt{r\delta}$；

δ——管壁厚度；

r——水管中心至管壁中心的距离。

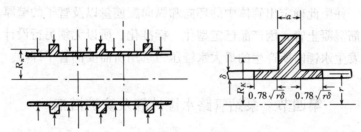

图 9‑21 压力钢管刚性环

2. 钢管结构计算

泵站的出水钢管一般都是一端固定于镇墩内，另一端自由悬臂在伸缩接头外，中间支承在数个间距相等的鞍形支墩上，如前图 9‑2 所示。所以可把水管简化为一个一端固定另一端悬臂的连续梁。其结构简图，如图 9‑22 所示。管所受外力有以下几项。

（1）管路在内水压力作用下，在管路纵截面上产生切向拉应力，方向与半径垂直。

（2）在管重和水重作用下，管路产生弯矩和切力。由此在垂直于圆管的横剖面上将产生管轴方向的正应力和沿管壁相切应力。

图 9‑22 出水管受力示意图

（3）沿管路长度方向，因外荷载作用使管道产生轴向拉力或压力，由此而在管路的横断面上产生拉、压应力，以压应力为最不利荷载。

（4）在内水压力作用下，沿管路半径方向产生压应力，在管内壁压应力最大，渐变到外壁为零。

这里规定拉力而由此产生的拉应力为正，而压力和由此产生的压应力为负。并设坐标轴为：沿管路长度方向即轴向为 X 轴，沿管壁切线方向（即垂直于半径方向）为 Z 轴，沿圆管的半径方向为 Y 轴。

钢管受力属三向应力状态，分别计算出支墩处、固定端以及两支墩跨中三个断面的 σ_x、σ_z、σ_y，可按第三强度理论进行校核。先按下式分别求出三个断面的三个主应力 σ_1、σ_2、σ_3，而任何一个主应力均不得超过安全允许应力 $[\sigma]$。即

$$\sigma_1 = \sqrt{(\sigma_z - \sigma_y)^2 + 4\tau_{yz}^2} \qquad (9-16)$$

$$\sigma_2 = \sqrt{(\sigma_x - \sigma_z)^2 + 4\tau_{zx}^2} \qquad (9-17)$$

$$\sigma_3 = \sqrt{(\sigma_x - \sigma_y)^2 + 4\tau_{yx}^2} \qquad (9-18)$$

式中　τ——管子的切应力。

（二）钢筋混凝土管

对于现浇的钢筋混凝土管，可根据管路的内径、工作最大压力、埋土深度和地面荷载以及管子制造、运输等条件，分别按横向（垂直于管轴线的环向结构）和纵向（整个管道结构）进行计算。并由此确定出管体中的环向和纵向配筋量以及管子的壁厚。

对预应力钢筋混凝土管，因产品已定型化、标准化，所以无须另行设计。只要根据泵站事故停泵管内发生水锤时所产生的最大水锤压力选用所需要的管子即可。

第四节　泵站管路水锤计算及防护措施

由于压力管路中流速的突然变化，引起管中水流压力急剧上升或降低的现象称为水锤或水击。水流是具有惯性的，在泵站中，当水泵突然启动、停止或为调节流量而起用阀门，都将使水流速度发生变化而产生惯性力，惯性力的大小等于水流质量 m 与加速度 $\dfrac{dv}{dt}$ 的乘积，方向与加速度方向相反。在出水管路中，这个惯性力就表现为水锤压力。

泵站水锤有启动水锤、关阀水锤和停泵水锤。一般启动水锤不大，只是空管情况下，当管中空气不能及时排出而被压缩时才会加剧水流压力的变化。关阀水锤在正常操作时不会引起过大的水锤压力。而由于突然停电或误操作造成的事故停泵所产生的停泵水锤往往数值较大，一般可达正常压力的 1.5～4 倍或更大，破坏性强，常造成意外损失，所以对停泵水锤必须进行认真分析，并作出较精确的计算，以便采取必要的防护措施。

一、停泵水锤分析

在抽水装置系统中，泵的特性即作为管路起始一端的边界条件，现在我们分析一下管路不设逆止阀，管路出口也不设拍门，当事故停泵，泵失去驱动力，泵出水侧闸阀无法及时关闭，管路内水倒流时的水锤过程（或称水力过渡过程），如图 9-23 所示。

（1）水泵工况：停电后，水泵和管中水流由于惯性继续沿原方向运动，但其速度逐步减小，泵出口 A 点压力降低，直至水流速度由 v_0 变为零为止，这一阶段称为"水泵工况"。

（2）制动工况：瞬态静止的水，由于受动水头或静水头作用，开始倒流，回冲水流对仍在正转的水泵起制动作用，泵转速降低，直至转速为零。因泵中正转叶轮对倒流水有阻力，则泵出口 A 点处的压力上升。

（3）水轮机工况：随着倒泄水流的加大，水泵开始反转并逐渐加速，由于静水头压力的恢复，泵中水压力也不断升高，倒泄流量很快达最大值，倒转速度也因此而迅速上升。

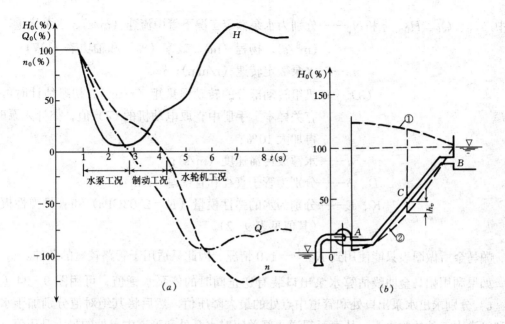

图 9-23　无逆止阀时水泵出口水力过渡现象

（a）无逆止阀时水泵出口处水力过渡过程线；（b）管路沿程最大、最小压力分布曲线

①—最高压力线；②—最低压力线

但随着叶轮转速的升高，它作用于水的离心力也越大，阻止水流下泄，使倒泄流量有所减少，从而引起管中正压水锤值继续上升并增至最大，相应的转速也达最大值。随后由于倒泄流量继续减小，作用于叶轮的流量相应减小，因而使转速略有降低，最后在稳定的出水池静水头作用下，机组以恒定的转速和流量稳定运行，此时机组的输出转矩 $M=0$。相应这时的稳定转速叫飞逸转速，从机组开始反转至达到飞逸转速叫水轮机工况。

图 9-23 示出了事故停泵，发生水击，管路不设逆止阀时，泵出口处的水力过渡过程线和管路最大、最小压力分布曲线。

二、事故停泵水锤计算

停泵水锤计算方法，目前在大、中型泵站特别是高扬程长管路泵站中，常用的有简易计算法和特征线解法，说明如下。

（一）简易计算法

下面介绍生产中应用较广的美国工程师 J. 帕马金提出的一组图解曲线如图 9-24 所示。其图解方法是先求出两个参数 2ρ 和横坐标 $K\dfrac{2L}{a}$ 值后，即可在曲线的坐标上查出所需的数据。其中

$$2\rho = \frac{av_0}{gH_0} \tag{9-19}$$

$$K = 1.79 \times 10^3 \frac{Q_0 H_0}{GD^2 \eta n_0^2} = \frac{182.5 N_0}{GD^2 n_0^2} \tag{9-20}$$

$$a = \frac{1425}{\sqrt{1 + \dfrac{K}{E}\dfrac{D}{\delta}}} \tag{9-21}$$

式中　v_0、Q_0、H_0、η 和 N_0——分别为水泵额定工况下管中流速（m/s）、水泵流量（m³/s）、扬程（m）、效率（%）和轴功率（kW）；

n_0——水泵额定转速（r/min）；

GD^2——机组转动部分的转动惯量矩（t·m²），初略估计时可从有关样本、手册中查取电动机的 GD^2 值，如计入泵时，再加大 10%；

a——水锤波传播速度（m/s）；

D、δ——分别为管子直径和管壁厚（mm）；

K、E——分别为水的弹性模量（$K = 2.03\text{GPa}$）和管材弹性模量（其值见表 9-2）。

帕马金所做图表只能使用到 $K\dfrac{2L}{a} = 1.0$ 情况，因此只适用于管路较短的条件。

如果利用帕马金曲线估算水泵出口装有逆止阀时的停泵水锤值，可用图 9-24（a）和（c）分别求出水泵出口处和管道中点处的最大降压值，然后将其绝对值分别加于水泵处和管道中点处的静水头，从而可得逆止阀关闭时水泵处和管道中点处的最大升压值。

表 9-2　　　　　　　　　　　　管壁材料的弹性模量

管　材	铸铁管	钢　管	钢筋混凝土管	石棉水泥管	木　管
E（GPa）	90	210	21	33	7.0

（二）水锤特征线电算解法

水锤特征线电算原理如图 9-25 所示，如果在 t_0 时刻分别在 A 点和 B 点生成或传出一正向水锤波和反向水锤波，经 Δt 时段后到达 P 点，传播速度为 a。如令 A、B 两断面在 t_0 时刻的流量和水头分别为 Q_A、H_A 和 Q_B、H_B，P 断面在 $t_0 + \Delta t$ 时刻为 Q_p 和 H_p，那么可用差分形式表示 A、P 两断面流量和水头变化关系式为

$$(Q_P - Q_A) + \frac{gA}{a}(H_P - H_A) + \frac{f\Delta t}{2DA}Q_A \mid Q_A \mid = 0 \tag{9-22}$$

同理 B、P 两断面流量、水头变化关系式为

$$(Q_P - Q_B) - \frac{gA}{a}(H_P - H_B) + \frac{f\Delta t}{2DA}Q_B \mid Q_B \mid = 0 \tag{9-23}$$

式中　D、A、f——分别为管径（m）、管路断面积（m²）和摩阻系数。

令

$$C_P = Q_A + C_a H_A - C_f Q_A \mid Q_A \mid \tag{9-24}$$

$$C_n = Q_B - C_a H_B - C_f Q_B \mid Q_B \mid \tag{9-25}$$

其中 $\left(C_a = \dfrac{gA}{a}、C_f = \dfrac{f\Delta t}{2DA}\right)$，上两式可简化为如下正负特征方程

$$Q_P = C_P - C_a H_P \tag{9-26}$$

$$Q_P = C_n + C_a H_P \tag{9-27}$$

如果沿管长任意两点 A 和 B 在 t_0 时刻的流量和水头值已知，即可据方程（9-26）和式（9-27）求出 P 点在 $t_0 + \Delta t$ 时刻的流量和水头值为

$$Q_P = 0.5(C_P + C_n) \tag{9-28}$$

$$H_P = \frac{(C_P - Q_P)}{C_a} \tag{9-29}$$

如果把整个管长等分成若干长为 Δx 段，并求出每段长所需时间 $\Delta t = \dfrac{\Delta x}{a}$，则可根据

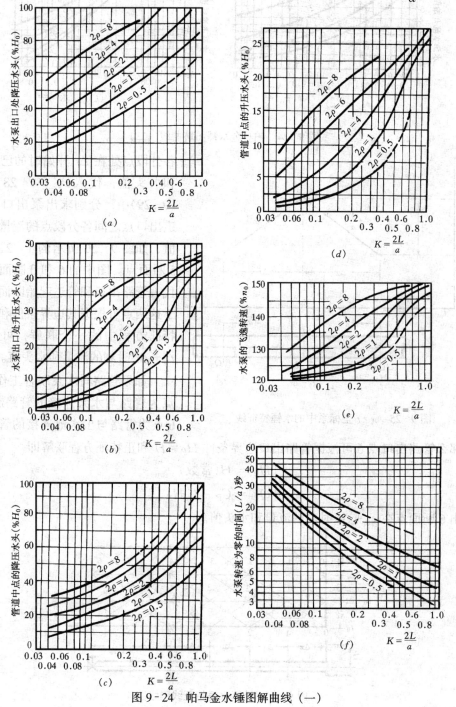

图 9-24 帕马金水锤图解曲线（一）

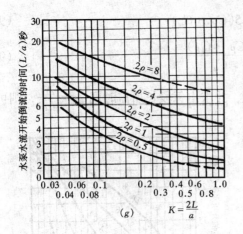

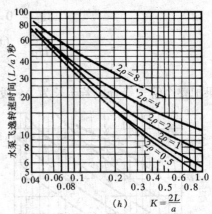

图 9‒24　帕马金水锤图解曲线（二）

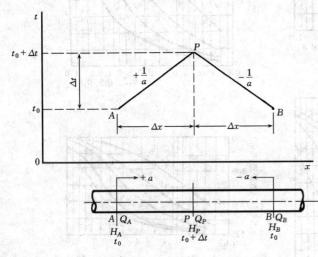

图 9‒25　x‒t 坐标系中的水锤特征线

各分段点处在 Δt 开始时的已知流量和水头值，代入式（9‒28）和式（9‒29)中，分别求出泵出口点与管道出口点之间各分段点的流量和水头值，如图 9‒26 所示的 1、2、3、4、5 断面点。图中的 6 和 0 断面点分别代表管路出口和管道起始断面点。对于这两点可根据其边界条件和以上两特征方程中的一个联解，可求出在 $t_0 + \Delta t$ 时刻的流量和水头值。

如果管路与水泵联合工作，设 0 点为管路与水泵连接的管路起始点，6 点为管路与出水池连接的管路出口端，那么管路出口点 6 可根据管路出口边界条件 $H_P = H$ 和正特征方程联解即

$$\begin{cases} H_P = H（常数） \\ Q_P = C_P - C_a H_P \end{cases}$$

可求出 6 断面点在 $t_0 + \Delta t$ 时刻的流量和水头值。

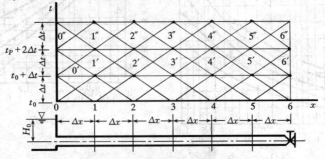

图 9‒26　计算水锤特征线网络图

水泵出口断面点 0（管路起始断面）的边界条件：

对于水泵出口断面点 0 必须根据负特征方程和水泵有关边界方程等联解。下面主要介绍水泵出口不装逆止阀，允许水倒流情况下的有关边界方程。

（1）水泵有关参数的边界方程。事故停泵后的水泵扬程、流量、转速、转矩之间的关系一般以相对值在泵全特性曲线中反映出。如要用电算法求解，须将曲线数据，将各参数之间的关系制成表格后存储于计算机中。

根据泵的相似理论，当相似工况时，水泵参数之间关系表示为

$$h/(\alpha^2 + q^2) = \text{Const}.$$

$$\theta = \text{tg}^{-1}\frac{\alpha}{q} = \text{Const}.$$

式中　$h = H/H_R$；$\alpha = n/n_R$；$q = \nu = Q/Q_R$（脚注 R 表示泵的额定工作参数值）。

据此可将以 q-α 为坐标的全特性曲线中等 h 曲线用 θ 和 $h/(\alpha^2 + q^2)$ 重新绘制，即首先将全特性曲线坐标 $0° \sim 360°$ 等分，在每一分角线上任找一点〔根据相似原理，每一分角线上所有点的 $h/(\alpha^2 + q^2)$ 值均相等〕，查出该点的 q、α 和 h 值，并计算出 $h/(\alpha^2 + q^2)$ 值。每给一 θ 值，就有 $-h/(\alpha^2 + q^2)$ 与之对应，这样可得到若干组 θ 和 $h/(\alpha^2 + q^2)$ 值。如果以 θ 为横坐标，$h/(\alpha^2 + q^2)$ 为纵坐标，即可在坐标纸上点绘出如图 9-27 所示的 $\theta - h/(\alpha^2 + q^2)$ 关系曲线。也可将得到的若干组 θ 和 $h/(\alpha^2 + q^2)$ 值，列于表中，并存储于电子计算机中。

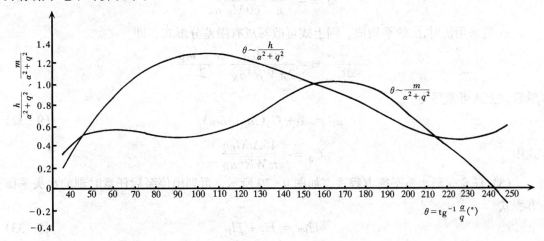

图 9-27　水泵全特性曲线（转换后），$n_s = 110$

如果等分角线足够多，即图 9-27 的横坐标 θ 的分点间隔足够小（例如 $5°$ 一个间隔），则两点之间的曲线可近似的视为直线，如图 9-28 所示。如令 θ_i 和 θ_{i+1} 为坐标间隔相邻两点的角度，$h_i/(\alpha_i^2 + q_i^2)$ 和 $h_{i+1}/(\alpha_{i+1}^2 + q_{i+1}^2)$ 为其对应的纵坐标值，这些值均为已知。故图中直线 AB 的截距和斜率可计算出，分别设为 b_1 和 a_1。这样如在直线 AB 上有一点 P，那么 P 点的坐标必然满足以下方程式

$$h_P/(\alpha_P^2 + q_P^2) = b_1 + a_1\theta_P \tag{9-30}$$

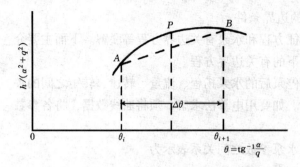

图 9-28 $\theta \sim h/(\alpha^2 + q^2)$ 曲线用直线代替示意图

式中 $\theta_p = \mathrm{tg}^{-1}\dfrac{\alpha_P}{q_P}$。

上式也就是事故停泵后，任意时刻水泵扬程与流量、转速之间的关系式。

用同样方法，可将水泵全特性曲线中的等转矩曲线 m（$= M/M_R$）转换成 $\theta \sim m/(\alpha^2 + q^2)$ 关系曲线，或将求解得到的若干组 θ 和 $m/(\alpha^2 + q^2)$ 值列成表格形式后将其储存于计算机中，同样可得出事故停泵后任一时刻水泵转矩与流量和转速关系式为

$$m_P/(\alpha_P^2 + q_P^2) = b_2 + a_2\theta_P \tag{9-31}$$

式中 b_2、a_2——分别为转矩直线的截距和斜率。

（2）水泵机组惯性方程式。机组失去动力后，其转矩可用下式表示：

$$M = -\frac{\overline{WR^2}}{g}\frac{d\omega}{dt} = -\frac{\overline{WR^2}}{g}\frac{2\pi}{60}\frac{dn}{dt}$$

式中，$\overline{WR^2}$ 是包括电动机和水泵旋转部分的转动惯量矩（N·m²），ω 和 n 是泵的转速，单位是 r/min。上式若以相对值表示，则可写成

$$m = -\frac{\overline{WR^2}}{g}\frac{2\pi n_R}{60 M_R}\frac{d\alpha}{dt}$$

m 值采用历时 dt 的平均值，则上式可改写成有限差分形式，即

$$\frac{\alpha_P - \alpha}{\Delta t} = -\frac{60 M_R g}{2\pi \overline{WR^2} n_R}\frac{m + m_P}{2}$$

最后，上式可简写为

$$\alpha_P = \alpha + C_3(m + m_P) \tag{9-32}$$

式中

$$C_3 = -\frac{15\Delta t M_R g}{\pi \overline{WR^2} n_R}$$

（3）任意时刻水头平衡方程式。如图 9-29 所示，可列出停泵后任意时刻的水头平衡方程式

$$H_{P0} = H_s + H_P \tag{9-33}$$

式中 H_P——任意时刻末的水泵扬程（m）；

H_{P0}——任意时刻末的管路起始断面 0 处水头（m）。

（4）流量连续方程。任意时刻末，对于单机单管的抽水装置，水泵流量应等于管路起始断面 0 处的流量。即

$$Q_P = Q_{P0} \tag{9-34}$$

（5）管路起始断面负特征方程

$$Q_{P0} = C_n + C_a H_{P0} \tag{9-35}$$

联解方程式（9-30）、式（9-31）、式（9-32）、式（9-33）、式（9-34）和式（9-

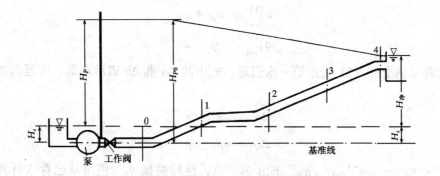

图 9-29 管端为泵的边界条件示意图

35），就可得出以下两个含 α_P 和 q_P 的方程式

$$F_1 = C_a H_R b_1(\alpha_P^2 + q_P^2) + C_a H_R a_1(\alpha_P^2 + q_P^2)\theta_P - Q_R q_P + C_n + C_a H_s = 0 \quad (9-36)$$

$$F_2 = \alpha_P - C_3 b_2(\alpha_P^2 + q_P^2) - C_3 a_2(\alpha_P^2 + q_P^2)\theta_P - \alpha - C_3 m = 0 \quad (9-37)$$

以上两方程是只有两个未知数的非线性方程式组，可用牛顿—莱福逊叠代法求出 α_P 和 q_P 值后，再代入其相应的公式中，求出其它有关参数值。

求解方法和步骤：

牛顿—莱福逊叠代法是一种试算求解法。设 α_P 和 q_P 为近似解，$d\alpha_P$ 和 dq_P 为其误差（预先可按需要规定误差精度，一般取 $d\alpha_P < 0.001$，$d\alpha_P < 0.001$）。那么 $\alpha_P + d\alpha_P$ 和 $q_P dq_P$ 就为其精确解。以上两方程可简写成如下的函数形式

$$F_1(\alpha_P + d\alpha_P, q_P + dq_P) = 0$$

$$F_2 = (\alpha_P + d\alpha_P, q_P + dq_P) = 0$$

将以上两函数按多元函数泰勒公式展开，并取其中线性项可得

$$F_1 + \frac{\partial F_1}{\partial \alpha_P} d\alpha_P + \frac{\partial F_1}{\partial q_P} dq_P = 0 \quad (9-38)$$

$$F_2 + \frac{\partial F_2}{\partial \alpha_P} d\alpha_P + \frac{\partial F_2}{\partial q_P} dq_P = 0 \quad (9-39)$$

联解以上两方程可得

$$d\alpha_P = \frac{F_2 \dfrac{\partial F_1}{\partial q_P} - F_1 \dfrac{\partial F_2}{\partial q_P}}{\dfrac{\partial F_1}{\partial \alpha_P} \dfrac{\partial F_2}{\partial q_P} - \dfrac{\partial F_1}{\partial q_P} \dfrac{\partial F_2}{\partial \alpha_P}} \quad (9-40)$$

$$dq_P = \frac{F_1 \dfrac{\partial F_2}{\partial \alpha_P} - F_2 \dfrac{\partial F_1}{\partial \alpha_P}}{\dfrac{\partial F_1}{\partial \alpha_P} \dfrac{\partial F_2}{\partial q_P} - \dfrac{\partial F_1}{\partial q_P} \dfrac{\partial F_2}{\partial \alpha_P}} \quad (9-41)$$

求解任意一时刻误差 $d\alpha_P$ 和 dq_P 以及相应的近似解 α_P 和 q_P 的具体方法和步骤如下。

假定计算过程已进行到 i 时段末，设 α_{P_i} 和 q_{P_i} 为该时段末已求得的已知值，现在要求 $i+1$ 时段末的 $\alpha_{P_{i+1}}$ 和 $q_{P_{i+1}}$ 值。此时可先假定一个值

$$\alpha_{P_{i+1}}^{(1)} = \alpha_{p_i} + \Delta\alpha$$

$$q_{P_{i+1}}^{(1)} = q_{p_i} + \Delta q$$

上式符号的上标（1）表示第一次假定，式中的 $\Delta\alpha$ 和 Δq 表示增量，可近似的取前一时段的。即

$$\Delta\alpha = \alpha_P - \alpha_{P_{i-1}}$$

$$\Delta q = q_P - q_{P_{i-1}}$$

据公式 $\theta_{P_{i+1}} = \tan^{-1}\alpha_{P_{i+1}}/q_{P_{i+1}}$ 求出 $\theta_{P_{i+1}}$ 值，然后根据 $\theta_{P_{i+1}}$ 值可从已存入计算机的数值表中查得所在间隔位置和与其相邻两点的 θ 和 $\theta + \Delta\theta$ 值。θ、$\theta + \Delta\theta$ 两点分别对应的 $h/(\alpha^2 + q^2)$ 与 $m/(\alpha^2 + q^2)$ 值也可从存储值中查得。由此可求得直线方程式（9-30）和式（9-31）中的 a_1、b_1、b_2、a_2 四个常数值，再根据方程（9-36）和式（9-37）求出 F_1、F_2 和其偏导数 $\partial F_1/\partial\alpha_P$、$\partial F_2/\partial\alpha_P$、$\partial F_1/\partial q_P$、$\partial F_2/\partial q_P$ 值，最后代入公式（9-40）和式（9-41）中，求出此时刻的 $d\alpha_P$ 和 dq_P 值。若 $d\alpha_P$ 和 dq_P 不满足预先规定的误差值范围，可再进行第二次试算。并设

$$\alpha_{P_{i+1}}^{(2)} = \alpha_{P_{i+1}}^{(1)} + \Delta\alpha$$

$$q_{P_{i+1}}^{(2)} = q_{P_{i+1}}^{(1)} + \Delta q$$

如此反复试算，直到求出的 $d\alpha_P$ 和 dq_P 小于预先规定的误差值为止，这时求出的 $\alpha_{P_{i+1}}$ 和 $q_{P_{i+1}}$ 值，即为 $i+1$ 时段末水泵的转速和流量值。将此值代入有关公式中，即可求出 m、H_{P0} 和 Q_{P0} 等值。至此，水泵和管路起始点在断电后 $i+1$ 时段末的有关参数值计算即告结束。然后再重复以上计算过程，继续求解下一时段末的有关参数值。

为了避免求解 $d\alpha_P$ 和 dq_P 时误差达不到规定要求而出现无限循环，电算时可采用计数语句加以限制，当循环次数超过规定时，计算暂时停止，经分析修改误差精度或增加循环次数后再投入运算。

图 9-30 是将上述计算过程作为一个子程序列出的电算框图。

在北方地区的一些高扬程、长管路的泵站中，为了防止事故停泵发生水锤时，机组倒转速度过大，管路增压过高，而在管路始端安装缓闭蝶阀，代替出水闸阀或逆止阀。对于这样的抽水装置，求解管路始端的压力和流量以及水泵的有关参数时，只需写出蝶阀水头损失公式即

$$\Delta h_P = \frac{\xi}{2gA_q^2}Q_p^2$$

或简写成

$$\Delta h_P = C_q Q_R^2 q_P |q_P| \tag{9-42}$$

式中 $C_q = \dfrac{\xi}{2gA_q^2}$。

其中 A_q 为蝶阀开度面积，ξ 为其相应开度的水力阻力系数。可从有关手册中查得或通过试验加以确定。

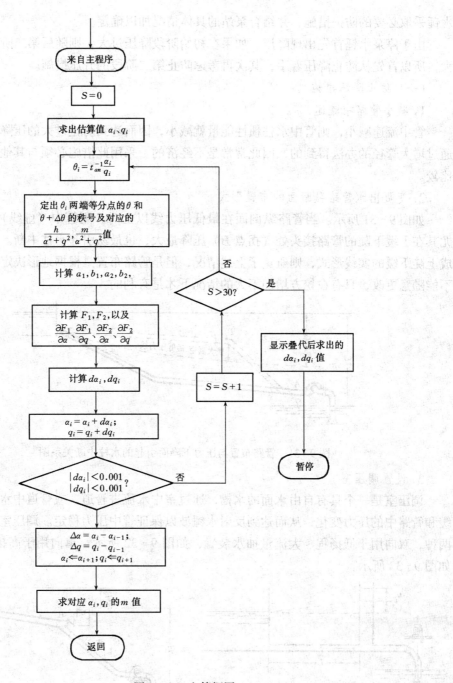

图 9-30 电算框图

同时将式（9-33）改写成 $H_{P0} = H_P + H_S - \Delta h_P$，将这两个方程与前述式（9-30）、式（9-31）、式（9-32）、式（9-34）、式（9-35）共七个方程联解，即可求得有关参数。

三、水锤防护措施

减小水锤对于降低管路造价和改善机组运行条件都有着很大的意义，因此必须对停泵水锤采取必要的防护措施，并结合泵站的具体情况加以确定。

由于停泵水锤首先出现降压，如果在初始阶段降压过大，则随后第二阶段的升压也较大，所以首先从防止降压着手，其次再考虑防止第二阶段的升压措施。

（一）防止降压措施

1.减小管路中流速

管中流速减小，则管中水柱惯性能量就减小，因而达到防止过大的压降，减小流速是通过增大管径的办法得到的，因此常常是不经济的。采用此措施必须与其他措施进行经济比较。

2.变更出水管路纵断面的布置形式

如图9-31所示。当管路纵剖面在最低压力线以上时，则管中（虚线）将出现负压，尤其在上缓下陡的管路接头处（拐点 B）压降最大，也最易引起水柱中断。若管路布置改成上陡下缓的实线形式，则避免了上述情况，但是管路布置是根据地形决定的，所以常常不能随意更改，只有在挖方增加不大的情况下才是有利的。

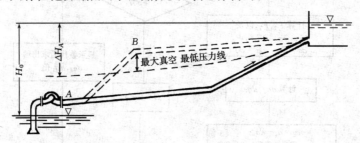

图9-31 管路布置与压力下降而引起的水柱中断关系图

3.设置调压室

调压室是一个具有自由水面的水槽，通过室中水流进管道，或管道中水流进调压室来缓和管路中的压力变化，从而达到反射水锤波以保证管中压力稳定。调压室有双向和单向两种，双向用于低扬程、大流量抽水装置，如图9-32所示；单向用于高扬程抽水装置，如图9-33所示。

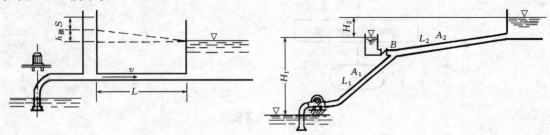

图9-32 具有双向调压室管路示意图　　　图9-33 具有单向调压室管路示意图

单向调压室是为了防止管路内产生水柱中断而设置的补水装置，因此它应设置在易于产生水柱中断的拐点 B 处。它由水槽，逆止阀、浮球、进水管和主水管等部分组成。如图9-34所示。当管中产生局部负压或水柱中断时，单向调压室的逆止阀被槽中水体推开，向负压处补压、向水柱中断处补水，从而达到防止管中压降过大或水柱中断，也避免了中断后的水柱重新弥合时产生较大的水锤压力上升。向主管补水后，由于槽中水位下降而浮球阀被打开，一俟主管内水压力恢复后，主管中压力水即通过打开的浮球阀向槽中补水，这时逆止阀由于主管恢复了原来的压力而关闭。当槽中水位达到所需值，浮球阀即关闭。

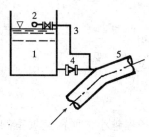

图 9-34　单向调压室

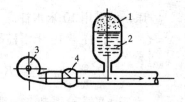

图 9-35　防止水锤的空气室
1—压缩空气；2—压力水；3—水泵；4—逆止阀

单向调压室的最小有效容积，通常可根据下述公式确定。

如图 9-33 所示，视管内水柱为刚体，不考虑水头损失，则在事故停泵时，L_1 管段内流量从 Q_0 变为 0 的时间（即水柱惯性时间）为

$$t_1 = \frac{L_1 Q_0}{A_1 g H_1}$$

L_2 管段内的流量从 Q_0 变到 0 的时间为

$$t_2 = \frac{L_2 Q_0}{A_2 g H_2}$$

因在 t_1 和 t_2 时段内的平均流量为 $\frac{0 + Q_0}{2} = \frac{Q_0}{2}$，则 $\frac{Q_0}{2}$（$t_2 - t_1$）即为水柱中断后管道内产生的空容积。这个容积也就是水槽的最小有效容积。

式中 H_1、H_2 分别为前池水位至调压室水位高差和调压室水位至出水池水位高差。

这种单向调压室比双向调压室容积小，通常比较经济。但是这种调压室只对管路中低于水槽水位的局部有效，所以当水管较长，可能几处产生水柱中断时，应同时设置几个单向调压室，这时就有必要与双向调压室进行经济比较决定。

4. 设置空气室

在紧接逆止阀出水侧的管路上，安装一钢制密闭圆筒，上部为压缩空气，下部存水和管路压力水流相通，如图 9-35 所示。当管中压力降低时，上部压缩空气把室中存水压入管路中，从而防止了降压过大。当管中增压时，水又进入室中将空气压缩，减缓了对逆止阀瓣的冲击，因而使升压降低。空气室最小有效容积确定方法如下。

根据等温条件下的气体方程式，对空气室可写出下列方程

$$H_a C_a = HC$$

或
$$C = C_a \frac{H_a}{H} \tag{9-43}$$

式中　C——空气室上部气体容积（m^3）；

C_a——空气室上部气体容积 C 与管中水柱中断后所空出的容积 ΔC 之和，即 $C_a = C + \Delta C$（ΔC 可用上述求水箱容积的方法确定）；

H——正常运行时，室中上部空气压力，一般可令其等于水泵正常运行时的扬程（单位用绝对压力米水柱高）；

H_a——室中因填补管路空间水面下降后的上部空气压力，为了保证管中不产生负压，可采用 10 米水柱高（绝对压力）。

将 $C_a = C + \Delta C$，$H_a = 10$ 米水柱高代入上式并整理得

$$C = K \frac{\Delta C H_a}{H - H_a} = K \frac{10 \Delta C}{H - 10} \qquad (9\text{-}44)$$

式中 K——大于 1 的安全系数，一般采用 $K = 1.25$。

从上式可以看出，断离的空腔容积越大，水泵工作扬程越小，所需空气室的容积也越大。因此这种设备适用于高扬程、小流量的泵站。

（二）防止升压措施

1. 装设水锤消除器

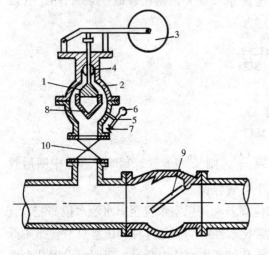

图 9-36 下开式水锤消除器

1—阀瓣；2—上密合圈；3—重锤；4—排水口；
5—三通；6—压力表；7—放气门；8—分水锥；
9—逆止阀；10—截流阀

水锤消除器是一个具有一定泄水能力的安全阀，它安装在逆止阀的出水侧。当停泵后管中形成降压或升压水锤波时，阀门打开，将管中一部分高压水泄走。从而达到减弱增压，保护管路的目的。

目前采用的水锤消除器有下开式和上开式两种。这里只介绍下开式水锤消除器。

下开式水锤消除器，即在降压作用下开启的水锤器，其结构和工作原理如图 9-36所示。

当管路正常工作时，管内工作压力作用在阀板上的上托力大于阀体自重和重锤重力的下压力，阀板和密合圈相密合，消除器处于关闭状态。一旦事故停泵时，管内压力下降，托住阀板的上托力减小，由于重锤的下压，阀板迅速下落在分水锥内，水锤消除器打开。当回冲水流到达消除器时，可从其排水口放出一部分水量，从而减小了水锤压力。这种水锤消除器结构简单，动作可靠，开启迅速，并且不发生二次水锤，在使用中只要注意加强维护，效果较好。选择消除器时，其进口直径 d 可用下式估算

$$d = \frac{1.13 D \sqrt{v_0 - 0.005 H_1}}{\sqrt[4]{H_1}} \quad (\text{mm}) \qquad (9\text{-}45)$$

式中 D——主管路直径（mm）；

H_1——管路允许的水压值 (m)，可采用管子的试验压力；

v_0——管路正常流速 (m/s)。

当粗略选定时，可采用 $d = 0.25D$。

2．安装缓闭阀

缓闭阀就是当事故停泵时，通过相应的传动机构让逆止阀或其它类型的阀门按预定的程序和时间自动关闭。这样，既减弱了正压水锤，又可限制倒泄流量和倒转转数，是一种较好的水锤防护措施，有时还将其作为水泵主阀之用。缓闭阀型式较多，根据阀型分有：微阻缓闭式逆止阀、缓闭式蝶阀和缓闭式平板闸阀。现分述如下。

（1）微阻缓闭式止回阀，如图 9-37 所示，该阀安装在水泵出口处。当水泵开始运转，在水头压力推动下舌板开启，杠杆、平衡砣与舌板处于平衡状态，水头压力不再因克服舌板重力而过多损失，阀门内阻因而减小，节约了能源。在介质流入阀门的同时水压打开节流阀 8，顺利通过节流阀和输水导管进入活塞后部，推动活塞伸出至调定位置。当水泵突然停止运转，介质倒流带动舌板快速关闭至与活塞端部接触，活塞受压后退。因节流阀节流作用，使活塞后退速度缓慢，因而舌板得以缓慢关闭。关闭时间的延长，使水锤作用的峰值压力大幅度下降，达到了既止回又限锤的作用。

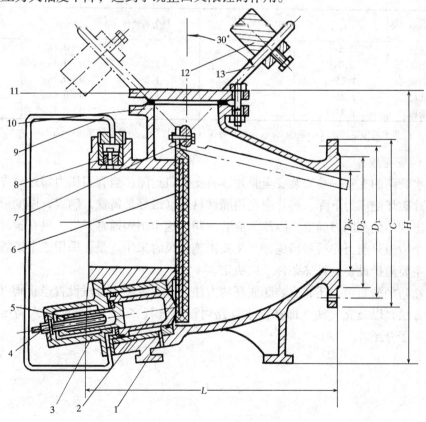

图 9-37　微阻缓闭止回阀示意图

1—呼吸孔；2—活塞；3—支架；4—螺杆；5—套管；6—舌板；7—轴；
8—节流阀；9—导管；10—阀体；11—阀盖；12—砣；13—杠杆

活塞伸出量一般情况调至全程 50% 左右，如果满足不了限制水锤作用的峰值，可以再行调节活塞伸出量，以调整缓闭时间。如果还满足不了，还可拆开节流阀调节流槽截面积来解决。一般情况不需要这样做。

（2）缓闭式蝶阀，这种阀门多用于扬程高、流量大的大型泵站。一般是利用油压传动机构带动蝶阀轴转动，从而完成阀的开启和关闭。前述第六章图 6-23 和图 6-24 是利用油压活塞完成阀轴传动的。大型缓闭蝶阀的关闭方式多采用二阶段法，快关阶段通常是利用连于阀轴另一端的重锤完成，即当事故停泵时，重锤迅速下落，阀轴带动阀板关闭过流面积的 70%～80%，剩余部分再由油压机构缓慢关闭。

3. 取消逆止阀

将抽水装置中的逆止阀取消后，在事故停泵时，由于管路中的水流可以经过水泵倒流泄水从而大大地降低其水锤增压值。因为采用这种措施无需装用任何其它水锤防护设备，所以能够简化设备，降低成本。判断能否采用这种方法的主要依据是反转最高和最低转速及时间。通常能够满足表 9-3 所列要求者，均可取消逆止阀（轴套与轴用内螺丝联结者，要注意泵轴与动力机轴的对中程度，每经倒转一次，均要检查轴套位置）。

表 9-3

电动机类型	n_{max}	允许历时 (min)	安全系数	n_{min}	允许历时 (min)
分激电动机	$1.5n_0$	2	1.2	$0\sim0.4n_0$	$1\sim1.5$
串激电动机	$3.0n_0$	2	1.2	$0\sim0.4n_0$	$1\sim1.5$
异步电动机	$1.25n_0$	2	1.2	$0\sim0.4n_0$	$1\sim1.5$
同步电动机	$1.25n_0$	2	1.2	$0\sim0.4n_0$	$1\sim1.5$
直流电动机	$1.25n_0$	2	1.2	$0\sim0.4n_0$	$1\sim1.5$

注 表中 n_0 为水泵额定转速 (r/min)；n_{max} 为最高转速 (r/min)；n_{min} 为最低转速 (r/min)。

4. 安装安全膜片

在出水管路的支管一端安装安全膜片，将支管口封闭，当管路压力超过允许的极限压力时，膜片破坏使压力下降。膜片应当用脆性材料（最好是铸铁）制成，厚度根据正常运行时可能出现的最高压力确定。膜片前应装闸阀，这个闸阀通常开启，只在膜片破坏后才关闭。这个措施只能当作后备措施，当主要措施失灵时采用。是否采用这个措施，应当根据管路和主要防护设备的具体条件予以决定。

在水锤防护措施中，还有安装膨胀环的方法。或在管路上分段设置逆止阀（即多级逆止阀）的方法，以及充气法（即在出水管路内设置气管在运行的同时充入高压空气）等等，在此不予介绍。

第十章 泵站运行的几个专门问题

本章就梯级泵站流量调节，泵站泥沙及泵站运行管理中的技术经济指标等问题作一分析和论述。

第一节 梯级泵站联合运行的流量调节

梯级泵站往往由于上、下级间流量配合不当发生弃水或断流等情况，导致运行失调，能源浪费，甚至造成事故。级间流量的调节是梯级泵站运行中的重要问题之一。

一、级间水量不平衡的原因

在泵站设计机组选型时，虽然已考虑了级间水量的配合，但一般多在设计工况下进行的。由于泵站流量受多种因素的影响，在运行过程中，泵站流量都在一定范围内变化，导致泵站间水量配合失调现象，其主要原因如下。

（1）提水灌区的需水量受降雨条件、经济条件以及作物组成、用水制度、灌水习惯等诸多因素影响，往往变幅较大，很难按设计的灌水率图行水，例如有的提灌区，渠道最小流量有时不到设计流量的十分之一，且流量经常出现锐增、锐减情况，因此要求泵站配水灵活、方便。

（2）水位变化：泵站进、出水池水位改变将引起泵站扬程的变化。从泵的工作特性可知，扬程高则流量小，反之则流量增大，特别是一级泵站多从江河直接取水，其进水池水位受江河水位变化的影响，所以泵站流量变幅也较大。

（3）水泵运行期的影响：泵站投入运行后，随着运行期的加长、设备的老化，以及水中泥沙磨损、泵的汽蚀、锈蚀等原因，对泵及管路过流部件表面磨蚀而变得粗糙，水泵密封环间隙增大，导致泵效率及整个泵站装置效率下降，泵的出水量也随之减小。

（4）泵并联效应的影响：梯级泵站大都采用多台泵并联安装。当泵并联运行时，单机出水流量是随着并联机组数的加多而递减，即所谓并联运行流量递减效应。泵站设计流量是指所有工作泵都运行时的流量，当不是所有并联泵都同时运行时，此时单泵出水流量将增大，并联运行水泵台数不同，单机的流量也不同。

（5）其它因素影响：如同型号规格的泵，因加工制造精度、安装质量、安置位置的不同，其性能也有一定差异；又如进水池水流的稳定性、有无旋涡、是否吸入空气以及水中泥沙含量这些随机因素对流量都有一定的影响。

综上所述可见，泵站投入运行后往往不在预定的设计工况运行，各泵站的出水量与设计值有一定差异，而且其差异大小随各泵站的具体情况而不同。如果前级泵站的出水量大于后级泵站的需水量，级间将产生壅水，反之，形成降水，甚至会使后一级泵站无法连续运行。

二、级间泵站流量平衡计算

梯级泵站由于扬程高，渠线长，泵站级数多，运行时供水系统、输水系统和配水系统紧密相连相互影响，各级泵站之间水量不易平衡，导致前池水位变化剧烈，渠中配水量不易稳定，使水量平衡成为一项非常细致而复杂的工作。现分两种情况对级间水量平衡问题作一论述。

（1）泵站级间无灌溉或供水任务的输水泵站，这时，级间的流量平衡关系可用下式表示

$$\Sigma Q_i = \Sigma Q_{(i-1)} - \Delta Q_s - \Delta Q \tag{10-1}$$

式中　ΣQ_i——第 i 级泵站运行机组的单机出水量之总和；

　$\Sigma Q_{(i-1)}$——第 $i-1$ 级泵站运行机组的单机出水量之总和；

　ΔQ_s——$i-1$ 至 i 级泵站间渠段输水损失流量（包括渗漏、蒸发等）；

　ΔQ——$i-1$ 至 i 级泵站间渠道和前池的调蓄流量，即需进行调节的流量。

或　　　　　　　　　$$\Delta Q = \Sigma Q_{(i-1)} - \Sigma Q_i - \Delta Q_s \tag{10-2}$$

如果渠道较短，ΔQ_s 可忽略，则

$$\Delta Q = \Sigma Q_{(i-1)} - \Sigma Q_i \tag{10-3}$$

即调蓄流量为前后级泵站总流量之差。

设调节前各站流量配合协调，前池水位基本稳定，如果由于某种原因，来水量增大，即 $\Sigma Q_{(i-1)} > \Sigma Q_i$（如图 10-1 所示），这时，$i$ 级泵站由于来水量大，前池水位从 t_1 时开始逐渐升高，当 t_2 时达到溢流水位或前池最高警戒水位时，为避免弃水，i 级站启动调节机组（或其他调节措施），如果调节机组的流量 $Q_t > \Delta Q$，则前池水位开始回落，即从时间 t_2 开始回落。

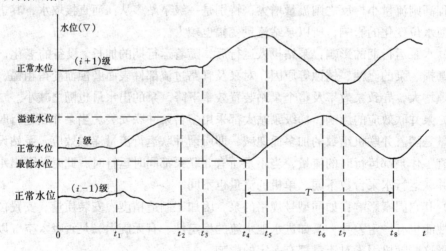

图 10-1　相邻泵站前池水位过程线

对 $i+1$ 级泵站，在 i 级站未启动调节机组前，设 $\Sigma Q_i \approx \Sigma Q_{(i+1)}$，或 ΣQ_i 稍大于 $\Sigma Q_{(i+1)}$，则前池水位基本不变或略有上升，当 i 级泵站调节机组运行后 $\Sigma Q_i + Q_i > \Sigma Q_{(i+1)}$ 则 $i+1$ 级泵站前池水位上升。这时后级泵站前池水位涨落与前级泵站相反。但两

站前池水位高低峰值出现的时间不同步，即后级泵站滞后一段时间。例如图 10-1 中两者的第一个落水和涨水的时差 $\Delta t = t_3 - t_2$，其中 Δt 即为 i 站输水至 $i+1$ 站所需的时间。此后，站间前池水位涨落即按这一规律不断循环。

由此可见，在 t_2 时若 i 级泵站不开动调节机组，势必溢流或淹没泵房，溢流流量即为调蓄流量。如果来水流量小，即 $\Sigma Q_{i-1} < \Sigma Q_i$，则 i 级泵站前池水量得不到补充，水位将下降而最终被迫停机。

设调节泵运行周期（即从停机至开机至下一次停机的所需时间）为 T，则一个周期的总调蓄水量为

$$V_1 = \Delta QT \tag{10-4}$$

从图 10-1 中的 t_2 时增开调节机组的流量为 Q_t，到 t_4 时抽完全部调蓄总水量后停机，即抽水总量为

$$V_2 = Q_t(t_4 - t_2) \tag{10-5}$$

因为有 $V_1 = V_2$，所以在未启动调节水泵前的调蓄流量 ΔQ 为

$$\Delta Q = \frac{t_4 - t_2}{T}Q_t = \frac{(t_8 - t_6)}{T}Q_t \tag{10-6}$$

启动调节水泵后，级间调蓄流量（即实际从 i 级泵站前池抽出的调蓄流量）为

$$\Delta Q_{(t_2 \sim t_4)} = Q_t - \Delta Q = Q_t - \frac{t_8 - t_6}{T}Q_t = \left(1 - \frac{t_8 - t_6}{T}\right)Q_t = \frac{(t_6 - t_4)}{T}Q_t \tag{10-7}$$

因调节泵的抽水流量 Q_t 大于原调蓄流量 ΔQ，所以 i 级泵站水位回落，$i+1$ 级泵站水位上升。同理再进行 $i+1$ 和 $i+2$ 级泵站间的流量调节计算，直至 $n-1$ 和 n 级，据此即可编制各级泵站水量调节的运行方案。

（2）上、下级泵站之间有供水或灌溉流量，则流量平衡方程式变为

$$\Sigma Q_i = \Sigma Q_{(i-1)} - \Sigma Q_g - \Delta Q_s - \Delta Q \tag{10-8}$$

式中　ΣQ_g——$i-1$ 至 i 级泵站间各灌溉支渠所需配水流量的总和，其它符号意义同前。

这时，前级泵站的来水量必须包括级间灌溉（或供水）所需流量，如灌溉配水流量固定不变，则仍利用调节泵进行级间前池水的调节，其调蓄流量计算方法与前者相同；如配水流量可变，则可利用增减配水渠的配水流量来进行上、下级泵站间的流量调节。

三、级间弃水的电能损失

在梯级泵站运行过程中，如因流量配合不当而形成溢流弃水，或某级泵站事故停机而其前级泵站仍在供水而造成弃水时，则将导致能量的损失。设 i 级泵站溢流弃水流量为 Q_y (m^3/h)，弃水时间为 t 小时，则弃水总量为

$$V = Q_y t \quad (m^3) \tag{10-9}$$

于是 $i-1$ 级泵站的电量损失为

$$E_{i-1} = N_{(i-1)} \frac{V}{Q_{(i-1)}} \quad (kW \cdot h)$$

式中　$N_{(i-1)}$——$i-1$ 级泵站单台机组动力机输入功率（kW）；

$\quad\quad Q_{(i-1)}$——$i-1$ 级泵站单机流量（m^3/h）。

在 $i-2$ 级泵站电量损失为

$$E_{i-2} = N_{(i-2)} \frac{V}{Q_{(i-2)}} \quad (\text{kW} \cdot \text{h})$$

第一级泵站电量损失为

$$E_1 = N_1 \frac{V}{Q_1} \quad (\text{kW} \cdot \text{h})$$

所以损失的总电量为

$$E_{\text{总}} = E_1 + E_2 + \cdots + E_{i-1} = \sum_{1}^{i-1} N \frac{V}{Q} \quad (\text{kW} \cdot \text{h}) \tag{10-10}$$

四、梯级泵站级间流量平衡措施

梯级泵站的运行,其前池水位最好控制在设计水位,以使泵运行在高效区内,但由于各种原因很难做到,所以只有采取调节措施,使前池水位保持在最高水位(溢流水位)和最低水位之间。一般有以下几种方法。

(1)采用开停调节水泵往上一级泵站供水或停止供水,以控制本站前池水位在最高和最低之间。但如果调节泵选配不当,导致开停频繁,不仅给运行管理带来不便,而且调节泵的控制闸阀也因频繁开关而易损坏,从图 10-1 可以看出,采用此法时曲线峰值越小,变化越平缓,调节泵运行周期 T 越长,调节效果越佳。

(2)采用调节配水渠进口闸门开度以改变配水量来稳定前池水位,这一方法主要用于级间有灌溉、供水情况的调节。它可保证泵站和渠道安全,但将导致配水量经常处于不稳定状态,调入水量大于所需水量时,仍会造成水浪费,如小于所需流量又影响灌溉效益。

(3)在出水管上安装回流管通入进水池。当前池水位低时开启回流管上的闸阀,使一部分水流回前池以减少泵的实际出水量,使前池水位升高;反之,关闭其闸阀,以降低前池水位。采用这种调节方法,将浪费一部分能量。但在同一运行期,如果所耗电费小于采用调节泵因频繁停开而损坏闸阀所需的维修更换费,则此种调节方法还是可行的,不仅设施简单,而且调节方便。

(4)闸阀调节。如果级间水量相差不大,可用管路上的闸阀开闭进行流量调节。此法一般来说是不经济的,因调节量有限,如果频繁启闭易于损坏。但此法简单方便,在小型泵和调节量不大的情况下亦可采用。

(5)转速调节。因泵的流量和其转速成正比,改变泵的转速以提高或减小其流量来稳定前池水位,这是一种最经济理想的级间流量调节方法。目前对电动直联中、大型机组,采用变速调节设备复杂,价格昂贵,还难以实现,但它是今后的发展方向。

第二节 泵站泥沙及防治

泵站水源含沙量大,不仅对水泵工作参数及正常运行具有显著影响,而且导致水泵的磨损及泵站进水口、引渠、前池、进水池和渠道的淤积,给泵站运行、维护和管理造成很大困难。泵站泥沙的防治,对节水、节能和提高泵站经济效益具有重要意义。下面介绍泵站泥沙特性及对泵及泵站的影响、危害和防治措施。

一、泥沙含量的表示方法

泵站泥沙是指通过泵站水流所含的悬移质泥沙。

(1) 含沙量 W_s：水流中含沙多少一般用含沙量表示。它是指每立方米体积的浑水中所含泥沙的质量（单位是 kg/m³）或重力（单位是 N/m³）。如我国黄河多年平均含沙量为 32.2kg/m³，最大含沙量可达 933kg/m³（黄河龙门水文站）。

(2) 含沙率（或称含沙浓度）ρ：即一立方米浑水中泥沙含量的百分比，计算公式为

$$\rho = \frac{W_s}{\gamma_\rho} \times 100\% \tag{10-11}$$

式中　γ_ρ——每立方米浑水的重量（力），或称浑水的重度（N/m³）。

浑水重度 γ_ρ 可根据含沙量 W_s 求出，计算式为

$$\gamma_\rho = W_s\left(1 - \frac{\gamma_w}{\gamma_s}\right) + \gamma_w \tag{10-12}$$

式中 γ_w、γ_s——分别为水和泥沙的重度，一般 $\gamma_w = 9800\text{N/m}^3$，$\gamma_s = (26000\sim26500)$ N/m³。

二、泥沙对水泵工作特性的影响

过泵含沙水流对泵特性具有显著影响。对离心泵，特性曲线变化如图 10-2 所示。可以看出 $Q\text{-}H$，$Q\text{-}\eta$ 曲线随含沙率 ρ 增大而下移，$Q\text{-}N$ 曲线则上移。

含沙水流属液固两相流，由于水质点和沙粒重度不同（$\gamma_s > \gamma_w$），在惯性离心力的影响下，固体颗粒将以比水质点为大的相对速度离开叶轮，这就使其绝对速度在圆周方向的分速减小，从而降低了扬程，泥沙浓度越高，颗粒越大扬程减得也越多。另外理论分析表明，悬浮在水中的固体不能吸收、贮存和转换，属于液体特有的压力。这是因为流体对壁面作用的压力，是自由运动的液体分子在有限空间碰撞边壁的结果，而固体分子在运动中由于受到分子内聚力的限制，不能保持和传递压力能，而只能由水泵通过水增加其动能和势能。在抽取含沙水时，由于水泵要把一部分能量通过水传给泥沙。这样，当抽压浑水时的总扬程就必然比抽清水时为低。

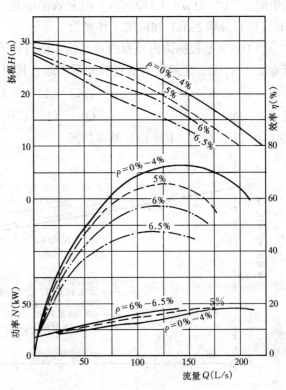

图 10-2　含沙水流水泵特性曲线（低浓度）

在叶轮流道中，由于槽道面积的变化，液流速度将不断变化，当液流加速时，由于惯

性，泥沙颗粒将出现滞后现象，当减速时，沙粒速度又大于水质点的流速，而在流道转弯处，由于离心力沙粒压向壁面，形成水沙分离趋向。因此在泵叶轮中，液体速度三角形发生变化，产生涡流、撞击等附加水力损失，导致水力 效率下降，扬程和流量的减小。同时由于泥沙的磨蚀，导致泵填料和密封环间隙加大，降低了容积效率，泥沙与叶轮轮盘的摩擦将使机械效率下降，所以水泵效率将随含沙量的增大而降低，这样又导致水泵轴功率的增加。

含沙量对泵工作参数的影响，根据陕西机械学院水泵实验室室内试验结果（对双吸式离心泵，$\rho \leqslant 0 \sim 15\%$时）得出下列关系式：

$$Q_\rho = (1 - 0.0185\rho)Q_0 \tag{10-13}$$

$$H_\rho = (1 - 0.0025\rho)H_0 \tag{10-14}$$

$$N_\rho = (1 + 0.003\rho)N_0 (\rho < 7\% \ \text{时}) \tag{10-15}$$

$$N_\rho = (0.85 + 0.022\rho)N_0 (8\% < \rho < 15\%) \tag{10-16}$$

$$\eta_\rho = (1 - 0.0143\rho)\eta_0 (\rho \leqslant 5\%) \tag{10-17}$$

$$\eta_\rho = (1.12 - 0.032\rho)\eta_0 (15\% > \rho > 5\%) \tag{10-18}$$

式中脚注"0"为$\rho = 0$（即清水）时泵效率最高点对应的泵工作参数，脚注ρ是含沙率为ρ时（以百分数表示）相应的工作参数。

图10-3是根据国内外室内及现场实测资料绘出的$K_q - \rho$关系图（$K_q = Q_\rho/Q_0$），可以看出，K_q和ρ之间基本呈直线关系，综合其测试结果可得：

$$K_q = (1 - 0.018\rho) \tag{10-19}$$

或

$$Q_\rho = (1 - 0.018\rho)Q_0 \tag{10-20}$$

式（10-20）与式（10-13）基本相同。

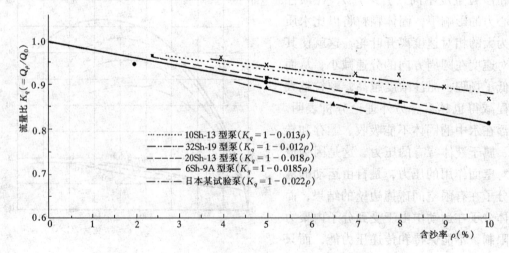

图 10-3 泵 ρ-K_q 关系比较

利用上列公式，当$\rho = 10\%$时，分别求得：

$$Q_{\rho=10\%} = 0.82Q_0，即流量减少 18\%；$$

$$N_{\rho=10\%} = 1.07N_0，即轴功率增大 7\%；$$

$$\eta_{\rho=10\%} = 0.8\eta_0，即效率下降 20\%。$$

综上所述，当水中含沙率 $\rho < 5\%$ 时，泥沙对泵工作参数影响很小，但当 $\rho = 10\%$，效率降低达 20%，所以从运行经济考虑，控制含沙量最好不超过 $5\% \sim 7\%$，最大不要超过 10%（此时含沙量约 106.6kg/m^3）。

三、泥沙对水泵的磨蚀

水泵的正常使用寿命一般可达 $20 \sim 30$ 年，但在含沙水流中运行，因磨蚀使其使用寿命大为缩短。

（一）泥沙磨蚀原因

泥沙对泵过流部件的磨蚀机理和磨蚀规律是一个较复杂的问题，国内外已进行了大量试验研究，一般认为泥沙磨蚀有如下 4 种原因。

（1）当有一定浓度、硬度和粒度的泥沙经过或绕流水泵过流部件时，产生冲磨力。具有棱角的沙粒，其尖角与金属表面接触面积很小，因而产生相当大的冲击力，在过流部件表面上形成微细的划痕，经泥沙反复作用就形成了宏观的沟槽，由于沙粒运动方向和水流方向基本一致，故划痕和沟槽也沿水流方向而形成。

（2）由于过流金属表面凸凹不平，含沙水流在凹陷处形成旋涡或折曲，沙粒对金属表面反复冲磨使壁面破坏。

由于以上两种原因，前者磨损形成条痕、沟槽，后者形成坑洼，两者的共同作用使过流表面呈鱼鳞状沟槽，如图 10-4 所示。

（3）如泵中有汽蚀现象，泥沙将加剧对部件的磨损，而含泥沙水又可促进泵汽蚀的发生，两者共同作用，使过流部件加速磨蚀，泵过流部件的损坏往往是泥沙和汽蚀共同作用的结果。

图 10-4　离心泵叶轮与口环磨损情况

（4）从理论上说，因泵过流部件是按清水设计的，用以抽取属于两相流的浑水，其水流特性将有所不同，将加剧泵中水流紊乱、涡流和冲击，导致泥沙磨损。

（二）泥沙磨损强度分析

泥沙对部件表面的磨损强度 J 一般可用单位时间内被磨损部件失去的重量（简称失重）表示，即

$$J = \frac{\Delta G}{t} \tag{10-21}$$

式中　ΔG——运行时间为 t 时的部件被磨损的重量。

磨损量的大小和水泵本身特性（如泵的转速 n、扬程 H、运行时数、过流部件硬度、光洁度等）及泥沙特性（如含沙率 ρ、粒径 d、硬度和沙粒形状等）有关。

1. 水泵特性的影响

（1）水泵转速与磨损量的关系。沙粒对绕流物体所产生的冲击动能可用下式计算。

$$E_v = \rho_s \frac{\pi d^3}{6} \frac{w^2}{2} \tag{10-22}$$

式中　d、ρ_s——沙粒平均粒径和密度；

　　　　w——沙粒在泵中流动的相对速度。

即沙粒的冲击力与流速的平方成比例，但对于含沙水流中的沙粒群体情况，当流速增加时，水流中的单体沙粒速度也同时增大，会使单位时间内冲击绕流体表面的沙粒数量成正比的增加。因此，从理论上说，含沙水流的冲击力与沙粒流速的三次方成正比。从水泵理论知，相对速度 w 与叶轮圆周速度 u 成正比，而 u 又和泵的转速 n 成正比，即 $w \propto u \propto n$，所以沙粒冲击力与泵转速 n 的三次方成正比。

根据大量水力机械磨损试验，得出磨损强度 J 与泵转速的关系为

$$J \propto n^{2.5 \sim 3.2} \tag{10-23}$$

（2）水泵扬程 H 与磨损关系。由前式（2-33）知，$H = K_H D_2^2 n^2$，因此 $n \propto H^{0.5}$，故从式（10-23）可得

$$J \propto H^{1.25 \sim 1.6} \tag{10-24}$$

如果采用 $J \propto n^3$，则得 J 与 n 和 H 的关系为

$$J \propto Hn$$

可见，为减小磨损应尽量降低泵的扬程和转速，根据国外试验资料建议：

$$\frac{Hn}{1000} < 45 \tag{10-25}$$

式中 H 的单位为"m"，n 的单位为 r/min。

（3）水泵运行时数与磨损关系。因磨损量与冲击表面的沙粒数目成正比，因而也应与冲磨时间，即与泵运行时间成正比。

（4）磨损量与材料硬度关系。一般说，材料硬度越高，抗磨能力越强，其磨损量与金属材料硬度的平方根成反比，即

$$\Delta G \propto \frac{1}{\sqrt{E}} \tag{10-26}$$

式中 E——材料的莫式硬度。

2. 泥沙特性对磨损强度的影响

（1）含沙量与磨损量的关系。泥沙浓度是影响泵磨损的重要因素，水中含沙量越大，说明有更多的沙粒参于对过流部件的磨损，因此在一定范围内，含沙量增多将使泵泥沙磨损强度增加，即过流部件的磨损强度 J 与含沙量 W_s 的一次方成正比。但实际上，当水中含沙量较大时，沙粒间相互碰撞的机会增多，因而实际冲击壁面的沙粒数目和能量相应减小，导致磨损强度的下降，这种现象称之为沙粒的"屏壁作用"，所以在实际中，材料磨损强度与含沙量之间的关系式为

$$J = K_s W_s^m \qquad (10\text{-}27)$$

式中 K_s——单位含沙量的磨损强度；

m——为小于 1 的指数（理论值 $m=1$）。

例如我国山西夹马口泵站，从黄河取水，1975～1976 年度泵密封环磨损实测，当汛期水中含沙量为 34.3kg/m^3 时，密封环磨损强度为 18.2g/h，而在非汛期，$W_s = 4～6\text{kg/m}^3$ 时，$J=3\text{g/h}$，据此可求出密封环磨损强度和含沙量的关系式为

$$J = 0.665 W_s^{0.936} \quad (\text{g/h}) \qquad (10\text{-}28)$$

另外，我国原水利电力部第十一工程局对几种钢材所作的磨损试验得出 $m-0.62-0.8$ 之间。根据国外有关试验当 $\rho = （3～15）\%$ 时，$m=0.82$。

综上所述，当估算由于含沙量而引起的磨损强度时可采用：$m=0.6～0.9$，取平均值 $m=0.75$，即

$$J = K_s W_s^{0.75} \qquad (10\text{-}29)$$

又根据有关试验认为，当 $\rho < 4\%$ 时，泥沙磨损轻微。因此为防止磨损，含沙率 $\rho < （4～5）\%$ 为好。

（2）沙粒粒径与磨损的关系。粒径对磨损影响较大，由于沙粒形状不规则，所以一般以所谓等容粒径区分其大小，即假定任意形状沙粒的体积等于具有直径为 d 的圆球体积，即

$$d = \left(\frac{6V}{\pi}\right)^{1/3} \qquad (10\text{-}30)$$

式中 d——沙粒的等容粒径；

V——泥沙颗粒的体积，可根据其重量和重度求出。

在含沙水流中，沙粒以不同粒径的群体形式出现，为判别群体沙粒中粒径组成状态，可进行颗粒分析绘出粒径级配曲线，并以其中值粒径 d_{50} 来表征含沙水流中的粒径组成状态，如我国黄河沙粒的中值粒径 $d_{50}=0.0525\text{mm}$（龙门水文站 1972 年资料）。

一般而言，粒径小泥沙磨损较轻，反之则磨损加剧，根据苏联 В.Б 杜里聂夫的试验为

$$J \propto d^{3/4} \qquad (10\text{-}31)$$

但由于含沙水为固液两相流，随着沙粒的增大，水流挟沙能力降低，沙粒本身的运动速度减小，因而其冲击动能下降，导致磨损量的下降。在某一小粒径范围内，材料的磨损

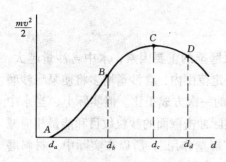

图 10‑5　粒径 d 与磨损动能
$mv^2/2$ 的关系示意图

动能 $m \cdot \dfrac{v^2}{2}$（m 为沙粒的质量）将随粒径增大而直线上升，如图 10‑5 所示的 AB 段，当粒径再增大，磨损动能减小，曲线变成平缓的 BC 段，当粒径继续增大到 d_c，动能达最大值，这时的粒径称饱和粒径。当粒径再增大，动能下降，磨损也显著下降。值得注意的是，当粒径过小，因其质量小所以冲击动能小，将不足以造成材料的破坏，只有当粒经增大到一定程度（如图 10‑5 中的 d_a）才会形成足够的动能而造成磨损。这一粒径称不产生磨损的临界粒径。根据国内外有关资料认为：当 $d_a <$（$0.03 \sim$ 0.04）mm 时，不产生磨损，当 $0.04 \leqslant d_a \leqslant 0.6$mm 时，磨损随粒径增大而急剧上升，当 $d_a > 0.6$mm，磨损增大不显著。但也有人建议采用 $d_a = 0.05$mm 或 $0.05 \sim 0.1$mm 作为临界粒径，提法不一，值得继续研讨。

（3）泥沙硬度及形状与磨损的关系。一般认为，当沙粒硬度大于金属材料硬度时，产生磨损，否则不产生，仅磨成光滑的表面。天然河流中的泥沙，多含有石英、长石、花岗岩成分，硬度很高，如石英的莫式硬度为 7，但一般钢的硬度为 $4 \sim 5$，将产生严重磨损，有关试验表明，磨损强度与泥沙矿物成分硬度 E_s 成正比，即

$$J \infty E_s \tag{10‑32}$$

关于沙粒形状对磨损的影响，一般认为：圆形、棱角形、尖角形的磨损能力为 1:2:3。

（三）泥沙磨损量的估算

从上述泥沙磨损强度分析可见：

（1）当泥沙特性一定时，水泵磨损量与泵有关参数间的关系可写成下列表达式

$$\Delta G \infty \frac{1}{\sqrt{E}} HnT \infty \frac{1}{\sqrt{E}} n^3 T \tag{10‑33}$$

（2）当水泵特性一定时，泥沙对水泵磨损量可写成

$$\Delta G \infty E_s (\rho d)^{0.75} T \tag{10‑34}$$

（3）综合式（10‑33）和（10‑34）可得泥沙对水泵磨损量的一般表达式为

$$\Delta G = K_s \frac{E_s}{\sqrt{E}} (\rho d)^{0.75} n^3 T \tag{10‑35}$$

式中　K_s——其它因素影响的待定系数。

根据原水利电力部第十一工程局对 30 号钢材现场磨损试验曾得出如下经验公式

$$J_h = 0.558 \times 10^{-9} w^3 W_s^{0.65} \tag{10‑36}$$

式中　J_h——磨损强度，指单位时间磨损深度（cm/h）；

　　　　w——含沙水流的相对流速（m/s）；

　　　　W_s——含沙量（kg/m³）。

对轴流泵，因扬程低，其磨损量主要取决于转速 n 和含沙量 ρ，即

$$\Delta G = K'_s \rho^{0.65} nT \qquad (10-37)$$

即磨损量与转速的一次方成比例，经实际磨损资料初步分析，上式和实际基本相符。

四、水泵的抗磨损措施

水泵抗泥沙磨损的措施，除在理论上探讨用两相流理论设计水泵外，主要有：一是提高过流部件抗磨性能；二是对过流部件表面进行喷涂材料抗磨。

（一）提高水泵材质的抗磨性能

提高水泵材质的抗磨性能是解决泥沙磨损的一项根本措施。对用途极为广泛的水泵，其部件大都采用铸铁制成，普通铸铁的抗泥沙磨损很差，磨蚀快，寿命短，为了寻求抗磨性能较好的材料，国内外曾作了很多抗磨试验，在金属材料中不锈钢耐磨蚀性能较好，但价格高，不易推广应用，其它耐磨材料还有球墨铸铁和含锰、铜的铸铁等。我国生产的SP 型砂泵中，采用 1 号和 2 号耐磨铸铁，其耐磨性较一般铸铁提高 4.2~13 倍。

在非金属材料中，有增强塑料，它不仅耐磨而且壁面光滑、质量轻，目前已开始应用于水泵制造中，是今后发展的重要方向；除此，金属陶瓷、铸石等耐磨蚀的新型材料也在泵制造业中研制；另外耐磨橡胶，如氯丁橡胶 C·R，天然橡胶 N·R 等，可做为泵壳里衬，或喷覆于叶片表面防止磨蚀。对于水中含沙量很高的情况，应采用专用的砂泵或吸泥泵。

（二）喷涂抗磨保护层

喷涂抗磨损保护层在水泵部件表面喷镀或涂覆非金属或金属覆盖层，以提高其耐磨性，常采用的方法有四种。

（1）金属喷镀是把硬质金属粉末高温溶化后用喷枪喷镀到部件表面，形成 1~2mm 的抗磨保护层，此法设备比较复杂、工艺要求较严格，推广应用受到一定限制。

（2）非金属喷覆是由一定比例的尼龙粉末和环氧粉末均匀混合后，用压缩空气喷枪或静电喷镀设备喷覆在预热的工件上（预热至 250℃），使其熔融于工件表面，冷却后就形成一层约 2mm 厚的耐磨保护层。

（3）环氧砂浆抗磨涂层。它是把配制好的环氧沙浆涂抹到金属部件表面而起抗磨作用，此法多用于部件磨损后的修复中，环氧沙浆的主要成分是粘合力强的高分子化合物环氧树脂，再加固化剂（将粉末状的环氧树脂固结）。增韧剂（增强其韧性）、稀释剂（增加其流性，便于涂覆）和填料；填料的作用是增强其抗磨性，常用的有金刚沙、石英粉、玻璃粉、玻璃纤维、尼龙丝等。

关于环氧砂浆用料配方很多，成分的比例不尽相同，应用时可参考有关资料，兹不赘述。

综上所述，喷涂的防磨效果，关键在于喷涂层能否牢固地固结在金属工件的表面上，所以，除要求喷涂材料本身有良好的抗磨性能外，还要对欲喷涂的金属表面进行严格的清洁处理。

五、泵站工程泥沙

从多泥沙水源提水的泵站，其取水工程、引渠、前池、进水池及灌溉渠系等水工建筑物往往由于泥沙沉降而积淤，导致引水和行水困难，严重影响泵站安全正常运行。现就结合泥沙特点，就泵站进水口布置、前池、进水池淤积及其防治作简要介绍。

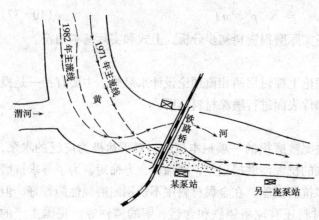

图 10-6 某泵站附近河势变迁示意图

（一）多沙水源泵站取水口布置

泵站取水口的淤积和脱流主要与其位置和布局有关。据调查，从黄河取水的泵站，大约有 2/3 的泵站发生了程度不同的淤积和取水口脱流情况，如有些泵站的取水口设在河流的交汇处或靠近河道的转弯处，由于河势变迁的影响而产生脱流和淤积，如图 10-6 所示，靠近河流交汇口转弯处的某泵站取水口淤积脱流严重，而位于其下游 1km 的另一座泵站取水良好。

另外有些泵站的取水口采用向岸边收缩的喇叭口状取水方式，如图 10-7，这种布置方式在非抽水季节，进水闸门发生拦门淤积，并在闸前形成港池回流区，取水时需清除门前沙坎，汛期草污汇集，清污困难。

如果是吸水管直接从河中取水，吸水管口有时被淤埋，给运行造成极大困难。还有些泵站采用闸前或闸后开引渠的方式取水。闸前开引渠的方式取水 [见图 10-8 (a)]，因无进水闸控制，引渠水位随河水涨落而升降，渠水高时容易落淤，当停泵后，引渠成为死水区因淤积而堵塞，汛期洪水漫滩而将引渠淤平，清淤工作量大。闸后开引渠的方式取水 [见图 10-8 (b)]，当关闸时，引渠落淤，渠底被淤高，引水困难。

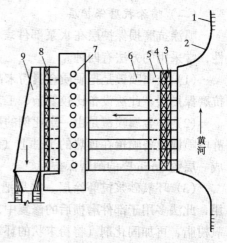

图 10-7 向岸边收缩的喇叭口状取水口
1—岸边；2—翼墙；3—拦污栅；4—进水闸；
5—交通桥；6—分格前池；7—泵房；
8—出水池闸门；9—出水池

另外有些泵站在闸后或引渠后设扩散形进水前池，多年运行经验表明，这种形式前池不适于多泥沙水源采用，因池中水流流速随水池扩散而减小，导致泥沙淤积，特别是部分机组运行时，淤积更为严重，清淤工作量大。

由上述可见，为防止泵站取水口淤积和脱流，可归纳以下几点：

（1）取水口宜设在河流交汇口或河流凹岸下游较远的直段处。

（2）进水闸宜和水流岸边齐平或稍向外突出的布置方式，如图 10-9 所示，可防止回流落淤。进水闸和水流岸边的相对位置可用形状系数 β 来表示（图 10-9）即

$$\beta = a/L \tag{10-38}$$

式中　a——闸前缘至岸水边距离，以水边线为基准，在水内为正；

　　　L——两翼墙外端间距。

282

当 $\beta < 0$ 时，淤积；$\beta = 0$ 时，临界；$\beta > 0$ 时，不淤积。

（3）引渠尽量缩短，或不设引渠。前池应紧靠闸门，并设隔墙，采取单机、单池、单闸进行控制。

（4）在河岸底坡较大河段可采用双向斗槽式取水口，如图 10-10 所示，当水源含沙量大时开启上游闸门 2，关闭下游闸门 3，含沙量小的表层水流进入斗槽，沙量较大的底层水则流向斗槽外。在含沙量较小的冬季往往浮冰严重，为防取水口堵塞，这时打开下游闸门 3，上游闸门 2 关闭，底层水流入斗槽，表层浮冰顺流而下，当斗槽淤积时，可将上、下游闸门打开，利用河道坡降将淤沙冲走。

（5）水源水位变幅大、底沙多的河段，可采用缆车或浮船取水方式。

（二）前池和进水池的防淤

水中含沙量过大往往造成前池和进水池的严重淤积，甚至堵塞水泵吸水口，导致进水困难，造成淤积原因和防淤措施主要有：

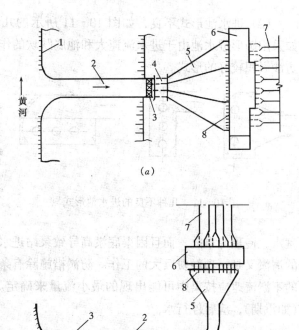

图 10-8 闸前、闸后有引渠的引水方式
（a）闸前有引渠 （b）闸后有引渠
1—岸边；2—引渠；3—进水闸；4—公路桥；5—前池；
6—泵房；7—压力管路；8—吸水管

（1）前池扩散角过大主流居中在池的两侧形成回流区导致泥沙淤积；部分机组运行，池中水流流速过小引起泥沙沉积。为防止淤积，在地形条件允许时可在引渠上设沉沙池，降低水流速度（一般应降至 $0.02 \sim 0.06 m/s$），使部分泥沙沿沉沙池长逐渐沉降，防止大量泥沙进入前池，沉积的泥沙定期从排沙闸排出。当引渠较短或附近有沟渠排沙时，亦可在前池底部或两侧设排沙廊道，另外亦可在前池加设隔墩以减小前池的扩散角，在隔墩间加设闸门，形成单机、单池进水。或在池底加设底坎、立柱，对侧向进水池设置导流墙等均可使池中水流流速分布均匀，避免回流产生，起到防淤效果。

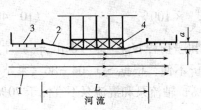

图 10-9 进水闸外突布置示意图
1—流线；2—翼墙；3—水边线；4—进水闸

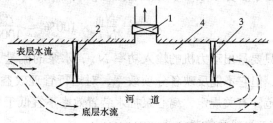

图 10-10 闸门控制的双向斗槽式取水口
1—取水口进水闸；2、3—上、下闸门；4—斗槽

（2）进水池形式不良，如图 10-11 所示的几种进水池形式易于在边角处发生淤积。如采用圆形进水池由于进水流速大和池底跌坎的作用池中水流较紊乱，泥沙不易沉积，是防沙淤积较好的形式。

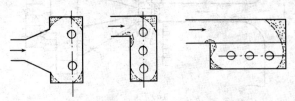

图 10-11　几种不良的进水池形式

（3）进水池容积过大，池中形成死水区，为此应合理地确定泵进水管口的悬空高，其值不应过大，除此进水池的秒换水系数（流量倍数）K 不宜过大，一般情况下可采用 $K = 20 \sim 30$。

（三）引渠和灌排渠道的防淤

渠道淤积使其过水能力降低，形成壅水、漫顶等事故，而且因渠底淤高导致泵站进水困难并带入大量泥沙磨损水泵，而渠道的清淤又是一项耗费巨大的工作。防淤措施除有条件的地区在渠道上兴建沉沙池外，渠道的不淤流速应按渠中可能出现的最小流量来确定。当水中含沙量超过渠道的承受能力时（如汛期），应暂停行水。

第三节　泵站运行技术经济指标

泵站工程能否达到预期的效益，在很大程度上取决于泵站的运行管理工作。而运行技术经济指标是衡量和考核运行管理工作的重要标志。现就泵站几项主要运行技术经济指标分述如下。

一、抽水装置效率和能源单耗

（一）抽水装置效率 $\eta_{装}$

泵站抽水装置是指动力机、传动设备、水泵和管路所组成的整体。而抽水装置的效率是该抽水装置的输出功率 $N_{出}$ 和输入功率 $N_{入}$ 之比（一般以百分数表示），它反映了该装置对能源的有效利用程度。$\eta_{装}$ 高，说明被利用的能源多，是衡量抽水装置运行是否经济合理的重要指标，其表达式为

$$\eta_{装} = \frac{N_{出}}{N_{入}} \times 100\% = \eta_{动} \eta_{传} \eta_{泵} \eta_{管} \tag{10-39}$$

所以只要分别测出动力机效率 $\eta_{动}$、传动效率 $\eta_{传}$、水泵效率和管路效率就可求出装置效率。由于各分项效率不易准确测得，故 $\eta_{装}$ 亦可用下式求出：

$$\eta_{装} = \frac{N_{出}}{N_{入}} \times 100\% = \frac{\gamma Q H_{净}}{1000 N_{入}} \times 100\% \tag{10-40}$$

这时只要量出动力机的输入功率 $N_{入}$，水泵的流量 Q 和净扬程 $H_{净}$，即可求出 $\eta_{装}$。计算简便，但它不能反映各分项效率，对运行管理效益分析不便，根据 SD 204—86《泵站技术规范》有关规定，离心泵抽水装置效率不宜低于 65%，轴流泵和混流泵不宜低于 70%。

（二）能源单耗 e

能源单耗是指提取每千吨米的水所耗用的能源数量。对电力提水，能源单耗的单位

用：kW·h／（kt·m）；对柴油机提水用 kg／（kt·m），能源单耗越小，其所耗电量或柴油量越少，运行费用越省。如果抽水量为 W（t），净扬程为 $H_净$（m），则能源单耗 e 的表达式为

$$e = \frac{E}{\frac{W}{1000}H_净} = \frac{1000E}{WH_净} \qquad (10\text{-}41)$$

式中　E——所耗电量（kW·h）或紫油量（kg）。

如果泵的流量为 Q（m³/s），则在 t 小时内所抽送的总水量 W 为

$$W = \frac{\rho Q}{1000} \times 3600t = 3.6\rho Qt \quad (t) \qquad (10\text{-}42)$$

式中　ρ——水的密度，一般 $\rho = 1000\text{kg/m}^3$。

如果 Q 的单位采用"t/h"，则在 t 小时内总抽水量为

$$W = Qt \quad (t) \qquad (10\text{-}43)$$

将式（10-42）和式（10-43）的 W 值分别代入式（10-41）中，则能源单耗的表达式也可写成

$$e = \frac{1000E}{3.6\rho Qt H_净} = \frac{E}{3.6Qt H_净} \qquad (10\text{-}44)$$

和

$$e = \frac{1000E}{Qt H_净} \qquad (10\text{-}45)$$

如果运行中水位和流量均在变化，这时可将水泵整个运行期分为若干个时段 t_1、t_2、t_3、…、t_n，各时段的流量和扬程分别为 Q_1、Q_2、Q_3、…、Q_n 和 $H_{净1}$、$H_{净2}$、$H_{净3}$、…、$H_{净n}$，则采用时间加权平均法求出整个运行期的平均流量 Q 和平均净扬程 $H_净$，再代入式（10-44）或式（10-45）中求出能源单耗 e，即

$$Q = \frac{\sum_1^n Qt}{\sum_1^n t} = \frac{Q_1 t_1 + Q_2 t_2 + \cdots + Q_n t_n}{t_1 + t_2 + \cdots + t_n} \qquad (10\text{-}46)$$

$$H_净 = \frac{\sum_1^n H_净 t}{\sum_1^n t} = \frac{H_{净1} t_1 + H_{净2} t_2 + H_{净n} + \cdots + t_n}{t_1 + t_2 + \cdots + t_n} \qquad (10\text{-}47)$$

泵站的能源单耗是指泵站所有装置年平均单位能源单耗，公式（10-41）中的 E、W 是一年内的总耗能量和总抽水量，$H_净$ 为年平均值。

（三）能源单耗 e 与装置效率的关系

能源单耗与装置效率成反比，现推证如下。

对电力抽水装置，将式（10-40）可写成

$$\eta_装 = \frac{\gamma Q H_净 /1000}{E_电 /t} \times 100\% = \frac{\gamma Q H_净 t}{1000 E_电} \times 100\% \qquad (10\text{-}48)$$

式中　$E_电$——在 t 小时内抽水所耗电量（kW·h）。

但从式（10-44）知：$QH_净 t = E_电/3.6e$，将其代入式（10-48）中得

$$\eta_装 = \frac{2.725}{e} \times 100\% \tag{10-49}$$

式中的数值2.725实际上是$\eta_装 = 100\%$时理论上的能耗，即当$\eta_装 = 100\%$时，抽每千吨米的水应耗电量为$2.725 kW \cdot h$，这说明，装置效率是理论能耗在实际能耗e中所占的比例，从式（10-49）可见，$\eta_装$和e成反比，能耗越大，装置效率越低。

同理，对柴油抽水装置可得

$$\eta_装 = \frac{0.741}{e} \tag{10-50}$$

式中 e——柴油机能源单耗 $kg/(kt \cdot m)$。

现以电力提水为例，将式（10-49）e和$\eta_装$的关系绘成曲线，如图10-12所示，可以看出，它是以纵横坐标为渐近线的一条双曲线，该曲线斜率

$$\frac{de}{d\eta_装} = -\frac{2.725}{\eta_装^2} \tag{10-51}$$

即其斜率与装置效率的平方成反比，说明随着$\eta_装$的减小，其耗电量的增加率越快。例如，当$\eta_装$由30%降为20%时，e增加了$4.5 kW \cdot h$，但当$\eta_装$从20%降为10%时，e却增加了$13.62 kW \cdot h$，即$\eta_装$同样递减了10%，但后者增加的电耗却是前者的三倍，可见低效运行是极不经济的。另外从$\eta_装$-e曲线分析可见，把电力提水的装置效率控制在大于50%~55%是恰当的，此时耗电量约为$5.5 \sim 5 kW \cdot h/(kt \cdot m)$，因$\eta_装 < 50\% \sim 55\%$，曲线迅速上升，能耗剧增。

二、单位功率效益指标 α

单位功率效益指标是指单位扬程功率所控制的灌溉面积A。对电力单级提水泵站其表达式为

$$\alpha = \frac{A}{\Sigma N_入 / H_净} = \frac{A H_净}{\Sigma N_入} \tag{10-52}$$

又因
$$A = \frac{3600 Q t T \eta_渠}{M} \quad (亩) \tag{10-53}$$

式中 $\Sigma N_入$——泵站装置输入的总功率（kW）；

A——泵站总受益面积（亩）；

Q——泵站总流量（m^3/s）；

t——水泵每天工作时数（h）；

T——作物轮灌期即灌水期开泵天数；

M——灌水定额或灌溉定额（$m^3/亩$）；

$\eta_渠$——渠系水有效利用系数。

而 $\Sigma N_入 = \gamma QH_净/1000\eta_装$，代入式（10-52）得

$$\alpha = \frac{367.2 \eta_装 \eta_渠 tT}{M} \tag{10-54}$$

由式（10-54）可见，单位扬程功率效益指标既反映了泵站抽水装置的运行效能，也

286

反映了渠系水的有效利用效能，所以它是判别泵站工程节能、节水和设备利用率的综合性技术经济指标，为泵站提高运行管理工作和泵站技术改造提供科学依据。

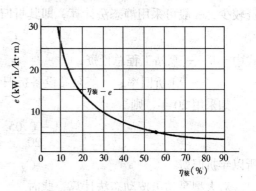

图 10-12　装置效率 $\eta_{装}$ 和
能源单耗 e 关系曲线

对电力梯级提水泵站，单位扬程功率效益指标的表达式可写成

$$\alpha = \frac{\sum\limits_{i=1}^{n} A_i H_{净i}}{\sum\limits_{i=1}^{n} N_{入i}} \qquad (10\text{-}55)$$

式中　　　　　n——梯级泵站的级数；

A_i、$H_{净i}$ 和 $N_{入i}$——分别为第 i 级泵站的实际

受益面积（亩）、平均净扬程（m）和总输入功率（kW）。

三、泵站运行成本指标

泵站运行成本指标有多种表示方法，主要有：①每提取千吨米的水的成本；②每提取 1 立方米水的成本；③每亩地的灌水成本。为了确定运行成本指标，首先应算出泵站的运行成本费。

（一）泵站运行成本

（1）抽水所需电费或燃料（柴油）费 C_1：在泵站运行中，此项支出占很大比重（一般可达总支出的 50%～75%）其表达式为

$$C_1 = f\Sigma E \qquad (10\text{-}56)$$

式中　f——每千瓦小时电或每公斤柴油的价格（元）；

ΣE——一年内所耗总电量或总油量（kW·h 或 kg）它有两种计算方法。

1）如果已知能源单耗 e 值，则

$$\Sigma E = e\frac{WH_{净}}{1000} \quad (\text{kW·h/a 或 kg/a}) \qquad (10\text{-}57)$$

式中　W——泵站一年内所提取的总水量（t）。

2）如果已知灌溉定额 M，则对电力提水得

$$\Sigma E = \frac{AMH_{净}}{367.2\,\eta_{装}\,\eta_{渠}} \quad (\text{kW·h/a}) \qquad (10\text{-}58)$$

对柴油机抽水

$$\Sigma E = \frac{AMH_{净}\,g_e\eta_m}{260\,\eta_{装}\,\eta_{渠}} \quad (\text{kg/a}) \qquad (10\text{-}59)$$

式中　A——全年灌溉面积（亩·次）；

g_e——柴油机耗油率 [kg/（kW·h）]；

η_m——柴油机机械效率，一般 $\eta_m = 70\%～90\%$。

（2）设备的折旧费 C_2：折旧费的计算方法有静态法、动态法。对中、小型泵站因投

资较少，一般可采用静态法计算，即其折旧费为

$$C_2 = Pi \qquad (10\text{-}60)$$

式中　P——泵站工程总投资；

　　i——年折旧率；一般泵站设备折旧年限为 $20\sim25$ 年，残值为 5%。

如采用 20 年，则

$$i = \frac{1 - 0.05}{20} = \frac{0.95}{20} = 4.75\% \qquad (10\text{-}61)$$

所以年折旧费 $\qquad\qquad C_2 = 0.0475P \qquad (10\text{-}62)$

对大型泵站可按动态法计算，此时

$$C_2 = P\frac{i}{(1 + i)^n - 1} \quad (\text{元／年}) \qquad (10\text{-}63)$$

式中　n——设备折旧年限（年）。

例如对上例，当 $i = 4.75\%$，$n = 20$ 年，代入上式得

$$C_2 = P\frac{0.0475}{(1 + 0.0475)^{20} - 1} = 0.031P \qquad (10\text{-}64)$$

（3）设备维修费 C_3：它包括设施的日常维修费 C_v 和设备大修提成费 C_t。

维修费（包括物料消耗费）C_v 的计算，一般根据设备年运行时数 t 确定，其表达式为

$$C_v = i_v t \quad (\text{元／年})$$

式中　i_v——设备每运行 1 小时的维修费。

维修费也可根据设备运行的千瓦小时数计算，即

$$C_v = i_v N t \quad (\text{元／年}) \qquad (10\text{-}65)$$

式中　N、i_v——分别为配套动力机功率和千瓦小时的维修费。

大修提成 C_t 一般为设备投资 P 的 2% 即

$$C_t = 0.02P \quad (\text{元／年}) \qquad (10\text{-}66)$$

或按设备折旧费 C_2 的 50% 提取。

（4）管理费 C_4：包括所有行政费用支出和工作人员工资。泵站人员编制和年工资额可按有关标准确定，而行政支出费约占工资总额 $15\% \sim 20\%$。所以管理费的表达式为

$$C_4 = C_g + (15\% \sim 20\%)C_g \quad (\text{元／年}) \qquad (10\text{-}67)$$

式中　C_g——年工资总额（元）。

综上所述，泵站运行成本为

$$\Sigma C = C_1 + C_2 + C_3 + C_4 \quad (\text{元／年}) \qquad (10\text{-}68)$$

（二）泵站运行成本指示

（1）提水千吨米的费用，其计算式为

$$U = \frac{1000\Sigma C}{H_{\text{净}}\Sigma W} \quad [\text{元／(kt·m)}] \qquad (10\text{-}69)$$

式中　ΣW——泵站一年内提水总量（t）。

（2）单位灌溉面积的提水成本指标

$$U_A = \Sigma C / A \quad （元／亩） \qquad (10\text{-}70)$$

式中　A——一年内灌溉的总亩数。

这一指标可作为按灌水亩数征收水费的标准。

（3）泵站单位水量成本指标，即每抽 1 立方米水的成本，其计算式为

$$U_v = \Sigma C / \Sigma V \quad （元／m^3） \qquad (10\text{-}71)$$

式中　ΣV——一年内抽水的总量（m^3）。

这一成本指标，是泵站按方计费的依据。

四、设备完好率和设备利用率

设备完好率是指抽水设备（包括主机组、管路、传动设备，附属设备等）完好的台套占总台套数的百分比。它是反映抽水设备技术状态的重要指标。

设备利用率 U_l 可用年设备利用小时数表示，即

$$U_l = \Sigma E / \Sigma N \quad （h） \qquad (10\text{-}72)$$

式中　ΣE——泵站一年内机组运行所耗总电量（$kW\cdot h$）；

　　ΣN——泵站总装机容量，包括主机组、备用机组、调节机组等（kW）。

它既是运行管理的考核指标，也是控制泵站装机容量的参照指标。

主 要 参 考 文 献

[1]   栾鸿儒、李志耘，农用离心泵和深井泵，陕西人民出版社，1974 年．

[2]   "离心式与轴流式水泵"编写组，离心式与轴流式水泵，电力工业出版社，1980 年．

[3]   关醒凡，泵的理论与设计，机械工业出版社，1987.2．

[4]   冯汉民主编，水泵学，水利电力出版社，1991 年．

[5]   栾鸿儒，井泵理论与技术，水利电力出版社，1987 年．

[6]   栾鸿儒主编，农用井泵（第二版），水利电力出版社，1990 年．

[7]   (苏) Г.И. 克里夫钦科著，蔡淑薇、谭月灿，李建威译，水力机械，电力工业出版社，1982 年．

[8]   (美) Tyler G. Hicks，Pump Application Engineering，McGRAW‐HILL BOOK COMPANY，1971.

[9]   （美）Alfred Benaroya，Fundamentals and Application of Centrifugal Pumps，PETROLEUM
       PUBLISHING COMPANY，1978.

[10]   （英）R.H.WARRING，Pumps Selection Systems And Applications，TRADE AND TECHNICAL
       PRESS LTD.，1984.

[11]   武汉水利电力学院主编，水泵及水站泵，水利电力出版社，1984 年．

[12]   华东水利学院，抽水站，上海科学技术出版社，1986 年．

[13]   (苏)B.Ф. 切巴耶夫斯基主编，窦以松等译，泵站设计与抽水装置试验，水利电力出版社，1990
       年．

[14]   （苏）B.B.Рычагов．A.A.Третьяков.M.M.Флоринский，Пособие по проектированию насосных
       станций и испытанию насосных установок，Изд.Сельскохозяйственной Литературы，1963.

[15]   栾鸿儒，大型水泵机组起动问题的探讨，水泵技术杂志，1979 年第 2 期．

[16]   朱满林，泵站正向前池、进水池试验研究，陕西机械学院学报，1991 年第 4 期．

[17]   栾鸿儒，泵站出水池的水力计算，水利学报，1989 年第 6 期．

[18]   栾鸿儒，泵站水锤特征线电算解法及其在陕西东雷泵站中的应用，陕西机械学院学报，1989 年
       第 1 期．

[19]   栾鸿儒，泥沙对抽水机站的影响和防治，水泵技术杂志，1976 年第 1 期．

[20]   于鲁田，引黄渠首抽水站取水布置问题的探讨，水利学报，1986 年第 10 期．

[21]   （加）M.H.Chaudhry，APPLIED HYDRAULIC TRANSIENTS，Litton Educational Publishing
       INC.，1979.

[22]   （印度）J.G.Dahigaonkar，TEXT BOOK OF IRRIGATION ENGINEERING，WHEELER
       PUBLISHING，1982.

[23]   （日）草间秀俊、酒井俊道著，韩冰译，流体机械，机械工业出版社，1985 年．

[24]   （日）椿东一郎著，徐正凡主译，水力学，高等教育出版社，1986 年．